岩土锚固新技术与应用

贾金青　陈湘生　涂兵雄　张丽华　著

科学出版社

北京

内 容 简 介

岩土锚固技术是岩土工程领域的重要分支。岩土锚固技术能充分调动和提高岩土体自身的强度和自稳能力，改善岩土体的应力状态，大大缩小支护结构物体积，减轻结构物的自重，显著节省工程材料，提高施工过程的安全性。岩土锚固技术已经成为提高岩体工程稳定性和解决复杂岩土工程稳定问题经济、有效的方法之一，在建筑基坑支护、边坡锚固、地下工程抗浮等领域得到了广泛的应用，本书也围绕这三个工程热点展开。

本书可供高等院校研究生、科研单位有关专业人员及设计单位、建筑施工企业工程技术人员阅读参考。

图书在版编目（CIP）数据

岩土锚固新技术与应用/贾金青等著. —北京：科学出版社，2020.9
ISBN 978-7-03-057093-2

Ⅰ.①岩⋯　Ⅱ.①贾⋯　Ⅲ.①岩土工程-锚固-研究　Ⅳ.①TU753.8

中国版本图书馆 CIP 数据核字（2018）第 067913 号

责任编辑：任加林 / 责任校对：陶丽蓉
责任印制：吕春珉 / 封面设计：北京美光设计制版有限公司

科 学 出 版 社 出版
北京东黄城根北街 16 号
邮政编码：100717
http://www.sciencep.com

北京中科印刷有限公司 印刷
科学出版社发行　各地新华书店经销
*
2020 年 9 月第 一 版　　开本：B5（720×1000）
2020 年 9 月第一次印刷　　印张：17 1/4
字数：331 000

定价：168.00 元
（如有印装质量问题，我社负责调换〈中科〉）

销售部电话 010-62136230　编辑部电话 010-62139281（BA08）

前　言

　　岩土工程是以岩土体为工作对象，以工程地质学、岩石力学、土力学和基础工程学为基本内容，涉及岩体和土体的利用、整治和改造的一门综合性的应用技术科学，是土木工程的一个组成部分。岩土工程学科的具体内容包括岩土工程勘察、岩土工程试验、岩土工程设计、岩土工程施工和岩土工程监测等，涉及工程建设的全过程。岩土锚固是岩土工程领域中非常重要的分支。岩土锚固是指为预防和治理滑坡、地表沉陷、巷道坍塌等地质灾害，采用锚杆、预应力锚杆和预应力锚索等锚固件，以改善岩土的应力状态，达到提高岩土自身强度和自稳能力的加固措施。

　　岩土锚固技术具有对岩土本身扰动很小的特点，是一种有效而又经济的加固技术，因而备受工程师们的青睐及各行业的高度重视，正在世界范围的岩土工程界广泛应用。岩土锚固技术广泛应用于水利水电、采矿、冶金、铁路公路、建筑及军工等工程领域中的基坑支护、边坡锚固、结构抗倾覆、巷道围岩支护、地下洞室围岩加固、坝基岩体抗滑与加固等方面。由于其显著的经济效益、社会效益和环境效益，应用前景十分广阔。

　　基坑工程是岩土工程学科一个古老而又有时代特点的课题。早在远古时代，人类就开始进行放坡开挖和简易木柱围护。20世纪以来，随着世界经济的发展，人们对居住条件要求越来越高，城市规模不断扩大，土地供应与需求矛盾日趋尖锐，要求开发三维城市空间。大量高层建筑及地下工程不断涌现，深基坑工程数量迅速增多。随着基坑开挖深度的增大，以及基坑周围环境的复杂化，基坑支护以强度控制设计为主的方式逐渐被以变形控制设计为主的方式取代。锚杆及预应力锚杆柔性支护技术作为一种安全可靠、经济可行、快速简便的深基坑支护新技术，已经成为深基坑开挖过程中主要的支护形式之一。

　　岩石边坡与人类生存环境及地质工程活动密切相关，在自然界中大量存在，是极为重要的自然地质环境之一。随着人口的急剧增长和土地资源的过度开发，边坡问题已变成同地震和火山相并列的全球性三大地质灾害（源）之一。在人类发展过程中，人类与它相互冲突、相互影响、相互协调，进而达到相互依存，有些岩石边坡在经历不稳定状态到稳定状态的过程后，成为永久性的"人工自然标志"，融入地质环境中。大多数工程所处位置的地质条件恶劣，工程地质问题复杂，水利水电工程、铁路工程和公路工程等各工程领域中高陡边坡与日俱增，并产生边坡岩土稳定问题。锚固技术在高边坡的加固和支护处理中占主导地位。随着国家基础设施的大量兴建和西部大开发的积极推进,锚固技术的应用也越来越普遍。

随着城市经济建设高速发展及大中城市人口密度不断增大,在有限的可利用土地资源情况下,人们对地下空间的开发利用越来越重视,投入的资金比重也大幅增加,地下室正朝着多层及超深的方向发展。在地下土层含水丰富的沿海城市,如大连、深圳、上海和厦门等,地下土体的空隙及岩体的裂隙赋存大量的地下水,地下水会对埋置于岩土体之中或之上的地下结构或洼式结构产生浮力,若结构的自重小于浮力,将发生上拱或上浮失稳。因地下水浮力造成的建筑物、构筑物等上部结构倾斜、倒塌的事故屡屡发生。和其他抗浮措施相比,抗浮锚杆具有经济实惠、施工方便、抗浮效果好等优点,在工程上得以广泛应用。

众所周知,锚固技术是岩土工程技术发展史上的一个里程碑,为岩土体的加固和支护开辟了一条全新的途径。目前,锚杆、预应力锚杆和预应力锚索等锚固类结构不仅种类繁多,而且越来越先进,同时与这一技术密切相关的新工艺、新材料、新设备、新标准等也得到较充分的发展与完善。这些都为边坡岩体锚固性能研究和工程应用提供了空前的机遇和广阔的空间。

作　者

2019 年 8 月

目　　录

第一篇　基　坑　支　护

第二篇　边 坡 锚 固

第三篇 地下工程抗浮

第一篇 基坑支护

第1章　基坑支护概述

1.1　基坑支护的内容及特点

1.1.1　基坑支护技术概述

随着社会的发展,城市化进程的加快,越来越多的建筑拔地而起,大厦密集,城市道路四通八达,但是与此同时,用地紧张、生存空间拥挤、交通阻塞等问题也接踵而至,给人们的居住生活带来很大影响,也制约着经济与社会的进一步发展[1-3]。在这种情况下,超高层建筑不断兴建,且伴随着大量深基坑工程的涌现[4-6]。与此同时,人们也开始重视城市地下空间的开发利用,大量兴建地铁交通及购物商城。例如,上海中心大厦主楼基坑开挖深度达 31.1m,采用地下连续墙支护,墙深达 50m;深圳平安国际金融中心主塔基坑开挖深度达 33.8m,裙楼基坑深度达 30.8m,基坑长约 170m、宽约 120m,且基坑工程场地四周高楼林立,有多栋在用的高档商场、住宅及办公楼,同时附近还存在市政管线和已经运营的地铁 1号线,对位移要求十分苛刻,最终采用"钻(冲)孔混凝土灌注桩+内支撑(圆环)+四周封闭式止水帷幕"的支护方案。由此可见,随着城市的发展,不断涌现的深基坑工程伴随着大量的工程问题,而且深基坑工程多出现在城市中心及周边地区,周围存在隧道、地下管线及现存高层建筑,对基坑支挡结构体系的变形和稳定性的要求也越来越严格。这也就对深基坑的支护技术提出了更高的技术要求。

基坑支护是指建筑物或构筑物地下部分施工时,需开挖基坑,进行施工降水和基坑周边的围挡,同时要对基坑四周的建筑物、构筑物、道路和地下管线进行监测和维护,确保正常、安全施工的一项综合性工程,其内容包括勘探、设计、施工、环境监测和信息反馈等工程内容。基坑工程的服务工作面几乎涉及所有土木工程领域,如工业与民用建筑、水利、港口、道桥、市政、地下工程及近海工程等工程领域。基坑支护是地下基础施工中内容丰富而又富于变化的领域。工程界已意识到基坑支护是一项风险工程,也是一门综合性很强的新型学科,它涉及工程地质、土力学、基础工程、结构力学、原位测试技术、施工技术、土与结构相互作用及环境岩土工程等多学科问题[7]。基坑支护大多是临时性工程,影响基坑工程的因素很多,如地质条件、地下水情况、具体工程要求、天气变化、施工工序及管理、场地周围环境等多种因素影响,可以说它又是一门综合性的系统工程。总的来说，基坑支护技术要从以下三个方面进行考虑。

1）保证基坑四周边坡的稳定性，满足地下室施工的空间需求，即基坑支护体系要起到稳定土体的作用。

2）保证基坑四周相邻建筑物、构筑物和地下管线的安全，即控制基坑施工过程中土体的变形位移，使基坑周围地面沉降和水平位移控制在容许范围内。

3）保证基坑支护的施工作业面在地下水位以上，即通过截水、降水等排水系统措施，保证施工作业面的要求[8]。

因此，基坑支护结构应该与其他建筑设计一样，要求在规定的时间和特定的条件下完成各项预定的功能，包括以下两个方面[9]。

1）支护结构承载能力不应超过其极限状态，应满足规定的强度和稳定性要求，即极限承载能力状态。

2）正常使用状态下应满足规定的变形和耐久性要求，即正常使用极限状态。基坑变形不影响地下工程施工、相邻建筑、管线及道路正常使用。基坑支护的设计与施工，既要保证整个支护结构在施工过程中的安全，又要控制结构和其周围土体的变形，以保证周围环境（相邻建筑及地下公共设施等）的安全。在安全前提下，设计既要合理，又能节约造价、方便施工、缩短工期。要提高基坑支护的设计与施工水平，必须正确选择计算方法、计算模型和岩土力学参数，选择合理的支护结构体系，同时还要有丰富的设计和施工经验。

1.1.2 基坑支护技术的发展

基坑支护是一项古老而又有时代特点的岩土工程课题。放坡开挖和简易木桩围护可以追溯到久远时代，人类的土木工程活动促进了基坑工程的发展，特别是到了 20 世纪，大量高层、超高层建筑及地下工程不断涌现，对基坑支护工程的要求越来越高，出现的事故也越来越多，这些因素促进工程技术人员以科学、严肃的态度对待基坑支护工程课题，使许多新的经验和理论的研究方法得以出现与成熟。

深基坑支护工程的主要内容涉及土力学、工程地质及岩土力学与基础工程，虽说作为一门单项学科，其发展是近六七十年的事，但它作为一项工程技术却十分久远[10]。20 世纪 20 年代，Terzaghi 的《土力学》和《工程地质学》先后问世，标志着以土力学为主要内容的基坑支护走向系统和成型，并且带动了各国学者和工程技术人员对本门学科和技术的各个方面的探索、深入与提高[11]；40 年代，Terzaghi 和 Peck 等人提出了预估挖土方稳定程度和支撑荷载大小的总应力法[12]；60 年代，Bjerrum 和 Eide 开始在奥斯陆和墨西哥城软黏土深基坑中使用仪器进行监测；80 年代，随着城市化进展的加快，我国逐渐涉入深基坑支护的设计与施工领域；90 年代以来，城市建设中高层和超高层建筑的大量涌现，促进了基坑支护工程的快速发展，同时为了总结深基坑支护工程的设计与施工经验，我国相继编制和出台了关于基坑支护工程方面的规范和规程。

随着高层建筑的发展，基坑支护工程的规模也迅速发展，其主要标志是开挖深度已发展至 20m 以上，大连远洋大厦深基坑支护深度为 25.6m[13]，福州新世界大厦的基坑支护深度达 24m；许多基坑支护工程的面积已超过 10 000m²，大连胜利广场基坑平面面积为 40 000m²。大型基坑支护工程的建成，标志着我国基坑支护工程技术达到了一个很高的水平，深基坑支护技术已经引起了学术界和工程界的普遍关注，大量的人力物力投入这一领域的工程研究中，取得了丰硕的研究和实践成果。在设计思想、设计理论、施工技术和监控技术等方面都取得了一定的发展，正在逐步形成一门新的岩土工程分支学科——基坑工程学。

1.1.3　基坑支护的主要特点

基坑支护工程极具综合性，几乎土木工程的所有领域，如工业与民用建筑、水利、道路、桥梁、市政及地下工程等都涉及基坑工程，是土木工程中的一个重要组成部分。一般的基坑工程具有以下特点。

（1）区域性强

全国乃至世界各地的工程地质条件大不相同，具有很强的区域性，这也导致基坑工程具有很强的区域性。

1）上海地区的地表下 30m 深度以内的地层存在大量的软弱黏性土，其具有强度低、含水率高、灵敏度高的特点[14]，并且具有很大的流变性，属流塑和软塑黏土[15]，而绝大部分的基坑工程都处在这一深度范围内。所以目前上海市大部分深基坑工程都采用刘建航院士提出的时空效应施工方法——分层、分段、对称、平衡开挖和随挖随撑，按照规定时限对支护结构施加预应力，减少基坑暴露时间的支撑方法[6, 16-21]。

2）大连、青岛地区以岩石地质为主：在岩体形成的过程中受到地质作用和外力作用，形成了不同类型的结构面，并且浅层地表存在强度较小的堆积物，呈现出"上软下硬"的特点，具有一定的共性。然而不同类型的岩体，其结构类型、结构面和结构体会有很大的不同，其工程地质性质与变性破坏机理也会有所不同。大连地区的岩石以风化岩层等软岩地质[14]为主，一定区域的板岩呈现出一定的倾角，并有软弱层的存在；青岛具有独特的花岗岩地质条件[22]，具有典型硬岩的特点，二者在支护结构的选择及设计方面具有很大的异同点。

3）北京地区的地层条件相对较好，东部以填土和黏土为主，西部以填土、砂土、砾石和卵石为主，并加有黏土层，有利于基坑的开挖和支护，其中对工程建设影响最大的主要是以洪积、冲积物为主的第四纪地层。由于历史原因，城区内自然形成的地层受人类活动的影响较大，分布有厚度不均的人工填土，对基坑工程的影响很大。虽然如此，北京作为一个国际化的大都市，高层及地下建筑多、规模大，因此灌注桩、钢桩、锚杆、土钉墙、地下连续墙等几种基坑支护技术在北京地区的应用都比较广泛[23,24]。

4）西宁地区处于黄河支流上游，土体黏粒含量少，天然含水率低，黄土通常处于非饱和状态，湿陷性黄土厚度大、湿陷量大[25,26]。

5）浙江沿海地区广泛分布着典型的深厚淤泥质软弱土，天然含水率大，土体强度低[27]，地质条件与上海地区相似。

6）广东地区的工程地质水文条件是全国最复杂的，具有岩层出漏面浅、局部地区存在厚层的花岗岩或者泥岩残积土层、地下水多、砂层厚、软土厚及灰岩溶洞多的特点，给深基坑工程提出了很大的挑战[28]。广东省内的深圳市，面积小，用地紧张，建筑发展模式由平面型向地下或空间发展成为一大趋势。深圳处于珠江三角洲，工程及水文地质条件复杂，主城区以第四系残积层为主，下伏花岗岩各风化层，即从上到下依次为人工填土、埋藏植物层、第四系冲洪积层、第四系残积层，最下层为花岗岩基岩，依风化程度可分为全风化、强风化、中风化和微风化层；而福田区及沿海地区，淤泥及淤泥质土较多，存在断裂与挤压破碎带、花岗岩残积土、花岗岩风化球、软土、岩溶、大面积深厚填土砂卵石及填石、地下水丰富等一系列主要地质问题[29]。随着近些年城市化的不断推进，深圳通过填海造地的方式新增沿海优质土地资源，而填海区具有其独特的工程地质条件。深圳西部沿岸主要冲积海积平原，沉积了非常厚的淤泥层，东部地区主要为沙滩、潟湖。西部采用抛石挤淤形成海堤或隔堤再堆载预压的方式填海造陆；填筑材料除海堤隔堤外，主要为黏性土；在滨海滩涂、潮间带，填筑材料含有大量的块石、碎石[30]。东部多采用抛填开山块石混合料方法填筑。例如，深圳机场部分配套区域位于新近填海造陆区，有较深厚的欠固结淤泥层和人工填砂（土）层，且地下水位埋置深度浅，在开始建设基坑围护结构时，场地刚完成堆载，预计淤泥层的平均固结度仅为60%，严重欠固结，而且淤泥强度低，处于流塑状态，并且基坑局部风化岩层埋藏浅，这些都显著增加了深基坑工程的设计与施工的技术难度。

（2）个性强

基坑支护体系的设计、施工和开挖不但与工程地质水文条件等有关，同时也与相邻建（构）筑物和地下管线的位置、抵御变形的能力、重要性密切相关[31-34]，因此基坑在设计与施工中应考虑其开挖引起的变形必须满足周边环境对变形的严格要求。

城市化的进程伴随着城市公共交通的不断发展。截至2017年年底，我国已有27个城市开通轨道交通，运行线路总长度达到5000km以上。地铁等轨道交通建设的发展，市区内基坑工程的开挖通常会受到更加严格的环境制约，常会出现基坑工程位于地铁隧道之上或其附近，以及紧临地铁车站的情况。例如，上海市制定了《上海市地铁沿线建筑施工保护地铁技术管理暂行规定》，其对隧道的变形要求极其严格，提出了极高的地铁保护技术标准，具体如下。

1）地铁工程（外边线）两侧的邻近 3m 内不能进行任何工程。

2）地铁结构设施绝对沉降量及水平位移量≤20mm（包括各种加载和卸载的最终位移量）。

3）隧道变形曲线的曲率半径 R≥15 000m。

4）相对变曲≤1/2500。

5）由于建筑物垂直荷载（包括基础地下室）及降水、注浆等施工因素而引起的地铁隧道外壁附加荷载≤20kPa。

6）由于打桩振动、爆炸产生的震动隧道引起的峰值速度≤2.5cm/s。

因此，严格地铁保护要求对上海基坑工程的设计及施工提出了前所未有的挑战。

随着越来越多的深基坑工程出现在市区，其开挖对周围地下管线产生的影响也越来越不可避免。基坑的开挖会造成其影响范围内的土体产生位移，土体位移作用在管线上，使其产生附加应力并使管线整体上发生不均匀沉降，造成邻近地下预埋管线向基坑方向变形[34]。当该附加应力较大，超过管线材料的抗拉强度时，管线将发生断裂破坏。另外，管线产生的不均匀沉降将使接头转角过大，当转角超过接头的转角限值时，管线将不再能保持密封状态而发生泄漏[32]。这也是衡量基坑的设计与施工成功与否的重要标志之一。

《建筑基坑支护技术规程》（JGJ 120—2012）规定[35]，基坑支护应满足下列功能要求：①保证基坑周边建（构）筑物、地下管线、道路的安全和正常使用；②保证主体地下结构的施工空间等的安全和正常使用，基坑应根据支护结构失效、土体过大变形对基坑周边环境或主体结构施工安全的影响严重情况谨慎对每个基坑的支护结构安全等级进行判断，并且对于同一基坑的不同部位，可采用不同的安全等级。另外，在当采用承载能力极限状态对支护结构、基坑周边建筑物和地面沉降、地下水控制进行计算和验算时，应考虑支护结构重要性的因素。

（3）综合性强

基坑工程不仅需要岩土工程知识，而且需要建筑结构和力学知识、施工经验、工程所在地的施工条件和经验。基坑工程的设计是一个复杂的系统性工程，涉及的因素众多，无法用传统的力学知识解得明确的受力，进而进行精确的结构设计。而在工程实践中，这些设计主要通过大量计算，再依赖岩土工程师的经验和判断。基坑工程是一门集地质工程、岩土工程、结构工程和岩土测试技术于一体的系统工程[36]。

（4）时空效应

土体，特别是软黏土，具有较强的蠕变性；对于上海等地区，其饱和软土孔隙比及压缩性大，呈软塑或流塑状态、抗剪强度比较低等特点[14]。在基坑开挖过程中，充分利用软土基坑坑内土方开挖后土体变形在时间和空间上的滞后特性，及时架设支撑与预加轴力平衡围护内外土压力差，从而更好地控制围护变形和周边地面变形[37]。基于时空效应的软土深基坑设计理论的支护及施工理念与近些年在隧道支护中的新奥法理念类似，设计过程中的计算模型的主要计算参数，由大量的开挖过程中与时空效应对应的实测资料反馈分析得出，引入施工工序、工艺及参数作为关键的设计依据。在基坑开挖及紧随其后支护结构施工过程中，对基坑的某些关键部位进行数据监测并进行实时反馈与分析，定量地考虑时空效应[38]。当变形等关键监测数据达到预警值时，立即进行控制，减小基坑施工中的风险，使基坑的安全质量处于可控状态[39]。

时空效应原理和施工方法最早是由刘健航院士针对上海软土流变特性，经过多年的实践总结与理论升华提出的软土深基坑的设计、施工的理论及方法[40]。随着我国城市化的进程不断加快，不断扩张的城市建设与相对有限的土地资源间的矛盾不断加深，且这一矛盾在大连、深圳等沿海城市更是日益凸显。因此，填海造地成为沿海城市增加高附加值土地资源、拓展城市发展空间的重要手段。同时，填海造地形成的新增滨海土地资源具有得天独厚的滨海地理优势，各种高层建筑应运而生，各种大规模、超深基坑工程在填海造地地区应运而生。在该区域的抛填层下面有深厚的海相沉积软土，其在开挖及支护结构的施工过程中极易产生蠕变变形，具有同上海地区及其类似的时空效应，因此在滨海填海造地层下的海相沉积软土的蠕变力学特性是影响整个基坑时空变形的重要因素[40]。同时，时空效应问题也从一个区域性的问题发展成为我国东部沿海各个地区深基坑工程都无法避免的重要问题。

基坑工程的以上特点，不仅对基坑的开挖影响非常大，并且对支护结构的选型起到决定性作用。《建筑基坑支护技术规程》(JGJ 120—2012)[35]明确列出了支护结构选型时应综合考虑的因素，具体如下。

1）基坑深度。

2）土的性状及地下水条件。

3）基坑周边环境对基坑变形的承受能力及支护结构失效的后果。

4）主体地下结构和基础形式及其施工方法、基坑平面尺寸及形状。

5）支护结构施工工艺的可行性。

6）施工场地条件及施工季节。

7）经济指标、环保性能和施工工期。

作用在支护结构上的岩土压力作为直接结构设计的重要因素之一，其分布随着支护结构及支护土体的不同而有很大的区别。由于精确地确定土压力的分布形式比较困难，设计时一般用土压力示意图表示该支护结构受到的水平土压力作用。

以下利用悬臂式板桩支护结构进行进一步说明。

在悬臂式板桩支护结构中，墙身前侧受到的被动土压力为 E_{p1}，墙身后方的主动土压力为 E_a。另外，在桩下端还受到被动土压力 E_{p2} 作用，由于被动土压力 E_{p2} 的作用点位置不容易确定，计算时一般假定其作用在桩下端[35]，悬臂式板桩支护结构土压力分布示意图如图 1.1 所示[41]。

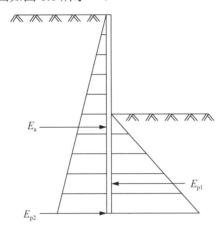

图 1.1　悬臂式板桩支护结构土压力分布简图

如果基坑深度在此基础上继续加深，简单的悬臂结构无法满足支护要求。此时可以在板桩顶部附近加设预应力锚杆，形成预应力板桩墙支护结构，对基坑侧壁产生更强的约束。

在预应力板桩墙支护结构土压力计算方面，可以对以上部锚杆和板桩下部埋入的土体为板桩的两个支点进行简化计算[41]。下端的支撑情况又根据板桩入土深度分为以下两种情况：板桩下端入土较浅时，下端有自由转动发生，如图 1.2（a）所示；板桩下端入土较深时，下端形成嵌固端，无法转动，如图 1.2（b）所示。图 1.2（a）中，当预应力板桩墙土体受水平作用力（T）产生变形后，两个支点都允许板桩产生自由转动，在墙后产生主动土压力 E_a，板桩的下端可以发生转动变形，所以没有产生被动土压力。板桩墙的前侧由于挤压土体产生被动土压力。图 1.2（b）中，板桩墙入土较深按照嵌固端考虑，板桩墙后侧除了产生主动土压力 E_a 外，板桩下端还会产生被动土压力 E_{p2}。

对于相同的支护结构，在不同地区不同的土质情况下，作用于其上的土压力也有很大的差异性。例如，太沙基（Terzaghi）和派克（Peck）根据板桩墙 [图 1.3（a）] 的实测结果，结合模型试验结果与工程经验，对于从砂土、软黏土到中硬黏土及硬裂隙黏土场地的基坑，提出了作用在多支撑板桩墙上的表观土压力分布简图[42]，如图 1.3（b）～图 1.3（d）所示。

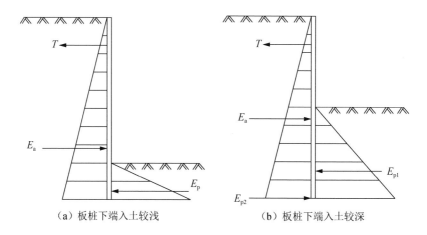

（a）板桩下端入土较浅　　　　　　　　（b）板桩下端入土较深

图 1.2　预应力板桩墙支护结构土压力分布简图

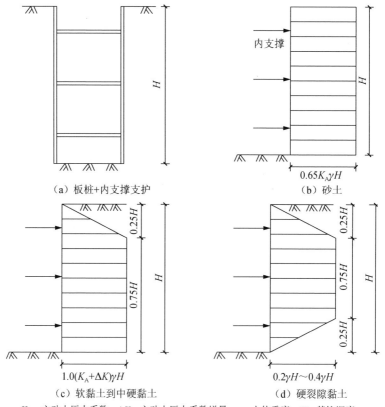

（a）板桩+内支撑支护　　　　　　　　（b）砂土

（c）软黏土到中硬黏土　　　　　　　　（d）硬裂隙黏土

K_A—主动土压力系数；ΔK—主动土压力系数增量；γ—土体重度；H—基坑深度。

图 1.3　砂土及黏土地质中作用于板桩式支护结构的土压力分布示意图

图 1.3 中 K_A 及 ΔK 分别由式（1.1）和式（1.2）确定[42]：

$$K_{A} = 1 - \frac{4c_{u}}{\gamma H}$$ （1.1）

式中，γH——土的自重应力，MPa；

　　　c_{u}——黏性土的不排水抗剪强度，MPa。

$$\Delta K = \frac{2\sqrt{2}d}{H}\left[1 - \frac{(2+\pi)c_{u}}{\gamma H}\right]$$ （1.2）

式中，d——主动土压力增量，kN/m。

（5）不确定性

1）外力的不确定性。作用在支护结构上的外力往往随着环境条件、施工方法和施工步骤等因素的变化而改变。

2）岩土性质的不确定性。地基土的非均质性（成层）和地基土的特性不是常量，其在基坑的不同部位、不同施工阶段岩土性质是变化的，地基土对支护结构的作用或提供的抗力也随之而变化。

3）一些偶然变化所引起的不确定因素。施工场地内土压力分布的意外变化、事先没有掌握的地下障碍物或地下管线及周围环境的改变等，这些事前未曾预料的因素都会对基坑支护工程产生影响。

由于存在以上不确定性及支护理论的不成熟等，很难对基坑工程的设计与施工制定出一套标准模式，或用一套严密的理论计算方法来把握施工过程中可能发生的各种变化，在基坑支护工程中发生工程事故的概率较高。目前只能采用理论计算与地区经验相结合的半经验、半理论的方法进行设计，从某种意义上讲，成功的工程经验往往更重要。

1.2　基坑支护结构的类型及分类方法

1.2.1　基坑传统支护结构的类型

1. 悬臂式支护结构

悬臂式支护结构是指未加任何支撑或锚杆，仅靠嵌入基坑底下一定深度的岩土体来平衡上部地面超载、主动土压力及水压力的支护结构，如图 1.4 所示。对于悬臂式支护结构，其嵌入深度至关重要。

悬臂式支护结构可分为连续的板桩式结构、分离的排桩式结构和地下连续墙结构。板桩式结构是用各种截面型式的构件单元相互之间用锁口梁搭接而成的连续挡土结构，常用的板桩有钢板桩、工字型钢、钢筋混凝土桩和劲性钢筋混凝土板桩等。排桩式结构利用各种类型的护臂桩按一定间距形式排列，是基坑支护中

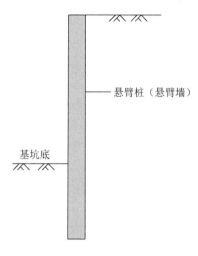

图 1.4　悬臂式支护结构

较为广泛的一种。在无地下水或允许坑外降水时，宜采用排桩结构，常用的包括机械钻孔灌注桩、人工挖孔灌注桩、沉管灌注桩等，同时为增加支护结构的刚度，减小基坑侧壁变形，可以采用双排桩的形式。墙式围护结构一般采用现浇钢筋混凝土地下连续墙，也可采用预制的钢筋混凝土地下连续墙或加有劲性钢筋的水泥土连续墙。

由于基坑坑底以上部分呈悬臂状态，无任何支点力作用，受力条件比较明确，支护结构的弯矩随开挖深度成三次方增加，与有内支撑的支护结构相比，这种结构的桩顶位移及构件弯矩较大。因此，悬臂式支护结构形式主要用于土质条件较好、基坑深度不大及对基坑水平位移要求不是很严格的基坑。土质较好时，基坑开挖深度可加大，一般开挖深度不宜大于 10m。

2. 拉锚式支护结构

当基坑深度较大或对基坑位移有严格要求时，悬臂式支护结构不易满足，应考虑采用拉锚式支护结构，如图 1.5 所示。拉锚式支护结构是由挡土结构与外拉系统组成的。拉锚式支护结构包括地面拉锚支护结构（外拉系统在地面设置）和锚杆支护结构（外拉系统沿基坑侧壁土体内设置）两类。在拉锚式支护结构中，通常其挡土结构与悬臂式或内支撑式支护结构的挡土结构相同，如钻孔灌注桩、钢板桩或地下连续墙等。

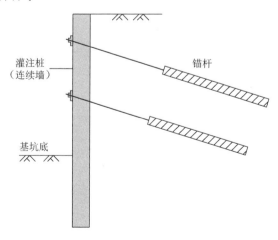

图 1.5　拉锚式支护结构

1）地面拉锚支护结构由挡土结构、拉杆（索）和锚固体组成，锚固体通常使用锚固桩或锚锭板。这种支护形式要求基坑周围无障碍物或拉杆及锚固体有地方布置，由于锚锭拉锚或锚桩拉锚在深层埋置拉杆施工困难，拉杆一般只能设置在较靠近支护墙体顶部的部位，常用于深度及规模不大的基坑或悬臂支护结构的抢险工程中。在进行锚锭、锚桩拉锚系统布置时，需注意到锚固体前面的被动土压力是提供支座反力的，为保证整个系统的稳定性，锚固体必须位于基坑外土体主动滑移面之外，而锚固体位置、间距、尺寸等应通过设计计算确定。

2）锚杆支护结构是由挡土结构及锚固于基坑滑动面以外的稳定岩土体的锚杆组成的结构形式。在规模较大的深基坑、邻近有建筑物或重要管线而不允许有较大变形的基坑，以及不允许设内支撑或设内支撑不经济等情况下，均可考虑选用锚杆支护结构。锚杆支护结构所承受的部分荷载，通过锚杆传递到处于稳定区域中的锚固体上，由锚固体将传来的荷载分散到周围稳定的岩土层中，从而充分发挥地层的自承能力。锚杆支护结构近些年发展迅速，并且随着钻孔技术和注浆技术及优化设计的推广，它的应用范围不断扩大。一般地质条件下，在众多支护方式中，锚杆支护结构在经济性、施工等方面具有很大的优越性。当然，当地质条件太差或环境不允许（如在锚杆范围内存在深基础、管沟等障碍物）时，锚杆支护结构也存在其局限性。尽管如此，该支护形式仍然发展迅速，并越来越受到业主、设计、施工等单位的欢迎。

相对于内支撑式支护结构，拉锚式支护结构施工完成后，不影响土方开挖和结构地下部分施工，便于施工组织、加快施工进度。目前，国内外基坑支护工程中多采用拉锚式支护结构。

3. 内支撑式支护结构

内支撑式支护结构是由挡土结构和内支撑系统组成的结构形式。挡土结构主要承受基坑开挖所产生的土压力和水压力，并将侧向土压力传递给内支撑，有地下水时也可防止地下水渗漏，是一种稳定基坑的临时支挡结构。如前所述，内支撑式支护结构一般采用护壁桩和地下连续墙；内支撑为挡土结构的稳定提供足够的支撑力，直接平衡两端围护结构上所承受的侧向土压力，目前较常用的是钢支撑和现浇钢筋混凝土支撑。

内支撑式支护结构的选型和布置应根据下列因素综合考虑确定：①基坑平面的形状、尺寸和开挖深度；②基坑周围环境保护和邻近地下工程的施工情况；③场地的工程地质和水文条件；④主体工程地下结构的布置，土石方工程和地下结构工程的施工顺序和施工方法；⑤地区工程经验和材料的供应情况。一般情况下，支撑结构的布置形式包括水平支撑体系和竖向斜支撑体系，如图1.6所示。

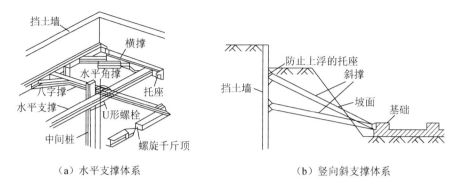

（a）水平支撑体系   （b）竖向斜支撑体系

图 1.6　支撑结构的布置形式

　　钢结构支撑具有自重小、安装和拆除方便、可以重复使用等优点。根据土方开挖控制进度，钢结构支撑可以做到随挖随撑，并可施加预紧力，这对控制墙体变形是十分有利的。在一般情况下，应优先采用钢结构支撑。然而钢结构支撑整体的刚度较差，安装节点较多，当节点构造不合理或施工不当，不符合设计要求时，易因节点变形与钢结构支撑变形，进而造成基坑过大的水平位移。有时甚至由于节点破坏，会产生断一点而破坏整体的后果。因此，通过设计、严格现场管理和提高施工技术水平等对可能产生的后果加以控制。

　　现浇钢筋混凝土结构支撑具有较大刚度，适用于各种复杂平面形状的基坑。现浇节点不会产生松动因而不会增加墙体位移。工程实践表明，在钢结构支撑施工技术水平不高的情况下，钢筋混凝土支撑具有更高的可靠性。但混凝土支撑有自重大、材料不能重复使用、安装和拆除工期较长等缺点。当采用爆破方法拆除支撑时，会出现噪声、振动及碎块飞出等危害，在闹市区施工时应加以注意。由于钢筋混凝土支撑从钢筋、模板、浇捣至养护的整个施工过程需要较长的时间，不能做到随挖随撑，这对控制墙体变形是不利的，对大型基坑的下部采用钢筋混凝土支撑要特别慎重。

　　从地质条件看，内支撑式支护结构适用于各种地质条件下的基坑工程，而最能发挥其优越性的是软弱地层中的基坑支护工程，尤其是对基坑变形控制要求严格的城市建筑物密集地区。而内支撑式支护结构的支撑构件自身的承载能力只与构件的强度、截面尺寸及型式有关，而不受周围土质的制约。从开挖深度看，这种支护形式适用的基坑深度不受限制。何种程度的开挖深度、土压力适宜采用该支护结构，则应通过技术条件和经济条件的比较来决定。从基坑的平面尺寸来看，这种支护形式适用于平面尺寸不太大的基坑，过大的基坑必然导致内支撑的长度与断面太大，可能会出现经济上不合理的情况。

　　对于超大型基坑可采用中心岛法[43,44]，即先施工中心区域的主体，并预留施工缝，周边采用放坡或其他简单支护，中心区域的主体达到强度后，内支撑式支护结构支撑在主体上，最后支护、开挖周边区域。

内支撑式支护结构的较大缺陷是占据基坑内的空间，给挖土和主体结构施工造成许多困难和干扰，影响施工进度；随着主体结构的施工进展，在自下至上逐步卸去支撑时还有可能进一步增加周围地层的位移。此外，环境温度变化对内支撑的内力产生很大影响，如宽度为 20m 的基坑，若环境温度降低 10℃，支撑就会缩短 25mm，使基坑变形增加；而在温度升高后，这一变形并不能完全恢复，相反会使支撑内力增加过多，所以有时对内支撑式支护结构在高温气候下采取冷却或涂漆（减少吸收热量）等措施。

在深厚软弱土地基中，土压力及水压力较大，如使用锚杆支护结构，锚杆的抗拔力低且不稳定，并有蠕变现象发生，因此，使用锚杆是很困难的。内支撑式支护结构的构造简单、受力明确、安全可靠，这种支护形式尤其适合于软弱地层中的深基坑支护工程。

当存在下列条件时，可优先考虑选用内支撑式支护结构：

1）相邻场地有地下建筑物，不宜选用锚杆支护结构时。

2）为保护场地周边建筑物，基坑支护不得有较大的内倾变形时。

3）场地土质条件较差，对支护结构有严格要求时。

4. 重力式支护结构

重力式支护结构是重力式挡土墙的一种延伸和发展，主要仍以结构自身重力来维持支护结构在侧向土压力作用下的稳定。其特点是先有墙后开挖形成边坡，在某种程度上重力式支护结构与重力式挡土墙有较大区别。

目前，在工程中常用的重力式支护结构主要为水泥土重力式支护结构，如图 1.7 所示。水泥土重力式支护结构是指采用厚度较大的水泥土墙体，用特殊的深层搅拌机械，在地面以下就地将土与水泥强行搅拌，有时采用高压喷射注浆，经过土和固化剂产生一系列物理化学反应，形成具有一定强度、整体性和水稳性的柱状与固体，并采用连续施工的搭接方式将柱状与固体连接成墙体，保持深基坑边坡的稳定。

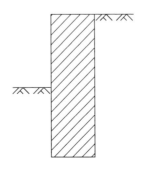

图 1.7　水泥土重力式支护结构

深层搅拌水泥土桩在我国应用初期主要是用于加固软土，构成复合地基，提高承载力以支撑建筑物[45]。20世纪90年代初期，其应用于基坑支护中，其中上海、浙江、江苏等沿海地区软土地基中应用得最多，水泥土重力式支护结构用于软土的基坑支护，一般支护深度不大于6m，用于非软土基坑的支护深度可达10m。其主要优点体现在以下几个方面。

1）水泥土加固体的渗透系数比较小，一般不大于 $10^{-7}\mathrm{cm\cdot s^{-1}}$，因此墙体有良好的隔水性能，不需要另做防水帷幕。

2）水泥土重力式支护结构的工程造价较低，当基坑开挖深度不大时，其经济效益更为显著。

5. 土钉支护结构

土钉支护结构是近年来发展的用于基坑开挖和边坡稳定的一种新型支护结构。土钉支护结构是由密集的土钉群、被加固的土体、喷射混凝土面层组成的一种复合的、能自稳的、类似于重力式挡土墙的挡土结构，用于抵抗墙后传来的土压力和其他作用力，从而使开挖基坑或边坡稳定。土钉支护的施工工序如图1.8所示。

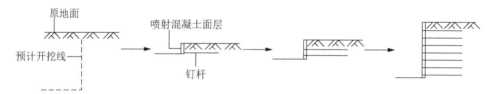

图 1.8　土钉支护的施工工序

土钉一般是通过钻孔、插筋、注浆来设置的，也可通过直接打入较粗的钢筋或型钢形成。土钉沿通长与周围土体接触，依靠接触面上的黏结摩阻力与其周围土体形成复合土体，其在土体发生变形的条件下被动受力。

土钉主要分为钻孔注浆土钉与打入式土钉两类：①钻孔注浆土钉是目前工程中常用的土钉类型，即先在土中钻孔，置入钢筋，然后沿全长注浆。打入式土钉是用机械将钢管、角钢、圆钢或钢筋等直接打入土体。②打入式土钉的优点是不需要预先钻孔，施工速度快。例如，上海地区软弱地基的基坑支护中采用了打入式土钉，即用机械装置将钢管打入土体中，然后再使用压力注浆，提高了土钉的承载力，支护效果良好，得到了广泛使用。

与其他支护结构相比，土钉支护结构的优点主要体现在以下几个方面。

1）能合理利用土体的自承能力，将土体作为支护结构不可分割的部分。

2）结构轻型，柔性大，有良好的抗震性能和延性。

　　3）施工设备简单轻便，不需大型的机具和复杂的工艺。

　　4）施工方便，速度快，不需单独占用场地。

　　5）工程造价低，据国内外资料分析，土钉支护结构的工程造价比其他支护形式的工程造价低 1/3～1/2。

　　土钉支护结构的缺点和局限性主要是基坑变形较大。由于土钉支护结构是一种被动受力支护形式，即只有土体发生变形时土钉才受力，基坑变形位移相对较大，因此土钉支护结构不宜用于对基坑变形有严格要求的支护工程中，土钉支护基坑的深度不宜太大。

　　土钉支护结构主要适用于地下水位以上或经人工降水后的人工填土、黏性土和弱胶结砂土中。对于无胶结砂层、砂砾卵石层和淤泥质土，土钉成孔困难，不宜采用土钉支护。对于不能临时自稳的软弱土层，土钉支护结构的现场施工无法实现，也不能采用土钉支护结构。从许多工程经验来看，土钉支护结构的破坏几乎都是由水造成的，水使土体软化，引起局部或整体破坏，因此采用土钉支护结构时必须做好降水，且不能作为挡水结构。

　　现代土钉技术是在 20 世纪 70 年代出现的。德国、法国和美国几乎在同一时期各自独立地提出这种支护方法并加以开发。1972 年法国首先在工程中应用土钉支护技术，该工程为凡尔赛附近的一处铁路路堑的边坡开挖工程，采用了注浆土钉和喷射混凝土的临时性支护。现场土体为黏性砂土，土体的内摩擦角为 33°～40°，黏聚力 20kPa，整个开挖和支护工作是分步进行的，开挖的边坡坡度为 70°，长度为 965m，最大坡高为 21.6m。施工时的每步挖深为 1.4m，放入土钉的钻孔直径为 100mm，其水平和竖向间距均为 0.7m，钻孔倾角为 20°，采用厚度为 50～80mm 的喷射混凝土面层，土钉的长度分别为 4m 和 6m，共采用了 25 000 多根土钉，这是有详细记载的第一个土钉支护工程。

　　美国在 20 世纪 70 年代将土钉支护结构用于基坑支护中，在匹兹堡 PPG 工业公司总部的深基坑中采用了土钉支护结构，基坑紧邻既有建筑物，在有建筑物的区域使用了微型桩。德国是较早对土钉进行系统研究的国家之一，1979 年在斯图加特建造了第一个永久性土钉支护工程，工程高 14m；英国从 80 年代也对土钉支护结构进行了研究，包括其相关的分析方法和程序开发；加拿大的温哥华地区在 60 年代末期已经使用土钉作为基坑支护，其支护深度达 18m。另外，几乎在同一时期，日本、西班牙、巴西等也对土钉技术进行了研究并应用于工程。

　　我国应用土钉的首例是 1980 年将土钉技术用于山西柳湾煤矿的边坡工程。另外，在公路和铁路的边坡加固中，也有土钉支护结构的个别工程实例，如山西太原煤矿设计院王步云等对土钉边坡进行原位试验和分析。近年来，随着国内高层建筑基础设施的大规模兴建，深基坑开挖项目越来越多，原位土的各种加筋技术有了较快发展。1993 年在深圳土钉技术被用于深基坑开挖的支护及加固中。在随后的数年，土钉支护技术在我国得到快速发展和应用，该技术先后在深圳、广州、北京、厦门、江苏、湖南、四川等地得到应用，并取得了显著的经济效益。

由于土钉支护结构自身具有局限性，在松散砂土、软土、流塑黏性土及有丰富地下水的情况下不能单独使用该支护形式，必须对常规的土钉支护结构进行改造，特别是对支护变形有严格要求时，宜采用土钉支护结构与其他支护结构相结合的方法，即复合土钉支护。

复合土钉支护结构就是由土钉、喷射混凝土与预应力锚杆、预支护微型桩、水泥土桩组合，以解决基坑变形问题、土体自立问题、隔水问题形成的支护形式。就目前实际应用效果来看，常用的几种复合土钉支护结构主要有以下几种组合形式。

1）土钉+预应力锚杆+喷射混凝土。

2）土钉+预支护微型桩+喷射混凝土。

3）土钉+预支护微型桩+预应力锚杆+喷射混凝土。

4）土钉+水泥土桩+喷射混凝土。

5）土钉+预应力锚杆+水泥土桩+喷射混凝土。

上述几种复合土钉支护结构是广义复合土钉支护的概念。狭义上讲，复合土钉支护结构是由土钉和预应力锚杆共同工作的支护形式，因为预支护微型桩或搅拌桩可以用于解决基坑土体自立问题和隔水问题，而预应力锚杆的存在改变了土钉支护的受力状态，减小了基坑变形。另外，预应力锚杆对复合土钉支护产生多大的影响取决于锚杆数量的多少及预应力值的大小。实际上，复合土钉支护结构即是介于土钉支护及后面将要介绍的预应力锚杆柔性支护之间的支护形式。

1.2.2　基坑支护方法的分类

作用在支护结构上的土压力及支护结构的变形情况是比较复杂的。土压力的大小及分布情况不仅与岩土体的特性有关，而且还与支护结构的变形有关。支护结构的变形不仅与支护结构的刚度有关，还与支护结构及岩土体的受力状态有关。

按挡土结构的刚度可以将基坑支护方法分为刚性支护法和柔性支护法，如图1.9所示。根据太沙基（Terzaghi）的试验和研究，刚性支护结构的土压力分布可按经典的库仑和朗肯土压力理论计算得到，实测结果表明，只要支护结构的顶部位移不小于其底部的位移，土压力沿垂直方向分布可按三角形计算，与上述理论大体一致，刚性支护法的几种支护形式作为挡土结构的桩墙均嵌入基底以下一定深度，一般情况下支护结构的顶部位移不小于底部位移。如果支护结构底部位移大于顶部位移，土压力将沿高度近似呈抛物线分布。对于柔性支护结构而言，作为挡土结构的面层刚度小且不嵌入基底（即不生根），其位移和土压力分布情况比较复杂，挡土结构不嵌入基底，结构上、下均向坑内移动，因此大致的梯形土压力分布规律是可参考应用的。

　　按支护结构的受力状态基坑支护方法分为主动支护法和被动支护法，如图 1.10 所示。主动支护法的几种支护形式中都使用了预应力锚杆，通过施加预应力，土体单元的抗剪能力提高，延缓了滑裂面的形成，改变了岩土体的受力状态，主动约束了支护结构的变形；而被动支护法则需借助岩土体产生的微小变形，才能使支护结构受力。因此，两种支护形式的受力状态是不同的。

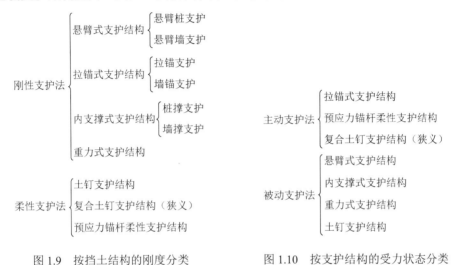

图 1.9　按挡土结构的刚度分类　　　　图 1.10　按支护结构的受力状态分类

1.3　因地制宜的支护形式

　　由上述内容可知，基坑工程本身是一项集合了多学科内容，受地区条件、场地因素及土质条件很大影响，并且具有大量不确定性的系统性工程。在现实的基坑工程中，某一地区的地质条件往往比较固定，针对其的支护形式也有很大的共性，并且随着理论研究和工程认识的不断发展而进步。

　　例如，大连地区的岩石以风化岩层等软岩为主，随着城市建设，大量的深基坑工程涌现。针对复杂的地质条件，出现地下连续墙、桩锚支护等支护形式。如果采用传统的桩锚支护结构对基坑进行支护，灌注桩一般在基坑坑底就要穿越较厚的中风化或微风化岩层，钻机很难钻进，不仅施工缓慢、难度大，而且会明显抬高造价；如若采用传统的土钉或复合土钉支护技术进行支护，又很难控制基坑变形，进一步会危及基坑周边建筑物和地下管网等设施，造成既有建筑物的不均匀沉降或开裂、地下管网及接头损坏[46]。

　　因此，针对大连地区具有沿海地区特色的软岩地质条件，本书作者提出了预应力锚杆柔性支护技术[47]。强大预应力的作用改变了基坑的受力状态,减小了基坑位移。该方法特别适合位移控制要求严格的基坑及超深基坑的支护工程[8]。本书作者多年前首次将该方法应用于基坑深度达 22.2m 的大连胜利广场基坑支护中,支护效果良好。与传统的刚性支护结构相比,预应力锚杆柔性支护法具有造价低廉、工期短、施工便捷、安全可靠等优点,产生了巨大的经济效益和社会效益,在大连及与大连类似地质的地区得到广泛的推广与应用[47, 48]。该技术于 2013 年获得辽宁省技术发明一等奖。

第2章 预应力锚杆柔性支护技术

2.1 概 述

2.1.1 技术背景

预应力锚杆柔性支护是用于基坑开挖和边坡稳定的一种新的支挡技术，是由预应力锚杆与喷射混凝土面层或木板面层结合而成的一种支护方法，其中预应力锚杆是由众多吨位较小的预应力锚杆组成的系统锚杆。按前述支护形式的分类方法，它属于柔性支护法，相对于传统的刚性支护方法，如桩、墙支护，该方法造价低廉、施工工期短、基坑变形小且安全可靠。基于预应力锚杆柔性支护法在经济、技术、安全等方面的优良表现，非常有必要对该方法进行系统的研究，以期该技术得到更广泛的应用。

1993 年首次在大连胜利广场基坑支护中使用了预应力锚杆柔性支护法，并取得了成功，积累了宝贵的实践经验。该工程位于大连站前繁华商业区，基坑四周紧靠交通干路，其中南北两侧道路是大连市两条主干路。基坑占地面积约 40 000m^2，深度达 22.2m，喷射混凝土标号 C20、厚 150mm，锚杆采用 2ϕ28（ϕ 为表示钢筋直径的符号，ϕ28 表示直径为 28mm 的钢筋）或 2ϕ25 的预应力锚杆。该工程采用预应力锚杆柔性支护施工快、造价低。后续的很多基坑工程也都采用了这种支护方法。其中也有数量不少的基坑支护工程采用预应力锚杆与木板面层相结合的柔性支护形式，如深度达 15m 的大连友谊商城深基坑支护。仅以大连为例，采用预应力锚杆柔性支护的基坑就达百余座。

在安全、经济、快捷的设计原则下，特别是在下面几种情况下的基坑，与其他支护方法相比，预应力锚杆柔性支护法表现出很强的竞争力：

1）位移控制严格的基坑。垂直开挖且紧靠建筑物、交通干道、地下重要管网的基坑，其位移控制较严格。由众多预应力锚杆形成的系统锚杆，其强大的预应力可以有效地控制基坑侧壁位移。

2）深度大的基坑。目前在基坑支护工程中当基坑很深，且深度超过 20m 时，一般采用拉支锚杆挡墙。如前所述，采用传统支护方法在经济、工期上是不合适的。目前土钉支护基坑最大深度为 18m，土钉支护基坑的极限深度较难确定。若支护深度再增加，则容易导致变形过大，会造成严重的环境安全问题，土体单元在大应变状态下容易剪坏或拉坏，对其稳定产生不利影响，如果通过加长、加密土钉来解决稳定和变形问题，往往又是不经济的。采用预应力锚杆柔性支护法，既可解决超深基坑的支护问题，同时又能做到造价上相对低廉、施工方便、工期短。例如，采用预应力锚杆柔性支护法的大连远洋大厦深基坑支护，基坑深度25.6m，该基坑地处市中心地带，四周紧靠建筑物和交通干路，变形控制良好，建筑物未出现任何不良问题。

3）钻孔费用高的基坑。对于土钉支护而言，其单钉承载力小，土钉密度大，这是由土钉支护的特性决定的。钻孔的数量多，对钻孔费用较高地层，如风化岩、碎石等，土钉支护在工程造价上未必是经济的，因为钻孔费用的增加会提高土钉支护的单位造价。而上述岩土层的抗剪强度高，恰巧适合于抗拔力高的预应力锚杆，因此这对于锚杆密度相对稀疏的预应力锚杆柔性支护而言，是经济的。

预应力锚杆柔性支护法尽管没有土钉支护法发展速度快，但也得到了较为广泛的应用。鉴于上述一些优点，预应力锚杆柔性支护法作为新型的支护方法会有非常强的生命力和竞争力。因此，很有必要建立一套完整的设计、计算方法，以促进该技术的应用和发展，这正是本书所要研究的。

2.1.2 基本组成

预应力锚杆柔性支护法由预应力锚杆（索）、面层、锚下承载结构和排水系统（如泄水孔）组成。其构造如图 2.1 所示。

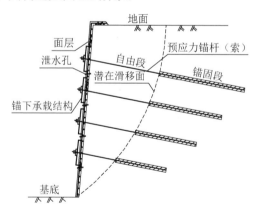

图 2.1 预应力锚杆柔性支护法构造

预应力锚杆（索）分自由段和锚固段，锚固段设置于潜在滑移面外的稳定土体中。预应力锚杆（索）可以采用拉力型、压力型或压力分散型等形式；预应力锚杆（索）杆（索）体可以采用钢筋、钢管、钢绞线等；注浆通常采用常压注浆，并且锚杆（索）全长注浆，通过一定构造措施，锚杆（索）在自由段内能自由伸缩，对抗拔力较低的地层，也可以采用二次高压注浆。

面层是预应力锚杆柔性支护法的必不可少的组成部分，常采用挂钢筋网喷射混凝土，也可以采用木板或者将木板和喷射混凝土结合共同用作面层，通常需根据具体土层情况和施工季节确定。由于面层厚度薄，相对于传统的桩锚支护、地下连续墙等支护而言，其刚度要小得多，柔性大，这就是称为预应力锚杆柔性支护法的缘由，以示与桩锚支护的区别。按照支护面层刚度可将基坑支护分为柔性支护体系和刚性支护体系。

预应力锚杆柔性支护的支护面层是柔性的，承受的荷载较小。面层的主要作用表现如下。

1）承受岩土侧向土压力，并将岩土侧向土压力传递至锚下承载结构，进而传递到锚杆上。

2）限制岩土体局部坍塌。

3）面层、锚下承载结构及锚杆共同作用形成支护整体，维护基坑稳定。

面层可以采用挂网喷射混凝土、木板和预制混凝土板。对临时支护而言，采用挂网喷射混凝土和木板施工较为方便，但使用最广泛的仍是挂网喷射混凝土。

1. 喷射混凝土面层

基坑支护的喷射混凝土厚度通常为 100～150mm，一般用一层钢筋网，钢筋直径为 6～8mm，间距为 150～250mm，对较深基坑则喷射混凝土的厚度厚一些，钢筋间距小一些。为了最大限度地减小喷射混凝土的用量，开挖面应尽量平整、规矩，必要时可用人工修整坡面。锚杆（索）端部用锚具与锚下承载结构连接，其中锚杆的锚具采用螺丝端杆、螺母；锚索的锚具则多采用锥形群锚。锚杆（索）通过锚具将锚下承载结构与喷射混凝土面层连接，并将锚下承载结构喷入混凝土一定深度中，如图 2.2 所示。

2. 木板面层

在临时支护中，可用木板做支护面层。木板通常采用 50～60mm 的落叶松木板，使用木板做支护面层具有施工方便、快捷的特点，尤其是当冬季温度在零下情况施工时，喷射混凝土用水需要加热，但水管仍时常冰冻无法通水，同时混凝土需加防冻剂，喷射混凝土的效率大大降低，在这种情况下使用木板做支护面层则较好地解决了上述问题。但使用木板做支护面时，要求锚下承载结构的刚度和强度要大，因为用木板做支护面时不像喷射混凝土那样对锚下承载结构有一定的约束，同时要求基坑侧壁平整，以使木板与基坑侧壁压密。用木板做支护面层的预应力锚杆柔性支护法已取得成功的工程实例如在 1994 年支护的大连友谊商城基坑工程深度达 15m，做法如图 2.3 所示。

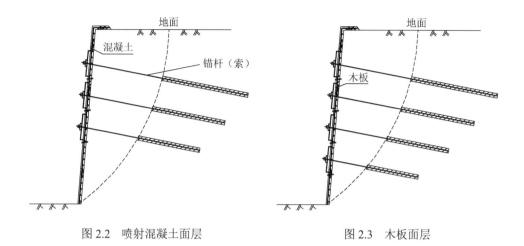

图 2.2　喷射混凝土面层　　　　　　　图 2.3　木板面层

3. 喷射混凝土与木板组合面层

对于基坑侧壁土层强度较低的情况，锚杆施加预应力或在土压力作用下，锚下结构变形较大，喷射混凝土容易发生冲剪破坏，工程实践也证明了这一点。在这种情况下，先铺设一层木板，然后再挂网喷射混凝土。木板不需满铺，可按 50% 的覆盖率铺设，由于有 50% 的间隔，可使喷射混凝土与基坑侧壁有效地黏结。铺设木板后的面层增加了传力面积，减小了锚下结构的变形，提高了锚下结构的承载能力，工程效果好。做法如图 2.4 所示。

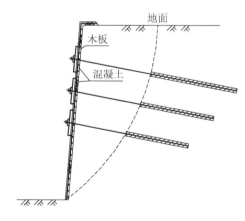

图 2.4　喷射混凝土与木板组合面层

预应力锚杆分为自由段和锚固段。在自由段范围内，锚杆内力是相同的，潜在滑动体的侧向土压力通过面层全部作用在锚下结构上，进而传递给锚杆。这一点与土钉支护不同，对于土钉支护而言，岩土体的侧向土压力部分通过锚固体（水泥浆或水泥砂浆）和岩土体的握裹传递给土钉，只有部分侧向土压力传递给钉头。因此，对于预应力锚杆柔性支护法而言，锚下结构承受很大荷载，需要一定的措施和结构体系来保证。锚下结构通常由型钢（工字钢、槽钢）、垫板、锚具组成。型钢可竖直分段放置，也可水平多跨连续放置或通长连续放置。

锚下承载结构为由锚头（具）、垫板和型钢等构成的组合构件（图2.5），它能将预应力从预应力筋传递到支护面层或地面上。

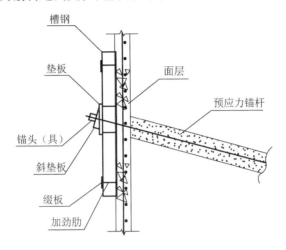

图 2.5　锚下承载结构构造

在预应力锚杆柔性支护体系中，锚头是对锚杆施加预应力、实现锚固的关键部位，用来将预应力从预应力筋永久地传递到支承板上。但往往预应力筋的品种决定了锚头的形式，锚头的固定是用锚具（由金属加工而成的机械部件）通过张拉锁定的，固定锚头的锚具主要有以下类型：①用于锁定预应力钢丝的锥形锚具；②用于锁定预应力钢绞线的挤压锚具，如 XM 锚具（多孔夹片锚具）、OVM 锚具（二片式锚板式锚具）；③用于锁定钢筋的螺丝杆锚具等。

锚头附近预应力筋的防腐问题在设计时应考虑，对关键部位予以妥善保护。因为大多数锚杆的腐蚀破坏往往出现在锚具附近未予保护的预应力钢筋，如果没有采取妥善的保护措施，往往此部位容易流出含杂质的浆液，侵蚀性元素的存在会对预应力钢筋造成损害。

锚下结构强度定义为锚下承载结构部分有效承载能力，这是预应力锚杆全部承载能力的要素之一。预应力锚杆整体承载能力取决于如下因素。

1）锚杆杆体材料的承载力。

2）锚杆在锚固段中的抗拔力。

抗拔力由以下两个因素决定：①锚固体与岩土体间的摩擦力，对扩孔锚杆还包括端部承压力；②锚杆锚体与锚固体的握裹力，锚固体强度达到一定值后，这一项一般不控制。

3）锚下结构承载力。

设计锚杆时要考虑上述 3 个要素，尽量使 3 个要素的承载力接近，才是最经济合理的，因为锚杆的整体承载能力取决于 3 个要素中承载力最小的要素。这在锚杆设计中应该引起注意，不能只考虑单一因素的承载力。

锚下承载结构受力是十分复杂的，有可能发生几种潜在的破坏模式，包括：①面层和锚下承压体（型钢）间的冲剪破坏；②锚下承载体的挠曲破坏和失稳；③锚具的拉伸破坏。

锚下结构的承载能力取决于上述几种破坏模式，其承载力为上述几种可能破坏的最小承载力，关于锚下结构承载力的计算另行研究。

排水系统，通常设置地排水沟，将地表水排走，防止地表水渗透到土体中。在地下水以下的基坑侧壁设泄水孔，以便将喷射混凝土面层背后的水排走。在基坑底部应设排水沟和集水坑，必要时采用井点降水法降低地下水水位。

当采用预应力锚杆柔性支护体系对基坑进行垂直开挖时，若施工地区的地下水位较高，地下水将对基坑支护产生影响。从基坑开挖施工的安全角度出发，对于采用预应力锚杆柔性支护体系的垂直开挖，坑内被动区土体因含水率增加导致强度、刚度降低，对控制支护体系的稳定性、强度和变形都是十分不利的；从施工角度出发，在地下水位以下进行开挖，坑内滞留水一方面增加了土方开挖施工的难度，另一方面也使地下主体结构的施工难以顺利进行。因此，为保证深基坑工程开挖施工的顺利进行，同时为了防止地表水渗透对喷混凝土面层产生压力，降低土体强度和土体与锚杆之间的界面黏聚力，预应力锚杆柔性支护必须有良好的排水系统。

合适的设计排水系统，将对基坑工程产生以下有利影响：

1）防止基坑坡面和基底的渗水，保证坑底干燥、便于施工。

2）增加坑底的稳定性，防止基坑底部的土颗粒流失。这是因为基坑开挖至地下水位以下时，周围地下水会向坑内渗流，从而产生渗流力，对基底稳定产生不利影响，此时采用井点降水的方法可以把基坑周围的地下水降到开挖面以下，不仅保持坑底干燥，而且消除了渗流力的影响，防止流砂产生，增加了基底的稳定性。

3）减少土体含水率，有效提高土体物理力学性能指标。对于预应力锚杆柔性支护体系，可增加被动区土体抗力，减少主动区土体侧向土压力，从而提高支护体系的稳定性和强度，减少支护体系的变形。

4）防止可能发生的冻害。

基坑施工在开挖前要先做好地面排水，设置地面排水沟引走地表水，或设置不透水的混凝土地面防止近处的地表水向下渗透。沿基坑边缘地面要垫高防止地表水注入基坑内。随着向下开挖和支护,可从上到下设置浅表排水管,即用直径为 60~100mm、长度为 300~400mm 的短塑料管插入坡面,以便将喷混凝土面层背后的水排走,其间距和数量随水量而定。在基坑底部应设排水沟和集水井,排水沟需防渗漏,并宜离开面层一定距离,必要时可采用井点降水。

井点降水是人工降水常采用的措施之一,它是指在基坑的周围埋入深于基坑底部的井点或管井。以总管连接抽水(或每个井单独抽水),使地下水下降,形成一个降落漏斗,并将地下水降低到坑底以下 0.5~1.0m,从而保证可在干燥无水的状态下挖土,不但可防止流沙、基坑失稳等问题,而且便于施工。

井点降水可根据基坑范围、开挖深度、工程地质条件、环境条件等合理选择井点类型。常用的井点类型主要有轻型井点、电渗井点、管井井点、喷射井点和深井泵等,其适用范围如表 2.1 所示。

表 2.1 各种井点降水的适用范围

井点类型	土层渗透系数/(m·d⁻¹)	降低水位深度/m	井点类型	土层渗透系数/(m·d⁻¹)	降低水位深度/m
一级轻型井点	0.1~80	3~6	管井井点	20~200	3~5
二级轻型井点	0.1~80	6~9	喷射井点	0.1~50	8~20
电渗井点	<0.1	5~6	深井泵	10~80	>15

2.1.3 施工步骤

预应力锚杆柔性支护体系采用从上到下、分层开挖、分层支护的施工方法。预应力锚杆柔性支护法施工步骤如图 2.6 所示。

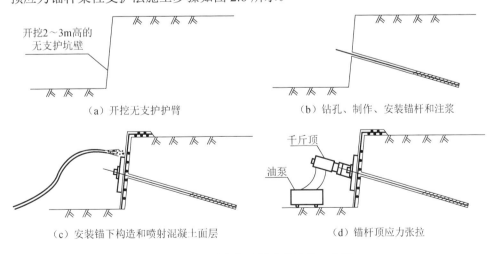

(a)开挖无支护护臂

(b)钻孔、制作、安装锚杆和注浆

(c)安装锚下构造和喷射混凝土面层

(d)锚杆顶应力张拉

图 2.6 预应力锚杆柔性支护法施工步骤

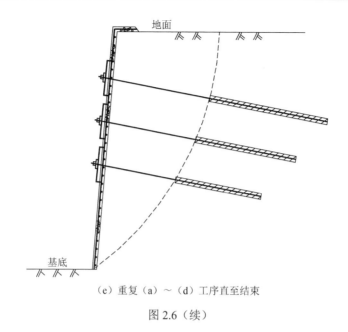

（e）重复（a）～（d）工序直至结束

图 2.6（续）

具体施工步骤如下。

1. 基坑开挖

因基坑工程一般占地面积较大，为缩短整体工程工期，土石方工程与支护工程可以同时施工，先开挖出支护施工所需的第一层支护作业通道。作业通道宽度应大于 6m，开挖深度由第一排锚杆设计位置向下开挖 0.5～1.0m。第一层锚杆张拉完后，方可开挖第二层。例如，当土石方开挖速度快于支护速度时，可在保留支护作业通道的情况下，开挖基坑中间区域土体。开挖下层作业面时应注意保护已施工完的支护面，特别是施加预应力后的锚下承载结构部位。

2. 坡面修整

支护作业面形成后，施工人员应清理支护作业坡面上松动的岩土体及凹凸不平处，尽量使基坑侧壁平整。

3. 锚杆成孔

支护坡面清理完后，依据施工图纸要求的钻孔位置和钻孔角度钻孔，钻孔位置和角度的偏差应符合现行国家规范。钻孔深度应满足设计要求，钻孔时应用高压风将孔内岩粉、沉渣吹净。如遇到难以成孔的情况，可挪孔或变换钻孔角度。

4. 注浆

水泥砂浆标号为 M30，水泥砂浆中添加膨胀剂和早强剂。注浆采用常压注浆，注浆时将注浆管插入孔底（距孔底 100mm 左右），浆液从孔底开始向孔口灌注，待砂浆自孔口溢出后拔管。

5. 制作和安装锚杆

锚杆所用的钢筋采用热轧螺纹钢筋，锚头采用 45 号钢。为保证锚杆筋能与砂浆充分握裹并定位于锚孔中心位置，两根锚杆筋之间每隔 3m 设置一个隔离点，每隔 2m 设置一道船形定位支架。锚杆筋与锚头焊接应严格按国家规范要求进行，并做连接强度试验。制作锚杆筋时应控制好自由段长度。锚杆自由段可用塑料套管或多层塑料薄膜包裹，锚头部位也需用塑料薄膜包裹，以便对锚杆保护、方便张拉。锚杆安插时应顺锚孔慢慢放入，以防碰塌孔壁，锚杆安插完后锚头部分应预留一定长度，以满足安放锚下承载结构的需要。

6. 绑扎钢筋网

本道工序在不妨碍成孔、注浆及安放锚杆筋的情况下可与其同步进行，钢筋网采用 $\phi 8$ 钢筋，钢筋网间距为 150mm。钢筋搭接长度不小于 200mm。钢筋网绑扎时钢筋接头同一截面不超过 50%。钢筋网竖向筋应预留搭接长度，并且在下层支护开挖前应向上弯至基坑侧壁，从而防止开挖时挖掘机破坏钢筋网及喷射混凝土。

7. 制作和安装锚下承载结构

锚下承载结构由 10 号槽钢、加劲肋、200mm×200mm×20mm 钢垫板和钢垫楔等组成。各构件焊接符合焊接相关规范及图纸的要求。锚下承载结构制作完毕自检合格后方可安装。锚下结构应在第一遍喷射混凝土后安装，尽量使其紧靠支护壁面。锚头外留长度满足预应力张拉需要。

8. 喷射混凝土

喷射混凝土强度等级为 C20，水泥采用 32.5R 普通硅酸盐水泥。碎石最大粒径不宜超过 20mm。混凝土干料采用搅拌机搅拌或采用人工搅拌，拌和均匀。喷射混凝土前应在作业面上埋设控制混凝土厚度标志，并用高压风清扫坡面。作业面如有明显出水点时，可埋设导管排水。喷射时，向喷射机供料应连续均匀，喷射机的工作风压应满足喷头处的压力为 0.1MPa 左右。喷射混凝土应分两次施喷，两次喷射应有一定时间间隔，否则混凝土容易脱落。喷射手应控制好水灰比，保持混凝土表面平整，锚下承载结构中槽钢的两侧应喷至槽钢高的 2/3 处，以便对槽钢提供侧向约束。

9. 预应力张拉

待锚杆内砂浆强度达到 20MPa，喷射混凝土强度达到 10MPa 后，方可施加预应力。预应力使用穿心式千斤顶张拉，一般超张拉 10%，然后拧紧螺母进行锁定。

10. 防排水措施

防排水对保护基坑安全十分重要。根据以往诸多工程监测资料来看，大雨过后一定时间内基坑变形速率明显加快，其原因就是雨水浸入基坑侧壁，致使土体受力特性改变。为防止地表水渗透对喷射混凝土面层产生压力，并降低岩土体强度，基坑顶部地面要做好防水，并做好排水沟排走地面水。地面采用混凝土面层，可在基坑侧壁按 2m×2m 间距设 $\phi100$ 的泄水管，以便将混凝土面层背后的水排走。

2.1.4　适用范围

1. 临时性支护

临时性支护主要用于高层建筑、地下结构的深基坑支护，面层可以使用喷射混凝土，也可以使用木板。

2. 永久性支护

城市地区的建筑边坡加固，公路、铁路路堑边坡加固，隧道洞口挖方工程加固等。垂直或近乎垂直的开挖施工使开挖量降至最少，同时还减少了公路用地。

3. 原有支挡结构修整加固

预应力锚杆可通过原有挡土墙来设置，用来加固或加强原有失效或危险的挡土结构。这些挡土结构主要包括：①已遭受结构破坏或过量挠曲的毛石挡墙或钢筋混凝土挡墙，造成的原因通常是松散或软弱回填土及墙后渗水；②由于钢筋腐蚀或回填质量差，加筋土墙损坏。

20 世纪 70～80 年代，我国修建的一批加筋土桥面和路堤，不少出现了侧向过量挠曲的问题，现已有部分工程采用了本方法进行了加固，效果良好。

一般来讲，从经济效益看来，预应力锚杆柔性支护的经济适用要求为：当土层在垂直或陡斜边上开挖至 2m 左右高时，不加支护条件下能保持自稳 1～2d。另外，特别要求钻孔孔壁能保持稳定至少数小时。预应力锚杆柔性支护可适用于下列土层类型：

1）无不良方向性和低强度结构的残积土和风化岩。
2）粉质黏土和不易于产生蠕变的低塑性黏土之类的硬黏土。
3）天然胶结砂或密实砂和具有一定黏结力的砾石。
4）天然含水率至少为 5% 的均匀中、细砂。

任何一种支护方法均有其适用的土层条件，在此条件下能做到安全、经济、快捷。在不太适宜的岩土地层中可以通过技术措施来实施某种支护方法，但往往导致该方法在经济上是不合理的。下列土层被认为不适用或应有限制地使用预应力锚杆柔性支护法：

1）现场标准贯入击数 N 低于 10 或相对密度小于 30% 的松散规则粒状土，这些类型的土通常没有足够的自稳时间，并对施工设备的振动敏感性很强。

2）不均匀系数 C_u 小于 2 的粒度均匀的粒状无黏性土（级配不良），非常密实的除外。在施工过程中，这些类型的土缺乏明显的黏聚力，在暴露时将趋于松散状态。

3）有过高含水率或潮湿的土，这类土暴露时趋于滑坍或产生开挖面不稳定问题，即明显的黏聚力损失。

4）液性指数 I_1 大于 0.2，不排水抗剪强度 c 小于 50kPa 的有机质土或黏性土。该类土体中会产生连续长期蠕变，在饱和状态下施工还会明显减小土体与水泥浆黏合力及抗拔阻力。因此，锚杆在这类土中应用是应事先进行长期蠕变状态的试验测试，符合要求时，方可投入使用。

5）对具有张开节理或孔隙的高度破裂岩石（包括孔状灰岩）和多孔、级配粗糙的粒状材料（如卵石），困难在于难以获得令人满意的灌浆锚杆而要特别小心。低坍落度灌浆类的施工措施有时可优先在这类材料中使用。

6）有软弱结构不连续面的岩石或风化岩（如填满的断层泥）。

2.2　力学行为分析

当基坑周围有建筑物或市政设施时，控制基坑变形显得尤为重要。因此，要对基坑开挖引起的变形进行分析和预测。基坑开挖的数值模拟计算可对基坑支护的受力、变形及破坏模式等力学行为进行较全面的分析研究，可为基坑工程的设计和施工提供指导。

数值模拟计算方法用于岩土工程问题的分析已很普遍，但其有效性和可靠性经常受到质疑。由于地基土体的复杂性和不确定性，数值模拟计算方法用于岩土工程问题计算的确有一定的困难，主要在于土的本构模型，包括模型参数的确定。但是，如果选择合适的模型，将数值计算方法来分析不同参数变化时支护结构力学行为的变化规律还是有意义的。

由于数值模拟要用到较多计算参数，并且需要专业的分析软件，还没能应用于实际工程中。在实际设计方法上，还是以工程类比法来确定，同时参考拉锚支护或土钉支护的设计方法。本章提出预应力锚杆柔性支护的杆系有限元计算方法，给出整个程序计算的流程图，并且用所编的程序计算了一个实际工程的基坑位移和锚杆轴力，把计算值与实际工程的测量值进行比较。由于杆系有限元原理简单、输入参数较少，随着此方法的不断完善，其有望成为预应力锚杆柔性支护的实用设计方法。

2.2.1 拉格朗日有限差分法

有限差分法可能是解算给定初值和（或）边值的微分方程组的最古老的数值方法。近年来，随着计算机技术的快速发展，有限差分法以其独特的计算风格和计算流程在数值计算方法中活跃起来，应用于众多科学领域的复杂问题计算分析中。在有限差分法中，基本方程组和边界条件（一般均为微分方程）近似地改用差分方程（代数方程）来表示，即由空间离散点处的场变量（应力、位移）的代数表达式代替。这些变量在单元内是非确定的，从而把求解微分方程的问题改换成求解代数方程的问题。相反，有限元法则需要场变量（应力、位移）在每个单元内部按照某些参数控制的特殊方程产生变化，公式中包括调整这些参数以减小误差项和能量项。本节数值模拟计算研究采用拉格朗日有限差分方法。

FLAC 程序建立在拉格朗日有限差分法基础上，特别适合模拟大变形和扭曲。FLAC 采用显式算法来获得模型全部运动方程（包括内变量）的时间步长解，从而可以追踪材料的渐进破坏和垮落，这对研究基坑支护是非常重要的。FLAC 程序具有强大的后处理功能，用户可以直接在屏幕上绘制或以文件形式创建和输出打印多种形式的图形。使用者还可根据需要，将若干个变量合并在同一副图形中进行研究分析。基于上述计算功能与特点，本章研究应用 FLAC2D 程序进行数值模拟计算分析。

近年来，岩土力学领域的学者提出的本构关系有很多种，尽量选用简单而又能解决问题的模型。目前基坑支护数值计算分析采用的本构模型主要有三种，即非线性 E-v 模型、Mohr-Coulomb 模型和渐进单屈服面模型。虽然采用这些模型应用于支护分析都得到了一些有价值的结果，但由于岩土工程的复杂性，每种模型都存在一些问题。

力学试验表明，当载荷达到屈服极限后，岩土体在塑性流动过程中，随着变形保持一定的残余强度。因此，本章计算采用 Mohr-Coulomb 强度准则，即

$$f_s = \sigma_1 - \sigma_3 \frac{1+\sin\varphi}{1-\sin\varphi} - 2c\sqrt{\frac{1+\sin\varphi}{1-\sin\varphi}} \tag{2.1}$$

式中，σ_1、σ_3——最大和最小主应力，MPa；

c、φ——黏聚力和内摩擦角，MPa 和（°）。

当 $f_s > 0$ 时，材料将发生剪切破坏。在通常应力状态下，岩体的抗拉强度 σ_T 很低，可根据 $\sigma_3 \geq \sigma_T$ 判断岩体是否产生拉破坏。

1. 计算模型

由于所假定的深基坑范围较大，整个基坑在环线方向的变形很小，可以忽略

不计，因此选择其中一个剖面再进行力学分析，用平面应变模型假设，即垂直于计算剖面方向的变形为零。

　　深基坑模拟宽度为 50m，深度从水平 0 起，模拟深度为 35m。基坑深度 25m。根据模型的尺寸，模型共划分为 7000 个平面单元，构成的计算模型单元网格尺寸平均为 0.5m×0.5m。模型两侧限制水平方向移动，模型底面限制垂直方向移动。

　　本章模拟计算主要研究预应力锚杆柔性支护的力学性能，同时假设在相同岩土条件下，对两种间距的土钉支护进行研究，分析其在超深基坑支护中的力学行为，以便对两种支护方法进行比较。

　　2. 基坑力学参数

　　基坑的力学参数、预应力锚杆长度参数分别见表 2.2 和表 2.3。

表 2.2　基坑的力学参数

土层性质	变形模量 E/MPa	泊松比 μ	黏聚力 c/kPa	内摩擦角 φ/ (°)	平均容重/ (kN·m^{-3})
杂填土	13	0.3	12	13	18
残积土	18.95	0.295	20	18	18
强风化辉绿岩	250	0.24	50	25	22
中风化辉绿岩	487.5	0.25	80	35	26.5

表 2.3　预应力锚杆长度参数（间距 2.0m×1.6m）

锚杆排号	1	2	3	4	5	6	7	8	9	10	11
长度/m	11+9	10+9	9+10	8.5+10	8+9	7+9	6+8	5+8	4+7	3+6	2+3

　　注：11+9 的含义是，11 代表自由段长度，9 代表锚固段长度，余同。

　　预应力锚杆支护下基坑的位移矢量场，如图 2.7 所示，锚杆的预应力值为 300kN。

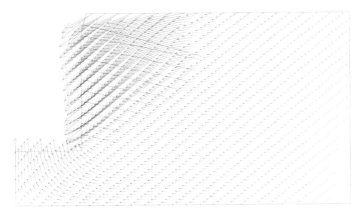

图 2.7　预应力锚杆支护下基坑的位移矢量场

（1）水平位移的分布

预应力锚杆柔性在不同支护下基坑的水平位移分布如图 2.8 所示。由图 2.8 可知，基坑水平位移沿深度呈曲线分布，最大位移发生在基坑顶面，随深度的增加逐渐减小，最大水平位移为 26mm。图 2.8 中也给出了不同支护方案下，即相同条件下两种间距的土钉支护的水平位移变化曲线，从图中可以看出土钉支护下基坑的水平位移比预应力锚杆支护的位移大得多。在土钉支护方案 1 中，水平位移为 81mm，是预应力锚杆支护位移的 3.1 倍。在土钉支护方案 2 中，水平位移为 68mm，是预应力锚杆支护位移的 2.6 倍。与拉锚式支护体系不同，预应力锚杆支护是一种柔性支护，没有刚度较大的挡土结构抵抗基坑侧向变形，所以预应力锚杆柔性支护水平位移的分布与拉锚式支护结构的变形曲线是不同的，前者最大水平位移发生在基坑顶部，而后者最大变形的位置取决于锚杆的位置和受力情况。

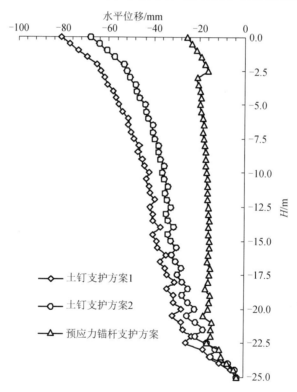

图 2.8　不同支护方案下基坑的水平位移变化曲线

（2）基坑地表沉降分布

不同支护方案下基坑的地表沉降变化曲线如图 2.9 所示，基坑地表沉降沿地表水平方向呈曲线分布，基坑侧壁处最大，沿远离基坑侧壁方向逐渐减小。地表沉降和水平位移是相互对应的，水平位移越大，地面沉降也越大，从位移矢量场上（图 2.7）也能反映出这一点。从图 2.9 中可以看出，土钉支护下基坑地表沉降明显比预应力锚杆支护大，即使在间距比较小的情况下，两者沉降量也相差 1 倍多。

综上分析，预应力锚杆支护对基坑位移的控制是很有效的，该方法可用于对位移要求严格的基坑支护工程。

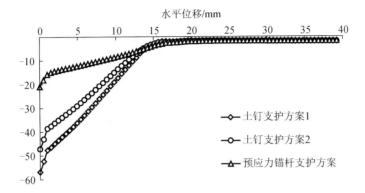

图 2.9　不同支护方案下基坑的地表沉降变化曲线

（3）预应力锚杆轴拉力分布

图 2.10 为预应力锚杆支护下的各层锚杆轴力分布图。从图 2.10 中可以看出，锚杆轴力最大值在自由段，且在自由段轴力相同，在锚固段逐渐减小，末端为零；各层锚杆轴拉力分布曲线形态相似，但各层锚杆轴力大小是不相同的。

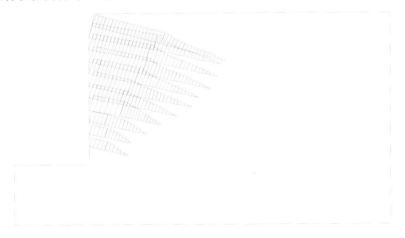

图 2.10　预应力锚杆支护下的各层锚杆轴力分布图

预应力锚杆轴力分布与土钉轴力分布（图 2.11）是不相同的。土钉轴力沿其长度呈凸曲线分布，最大轴力出现在土钉中部，向两侧逐渐递减，土钉末端为零，外端递减至一个较小值，该轴拉力由土钉端部承担，因此土钉端部承担的值较小。

由于预应力锚杆轴力最大值在整个自由段是相同的，锚杆端部承受同样的轴力，该轴力是通过前述的锚下承载结构传递的。

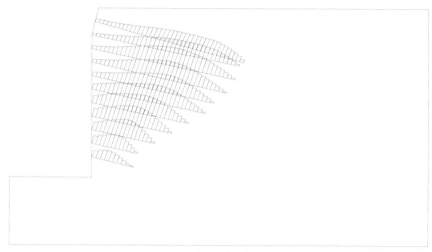

（a）土钉支护方案 1

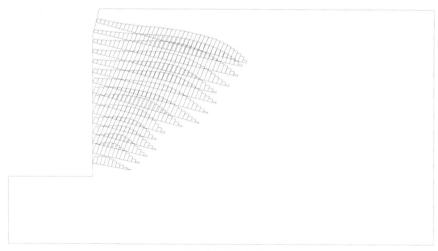

（b）土钉支护方案 2

图 2.11　不同土钉支护方案下的土钉轴力分布图

（4）预应力对基坑变形的影响

为研究锚杆预应力对基坑位移的影响，假定基坑深度、岩土力学性质、锚杆长度、锚杆间距等参数不变的前提下，分别对锚杆施加 $T = 0\text{kN}$、100kN、200kN、300kN、400kN 和 500kN 的预应力，进行计算分析。为节约篇幅，本章给出了 $T = 0\text{kN}$、$T = 200\text{kN}$、$T = 400\text{kN}$ 时的位移矢量场，如图 2.12 所示。

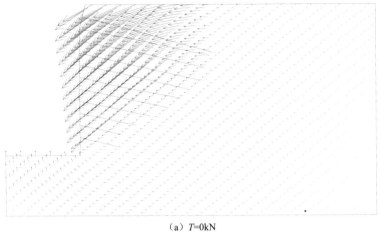

（a）T=0kN

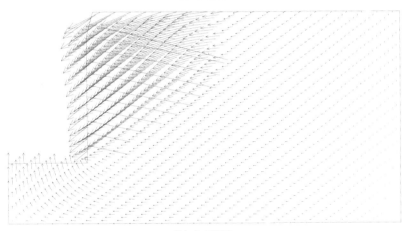

（b）T=200kN

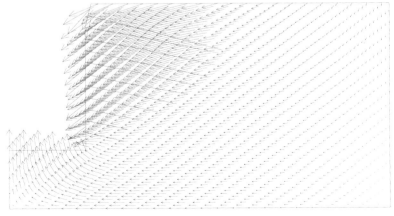

（c）T=400kN

图 2.12　预应力 T=0kN、T=200kN、T=400kN 时的位移矢量场

图 2.13 为锚杆在不同预应力时基坑水平位移的变化曲线。从图 2.13 中可以看出，在相同条件下基坑水平位移随预应力的加大而变小。预应力值等于 0kN 时，基坑最大水平位移为 70mm；当预应力施加至 100kN 时，最大水平位移减小为 47mm；当预应力施加至 200kN 时，最大水平位移减小为 33mm，位移减幅比较大；预应力值大于 300kN 时，随预应力增大位移减小的幅度变小，即预应力超过一定值后对限制基坑位移的效果不明显，但此时的位移值已比较小，能满足工程的要求。

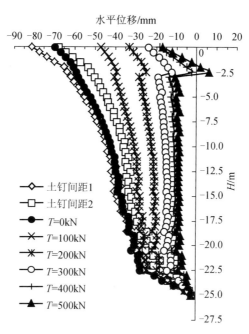

图 2.13　锚杆在不同预应力时基坑水平位移的变化曲线

图 2.14 为锚杆在不同预应力时基坑地表沉降的变化曲线，与基坑水平位移相似，当预应力 $T=100$kN 时，基坑地表沉降由 52mm（$T=500$kN 时）减小到 37mm，当预应力 $T>300$kN 时，基坑地表沉降仍有减小，但减小的幅度变小。

（5）预应力对基坑滑移场的影响

从理论上讲，由于锚杆预应力的存在，减小了基坑侧壁位移，约束了岩土体的滑动，减小了岩土体的剪切变形，当然也减小了潜在滑动面上岩土体的剪切变形，延缓了岩土体塑性区的发生，缩小了潜在滑移区的范围，图 2.15 所示为锚杆支护在不同预应力时的基坑滑移场。从图 2.15 中可以看出，随着锚杆预应力的增加，潜在滑移面上剪切应变减小，滑移区变小，当预应力大于 400kN 后，滑移区大范围消失，只在基坑底隅处尚有小范围存在。因此锚杆的预应力不仅减小了基坑变形，缩小了基坑岩土体塑性区的范围，而且延缓或阻止了岩土体潜在滑动区的出现。

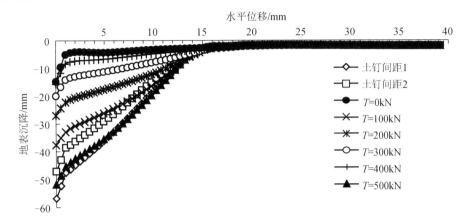

图 2.14　锚杆在不同预应力时基坑地表沉降的变化曲线

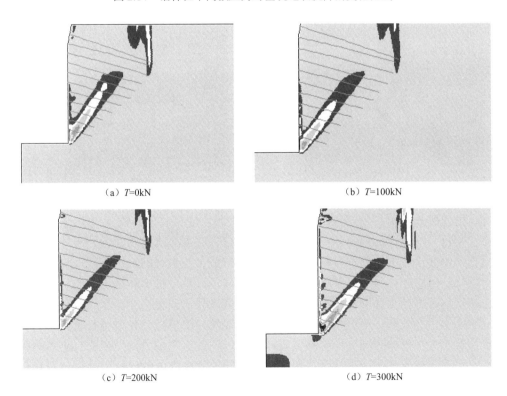

（a）T=0kN　　　　　　　　　　　　　　　　（b）T=100kN

（c）T=200kN　　　　　　　　　　　　　　　（d）T=300kN

图 2.15　预应力 T=0kN、100kN、200kN、300kN、400kN 时基坑的滑移场

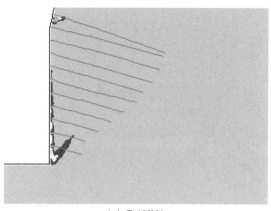

（e）T=400kN

图 2.15（续）

2.2.2　杆系有限元法

　　由于用经典理论计算土体的被动土压力无法计算土体的变形，而且在一些不可能产生土体极限平衡状态的情况下，经典理论无法计算相应的土压力，而用有限元法可以得到土体变形、土体应力及支护结构内力，有限元方法在深基坑研究中得到广泛应用，包括杆系有限元法、连续体有限元法。其中，连续体有限元法程序复杂、参数繁多、学习不易，在深基坑设计中一般不直接采用，只是作为辅助设计方法。

　　杆系有限元法与传统的静力平衡法相比有其优越性，能够计算出不同开挖阶段的基坑侧壁位移、桩体弯矩和锚撑内力随深度的变化；模拟开挖过程并且最大限度地协调支护结构与土体的变形关系。相对于连续体有限元法而言，杆系有限元法较简单、计算参数较容易确定，因此在实际工程中得到广泛应用，在《建筑基坑支护技术规程》（JGJ 120—2012）中也被称为弹性支点法。

　　在杆系有限元中，支护结构内侧开挖面以下的土体抗力由设置的土体弹簧来模拟，由于土体的抗拉强度很小，在设计中一般不考虑土的抗拉强度，在用杆系有限元计算中，如果土体弹簧受到拉力，则表示这部分的土体已达到极限状态，应该把这部分的土体弹簧刚度设置为零，继续进行下一轮迭代计算。锚杆也用弹簧来模拟，面层和锚下结构用梁单元模拟。显然，土体抗力的大小取决于基坑水平位移的大小，该点的侧向位移大，则该点的弹簧压缩量也就大，那么土体的弹性抗力值也就越大。弹性抗力与水平位移之间的关系由弹性地基梁的局部变形理论，即文克勒（Winkler）假说来确定，即

$$P = K\delta \qquad\qquad (2.2)$$

式中，P——弹性抗力强度值，kN/m²；

K——弹性抗力系数，kN/m³；

δ——计算点的位移，m。

《建筑基坑支护技术规程》（JGJ 120—2012）中的杆系有限元计算模型如图 2.16 所示。该模型只是适用于拉锚或内撑的刚性支护方法，刚性支护受力特点如下：①预先支护地下连续墙、搅拌桩等，这样每步开挖产生的开挖荷载直接作用在相应的桩墙上；②桩墙刚度大（地下连续墙、搅拌桩等），每步开挖产生的开挖荷载可以由桩墙传递给开挖面之上的锚杆或内撑。

显然，《建筑基坑支护技术规程》（JGJ 120—2012）的假定和预应力锚杆柔性支护的不同，不适用于预应力锚杆柔性支护，有以下 3 个原因：①没有考虑柔性支护的施工特点，不能模拟先开挖、再支护的施工过程；②没有考虑柔性支护的影响深度，而是直接把桩墙的底端当成计算模型的深度；③没有考虑柔性支护的传力特点，如果还是靠面层传递弯矩，将使计算结果产生严重的误差，因为柔性支护的面层刚度很小。

本节正是从《建筑基坑支护技术规程》（JGJ 120—2012）不适用于预应力锚杆柔性支护的 3 个原因入手，提出适用于预应力锚杆柔性支护的杆系有限元法。

本节的计算模型如图 2.17 所示。从图 2.17 中可以看出，本节的计算模型和《建筑基坑支护技术规程》（JGJ 120—2012）的计算模型主要的不同点。

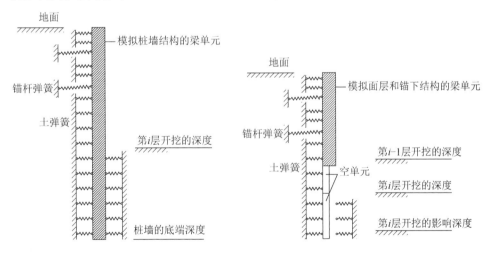

图 2.16 《建筑基坑支护技术规程》（JGJ 120—2012）的杆系有限元计算模型

图 2.17 预应力锚杆柔性支护的杆系有限元计算模型

现有的杆系有限元计算，都用人为选定的土压力来作为开挖荷载，如静止土压力[49]、用主动土压力[50]或新的土压力模式[51]。这样的不足之处是没有考虑开挖前土体的真实内力，而开挖的过程本质上是被开挖土体的内力的释放，从而在开挖面形成自由应力面。本节的开挖荷载采用被开挖的土体在开挖前的内力卸载。

因为杆系有限元不能考虑竖直方向的土压力,所以竖直方向的开挖荷载不予考虑。由于没有桩墙的支护,开挖前坑底土体的土压力自身达到平衡,坑底沿深度方向的土压力分布开挖荷载 $P(h)$,如图 2.18(a)所示。第 i 步开挖,把土体 A 挖掉,则土体 A 对土体 B 的压力也被卸掉了,相当于在土体 A 和土体 B 的边界处作用上反向作用力,如图 2.18(b)所示。

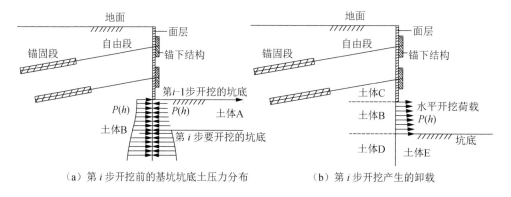

（a）第 i 步开挖前的基坑坑底土压力分布　　　（b）第 i 步开挖产生的卸载

图 2.18　开挖卸载示意图

　　一般的深基坑杆系有限元模型采用文克勒假说,认为土体不传递剪力,水平位移只与作用在开挖面的开挖荷载有关。这个假说对于柔性支护是不合适的,因为柔性支护的面层刚度很小,面层所能传递的力很小,这样就需要土体传递剪力,所以要对开挖荷载的分布进行改进。下面对柔性支护法的水平开挖荷载传递进行分析。

　　如图 2.18(b)所示,土体 A 挖掉后,此时基坑侧壁还没有支护,因此在开挖荷载作用下,土体 B 会向开挖侧变形移动,从而带动土体 C 和土体 D 也向开挖侧变形移动。土体 C 受到锚下结构和面层的限制,土体被压密。同样,土体 D 受到土体 E 的限制,土体也被压密。如果每层开挖的深度适合,被压密的土体也会形成土拱,如图 2.19 所示。

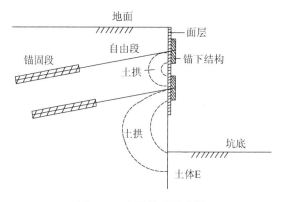

图 2.19　土拱效应示意图

土拱把作用在拱背上的开挖荷载传递到拱脚，这样还没有支护的开挖面上所释放的开挖荷载就很小了，如图 2.20（a）所示。

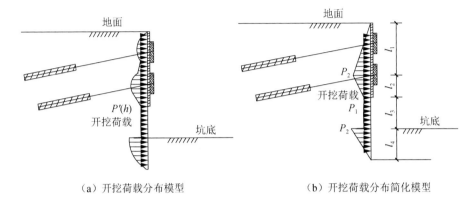

（a）开挖荷载分布模型　　　　　　　　　　　　（b）开挖荷载分布简化模型

图 2.20　开挖荷载分布

设第 i 步产生的开挖荷载为 F_i，还没支护前开挖面所释放的荷载为 F_{1i}，往开挖面上下所传递的荷载为 F_{2i}，显然有

$$F_i = F_{1i} + F_{2i} \tag{2.3}$$

引入释放荷载系数 β_1，则

$$\beta_1 = \frac{F_{1i}}{F_i} \tag{2.4}$$

传递荷载系数 β_2，则

$$\beta_2 = \frac{F_{2i}}{F_i} \tag{2.5}$$

由式（2.3）～式（2.5），得

$$\beta_1 + \beta_2 = 1 \tag{2.6}$$

β_1 是表示开挖面土体释放开挖荷载的能力，跟土体的参数有关，跟每步开挖的深度也有关。

接下来推导开挖荷载沿基坑侧壁的分布，为便于计算，对开挖荷载的分布进行简化。设开挖面的开挖荷载平均值为 P_1，沿开挖面直线分布。又设在开挖面以上开挖荷载沿深度线性分布，开挖荷载最大值为 P_2，在第 $i-1$ 排锚杆的锚头处；最小值在地面处为零。再设开挖面以下也沿深度线性分布，开挖荷载最大值为 P_2，在第 i 层开挖面的底端；开挖荷载最小值在影响深度处为零，如图 2.20（b）所示。根据力的平衡，有

$$P_1 l_3 = \beta_1 F_i \tag{2.7}$$

$$\frac{P_2 l_1}{2} + \frac{P_2 l_2}{2} + \frac{P_1 l_3}{2} + \frac{P_2 l_4}{2} = (1 - \beta_1) F_i \qquad (2.8)$$

式中，P_1——开挖面所释放的开挖荷载平均值，kPa；

$\quad\quad P_2$——开挖面以上及以下所传递到的开挖荷载最大值，kPa；

$\quad\quad l_1$——地面到第 $i-1$ 排锚杆锚头深度的距离，m；

$\quad\quad l_2$——开挖面上端点到第 $i-1$ 排锚杆锚头深度的距离，m；

$\quad\quad l_3$——第 i 步开挖的深度，m；

$\quad\quad l_4$——第 i 步开挖的影响深度，m。

由式（2.7）得

$$P_1 = \frac{\beta_1 F_i}{l_3} \qquad (2.9)$$

又由式（2.7）和式（2.8）得

$$P_2 = \frac{(2l_3 - 2\beta_1 l_3 + l_2) F_i}{(l_1 + l_2 + l_4) l_3} \qquad (2.10)$$

在杆系有限元中，假定锚杆只受拉力，不受弯矩，所以可以用弹簧来模拟锚杆。《建筑基坑工程技术规范》（YB 9258—97）[49]规定，锚杆侧向弹性抗力系数 K_T 应由锚杆基本试验确定，当无试验资料时可计算为

$$K_T = \frac{3 A E_s E_c A_c}{3 l_f E_c A_c + E_s A l_a} \cos^2 \theta \qquad (2.11)$$

式中，A——杆体截面面积，m^2；

$\quad\quad E_s$——杆体弹性模量，kPa；

$\quad\quad E_c$——锚固体组合弹性模量，kPa；

$\quad\quad A_c$——锚固体截面面积，m^2；

$\quad\quad l_f$——锚杆自由段长度，m；

$\quad\quad l_a$——锚杆锚固段长度，m；

$\quad\quad \theta$——锚杆水平倾角，(°)。

在锚杆支护中，锚杆主要受到的是拉压力。如果计算得到锚杆受压力，则应该把这部分的锚杆弹簧刚度设置为零继续进行下一轮迭代计算。同时，还要保证锚杆的拉力在其极限承载力范围内，如果超出，则应将这部分的锚杆弹簧刚度设置为零继续进行下一轮迭代计算，把超出部分的多余轴力通过内力重分布转移给其他锚杆弹簧承担。

锚下承载结构简称锚下结构，是预应力锚杆柔性支护法的重要组成部分。在锚杆上施加的预应力通过锚下承载结构传递至需要锚固的岩土体上。锚下结构通常由型钢（工字钢、槽钢）、垫板、锚具组成。型钢可竖直分段放置，也可水平多

跨连续放置或通长连续放置。

在本节的计算模型中，用梁单元模拟面层和锚下结构。具体的处理方法是：如果还没有支护，则相应的梁单元的刚度为零；如果已经支护了面层，则相应的梁单元的刚度用实际面层刚度；如果已经支护了面层和锚下支护结构，则相应的梁单元的刚度用实际面层和锚下支护结构的刚度叠加值。

预应力锚杆支护正是通过强大的预应力来限制土体的位移的，如何在设计中考虑预应力的影响是设计的关键。预应力锚杆中的预应力是施加在锚杆自由段，锚头通过锚下结构传递给锚下结构旁边的土体，锚固段则是通过锚固作用把预应力传递给周围土体。正确的预应力模拟应该满足以下的条件：①锚杆受拉力作用；②锚头处受到指向挡土侧的压力，大小等于锚杆自由段的拉力，并且是同时作用。

在连续介质有限元中的处理方法如下[52]：先不启动自由段，而在锚头加上一个与开挖侧相反的外力，同时在锚杆自由段与锚固段的连接处加上指向开挖侧的外力，这时自由段不参与计算，计算出体系的内力 1；然后把预应力作为一对拉力作用到自由段两段，单独对自由段计算，得出自由段的内力 2；再把内力 1 和内力 2 叠加，就是预应力锚杆的真实内力。

在杆系有限元中，锚杆自由段和锚固段被合成一根弹簧，不能在自由段和锚固段的连接处加外力，可以用如下方法解决：在锚头处加上一个与开挖侧相反的外力，计算出体系的内力 1；然后在锚杆弹簧锚头处加上一个与指向开挖侧的外力，单独对锚杆弹簧计算出内力 2；再把内力 1 和内力 2 叠加，就是预应力锚杆的真实内力增量。第一步中计算出来的位移是真实的位移增量。这种预应力的模拟方法只能用于杆系有限元，不适用于连续介质有限元。

根据上述的理论，用 Fortran 95 编制了相应的程序，对成功应用预应力锚杆柔性支护法支护的大连远洋大厦深基坑工程进行了计算分析。采用该方法支护，不仅使基坑的水平位移与竖向位移得到有效控制，确保了基坑及周围建筑物稳定性，而且其经济合理性也是其他支护方式无法比拟的。

基坑支护剖面图如图 2.21 所示（基坑南壁），该段基坑开挖深度为 25.6m，自上而下共设置 11 排锚杆，锚杆长为 5.0～20.0m，竖向间距为 2.0m，水平间距为 1.6m，锚杆孔径为 130mm，采用高强度低松弛钢绞线，注浆采用 M25 水泥砂浆。在基坑边坡表面绑扎钢筋网 $\phi 6@150\times150$，喷射混凝土的上部厚度为 100mm，下部为 150mm。锚下承载结构采用 10 号槽钢和 14 号槽钢，锚杆通过锚下承载结构与混凝土面层连接。

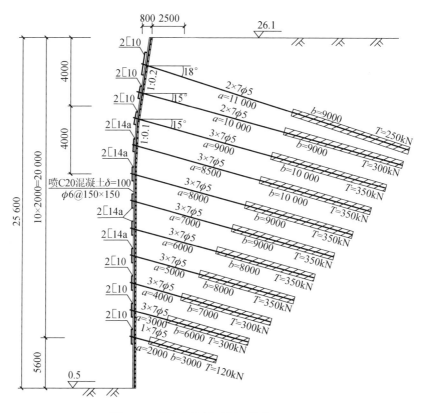

图 2.21　基坑支护剖面图（单位：mm）

该模型划分为 60 个梁单元、120 个土弹簧单元、11 个锚杆弹簧单元。锚杆弹簧的计算参数为 $A_s = 5.47 \times 10^{-4} \text{m}^2$，$E_s = 2.06 \times 10^5 \text{MPa}$，$A_c = 1.33 \times 10^{-2} \text{m}^2$，$E_c = 3.52 \times 10^4 \text{MPa}$。土弹簧刚度用 M 法（将土体视为弹性变形介质，其水平抗力系数随深度线性增加）计算，取 $m = 8 \times 10^3 (\text{kN/m}^4)$，表示地基土的弹性抗力比例系数。取影响深度为每步开挖厚度的 60%，释放荷载系数 β_1 取 0.1。程序计算出每步开挖后的基坑水平位移、每步开挖后的锚杆轴力。

（1）基坑每步开挖的水平位移

图 2.22 为每步开挖后的基坑水平位移。考虑到图形太密，只输出间隔一步的基坑水平位移。从位移图可以得到以下结论。

1）预应力锚杆支护下基坑水平位移呈曲线分布，并且每步开挖后的位移和前面的位移有一定的继承性。唐孟雄[53]对一个喷锚支护深基坑的位移监测结果也有类似的结论。

2）水平位移最大值发生在基坑顶面，随深度的增加而逐渐减小。这种水平位移分布方式与一般的土钉支护相同。与拉锚支护结构变形是不相同的，拉锚支护结构的变形不仅和锚杆的参数有关，桩墙的参数影响也很大。本节计算出来的最大位移约为 30mm，与实际测量值 28.7mm 很接近。

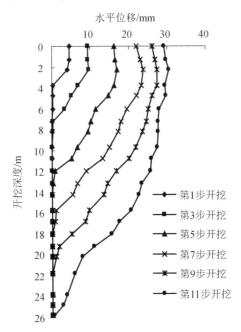

图 2.22　每步开挖后基坑的水平位移

（2）各层锚杆的轴力沿深度分布

图 2.23 为最后一步开挖后的各层锚杆自由段的轴力。从图 2.23 中可以看出，锚杆轴力沿着基坑深度成弓形分布。在基坑上部锚杆轴力沿深度增加，在基坑中部达到最大值，在基坑下部锚杆轴力沿深度减少，这和按太沙基-派克（Ferzaghi-Peck）土压力经验模型求出的锚杆内力是一致的。锚杆轴力大于相应的预应力，多出来的部分是传递到锚杆上的开挖荷载。

（3）预应力对基坑位移的影响

为了研究预应力对基坑位移的影响，在杆系有限元中对锚杆施加不同的预应力，分别有 $T = 0kN$、100kN、250kN、350kN、450kN，然后把这些预应力水平下的基坑水平位移进行比较，如图 2.24 所示。从图 2.24 中可以看出，锚杆的预应力水平对基坑位移影响很大，随着锚杆预应力的增加，相应的基坑位移减小，因此预应力锚杆支护特别适合于对位移控制严格的基坑支护。但是预应力增大到一定数值后，对基坑水平位移的控制作用会逐渐减弱。

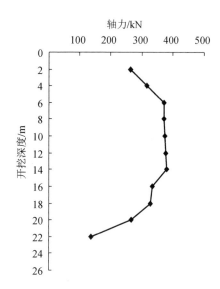

图 2.23　最后一步开挖后各层锚杆
　　　　自由段的轴力

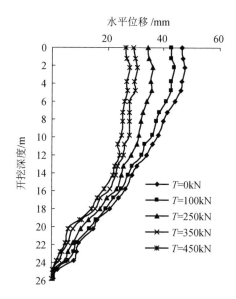

图 2.24　不同预应力下基坑的水平位移变化曲线

2.3　预应力锚杆柔性支护的设计计算

支护结构应满足承载能力极限状态和正常使用极限状态的要求。支护结构对承载能力极限状态而言（包括强度破坏和稳定破坏）应有一定安全储备；对正常使用极限状态而言应满足变形限制的要求。根据上面的两条基本原则，预应力锚杆柔性支护结构设计计算内容主要包括以下部分。

2.3.1　锚杆计算的设计计算

锚杆除应满足基坑稳定性要求，还应满足设计内力的要求。按照一般的极限平衡分析法进行结构的稳定性分析时，假定岩土体破坏面上的所有锚杆都达到了极限抗拉能力，其间距和抗拉能力应满足稳定要求。另外，计算出荷载作用下锚杆的间距和内力，根据锚杆内力确定锚杆间距和尺寸，锚杆内力可通过数值方法、经验方法等方法计算得出。预应力锚杆支护中锚杆设计计算的内容如下。

1）按作用在支护结构上的荷载计算出锚杆的间距和内力。

2）由锚杆的计算内力确定锚杆尺寸，包括锚杆的截面和锚固段长度。

3）按基坑稳定要求设计系统锚杆的间距和尺寸，或根据上述 1）、2）确定的锚杆的间距和尺寸，验算基坑稳定性。

　　预应力锚杆柔性支护稳定性分析方法不能给出使用阶段锚杆的内力，锚杆内力计算可以采用经验方法、反力法、数值计算方法等。本节主要探讨用于锚杆内力计算的经验法和反力法，至于数值计算方法在第 3 章中将详细介绍。

　　通常情况下，作用在支护结构上的荷载包括土压力、水压力及附加荷载引起的侧向土压力。当围护结构作为主体结构的一部分时还应考虑人防和地震荷载等。

　　锚杆在使用阶段的内力 T 可近似地用每根锚杆分担的基坑侧壁面积与作用在锚杆处侧向土压力的乘积表示，即

$$T\cos\theta = S_{\mathrm{h}}S_{\mathrm{v}}p \tag{2.12}$$

$$p = p_1 + p_2 \tag{2.13}$$

式中，θ——锚杆与水平线的倾角，（°）；

　　　S_{h}、S_{v}——锚杆的水平间距和竖直间距，m；

　　　p_1——与锚杆高度位置相应的侧向土压力，kN；

　　　p_2——地面荷载引起的侧向土压力，kN。

　　弹性反力法是一种杆系有限元法，是一种半经验、半解析的设计计算方法，这里只讨论用于预应力锚杆柔性支护法的弹性反力法。由于它能模拟基坑开挖施工各个工况，因此计算结果较为符合实际情况。作用在支护结构上的荷载采用前述讨论的土压力图式。图 2.25 为预应力锚杆柔性支护法的计算简图。

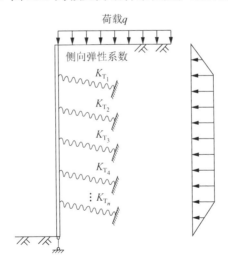

图 2.25　反力法计算简图

　　锚杆的侧向弹性系数可通过锚杆的抗拔试验确定，无试验资料可按式（2.11）计算。

　　锚固体组合弹性模量可确定为

$$E_{\mathrm{c}} = \frac{AE_{\mathrm{s}} + (A_{\mathrm{c}} - A)E_{\mathrm{m}}}{A_{\mathrm{c}}} \tag{2.14}$$

式中，E_m——锚固体中注浆体弹性模量，kPa。

对有微型桩的情况，嵌入基底以下的部分按土体的基床系数设置若干弹性约束，将上述分析的土压力作用在支护结构上，采用杆系有限元法平面问题分析，即可得出锚杆内力及支护结构的变形结果。采用反力法不仅可以求出锚杆的内力，还可得出支护结构的变形结果，当然这也是一种近似计算，但应用在实际工程中比较方便。

锚杆计算时一般不计其抗剪、抗弯作用，假定锚杆为受拉工作状态。锚杆的承载力取决以下三种破坏：①锚杆杆体强度破坏；②锚固体从岩土中拔出破坏；③锚下承载结构破坏。

前述锚杆的承载力不但应满足基坑整体稳定的要求，同时还应满足内力计算的要求。在极限状态下，用于整体稳定计算时采用总安全系数 K，锚杆的承载力采用标准值；在使用阶段按锚杆计算内力确定锚杆承载力时的安全系数 K_T 取值可与稳定性计算的总安全系数 K 相同。

（1）锚杆极限承载力

锚杆极限承载力直接取用式（2.15）～式（2.17）中较小值。

1）锚杆杆体抗拉承载力为

$$T_1 = \frac{\pi}{4} d^2 f_{yk} \tag{2.15}$$

2）锚杆抗拔承载力为

$$T_2 = \pi D l_a \tau_k / \gamma \tag{2.16}$$

3）锚下结构承载力为

$$T_3 = \min(R_1, R_2, R_3) \tag{2.17}$$

式中，d、f_{yk}——锚杆杆体的直径和强度标准值，m，MPa。

D、l_a——钻孔直径和锚固段长度，m。

τ_k——锚固体与岩土体间摩擦力，kN。

γ——岩土体摩擦力不稳定的影响系数，通常 γ 取 1.2，主要考虑岩土摩擦力的离散性大，在相同安全系数下比其他两项承载力的可靠程度差。因此，对抗拔承载力适当增加一些安全储备。

R_1、R_2、R_3——锚下冲剪强度、锚具抗拉强度和承载体的承载力。锚杆冲剪强度 R_1 按《混凝土结构设计规范（2015 年版）》（GB 50010—2010）计算；锚具抗拉强度 R_2 根据螺杆直径计算其强度，对于锚索则有相对应的锚具，无须计算；锚下承载体的承载力 R_3 由型钢的强度和稳定计算确定。

（2）使用阶段锚杆设计计算

每层锚杆在计算内力 T 作用下，其材料强度及锚固段抗拔力应满足式（2.18）～

式（2.20），即

$$K_{\mathrm{T}}T \leqslant \frac{\pi}{4}d^2 f_{\mathrm{yk}} \qquad (2.18)$$

$$K_{\mathrm{T}}T \leqslant \pi Dl_{\mathrm{a}}\tau_{\mathrm{k}} / \gamma \qquad (2.19)$$

$$K_{\mathrm{T}}T \leqslant T_3 = \min(R_1, R_2, R_3) \qquad (2.20)$$

2.3.2　面层的设计计算

1. 支护面层的内力分析

预应力锚杆设计中面层的工作机理研究的不是很清楚，现在研究人员已积累了一些喷射混凝土面层所受土压力的实测资料，但是测出的土压力显然与面层刚度有关。在具体工程中，多采用工程类比法进行施工作业，一些临时支护的面层往往不做计算，仅按构造规定一定厚度的喷射混凝土和配筋数量，目前还没有发现面层出现破坏的工程事故。在国外所做的有限数量的大型足尺试验中，也仅发现在故意不做钢筋网片搭接的喷射混凝土面层时出现的问题。当支护有地下水作用或地表有较大均布荷载或集中荷载时，支护面层则有可能成为重要的受力构件。

2. 支护面层的强度验算

预应力锚杆柔性支护法由于锚下承载结构能形成拱脚支撑，当面层后侧的岩土体产生相对变形时，会在岩土体中形成土拱效应。该土拱为承压拱，土拱将后侧的土压力通过土拱自身的压应力传递到拱脚，即锚下承载结构，进而通过锚具传递到锚杆杆体，直至传递到设置在稳定岩土体中的锚杆锚固段。因此，喷射混凝土面层承受的荷载作用仅局限于土拱与面层合围的岩土体对面层产生的侧向土压力作用。该侧向土压力一般小于甚至远小于主动土压力。

支护面层的强度验算需要考虑面层上的侧向土压力作用，对面层进行强度验算。

对于软弱土层，可根据场地条件设置竖向锚管，以增加喷锚面层的整体性和承受喷锚混凝土面层的重量。

根据土拱效应，贾金青教授课题组将喷射混凝土面层上的土压力简化为双直线分布，如图 2.26 所示，并得出作用于预应力锚杆柔性支护结构上土压力的简化计算式，即

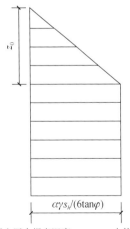

z_0—面层土压力拐点深度，m；φ—土体内摩擦角，（°）；α—土体外摩擦角对土压力计算影响系数；γ—土体重度，kN/m^3；s_h—锚杆水平间距，m。

图 2.26　面层土压力双直线分布简化图

$$\sigma_z = \begin{cases} \dfrac{2\alpha\gamma z}{3\tan(45° + 0.5\varphi)}, & z < z_0 \\[3mm] \sigma_z = \dfrac{\alpha\gamma l}{6\tan\varphi}, & z \geqslant z_0 \end{cases} \tag{2.21}$$

其中

$$\alpha = \frac{\tan(45° - 0.5\varphi)}{1 + \tan\delta\tan(45° - 0.5\varphi)}$$

$$z_0 = \frac{l\tan(45° + 0.5\varphi)}{4\tan\varphi}$$

式中，　z ——面层压力计算点距地面垂直距离，m；

　　　　σ_z ——作用在混凝土面层上的侧向压力强度标准值，kPa。

2.3.3　锚下承载结构的设计计算

锚下承载结构是预应力锚杆支护方法中重要的组成部分，锚杆上的内力是通过锚下结构传递的。锚下结构承载力是确定锚杆承载能力所需的要素之一，其计算内容包括锚下面层和承载体的冲剪强度（简称锚下冲剪强度）、锚具的抗拉强力、承载体的承载力。

锚下承载结构是预应力锚杆柔性支护技术中的一个重要组成部分，它的破坏将直接导致锚杆的锚固力无法施加在基坑侧壁上造成支护失效，酿成工程事故。而目前实际工程中，为了保证锚下承载结构的绝对安全，往往都按工程经验进行设计，十分保守。这不仅缺乏科学性，还造成资源严重浪费。

预应力锚杆柔性支护法中的锚下承载结构受力十分复杂，当设计不当或受力不合理时，有可能发生以下几种潜在破坏：

1）锚下承载结构的挠曲破坏和失稳。

2）垫板变形失效或因应力集中而发生强度破坏。

3）锚具和型钢结构发生强度破坏。

4）面层在锚下承载结构（型钢）的作用下发生冲剪破坏。

5）面层下岩土体在锚下承载结构作用下发生剪切破坏。

一般情况下，前三种破坏情况有可能是设计或施工不当造成的，从而导致锚下承载结构失效，进而引发工程事故。而后两种破坏情况则相对很少出现，如果出现这类破坏，一般主要是由于面层下岩土体承载力不够或抗剪强度不足引起的，如果采取缩小锚杆间距来降低单个锚杆受到的土压力荷载，则有可能出现锚杆间距而导致群锚效应。如果锚下承载结构有可能出现后两种破坏，则该地层条件不适宜采用预应力锚杆柔性支护法，在设计方案选取上应予以避免。

实际工程中，锚下承载结构主要破坏模式以前三种为主。因此，数值试验模型的岩土体材料主要选取大连地区典型岩石参数，对垫板、锚下型钢构件、面层的受力性能及变形性能进行试验研究。重点分析在保证锚下承载结构不发生前三种破坏情况时的锚下承载结构承载力。实际工程中，为了避免锚下承载结构发生过大的侧向变形而导致失稳，一般在锚下承载结构两侧一定范围内喷射混凝土进行约束，一般有半约束（约束混凝土高度为槽钢构件腹板高度一半）和全约束（约束混凝土高度同槽钢构件腹板高度）两种，通过侧向约束来控制或减小锚下承载结构的侧向变形，增强锚下承载结构的稳定性。另外，通过在两榀槽钢的上翼缘的指定位置焊接水平连接钢筋可以控制结构的侧向变形。

　　基坑工程除了支护结构强度而发生破坏外，还可能由于各种原因而发生稳定性破坏。整体稳定破坏是一种很严重的破坏，往往导致基坑侧壁整体坍塌。在预应力锚杆支护结构的计算中，整体稳定分析是一项很重要的内容，为了保证锚杆的锚固段处于可靠的稳定岩土体中，必须进行整体稳定性计算。基坑支护结构整体稳定性计算可以采用极限平衡分析法。极限平衡分析法因简单实用且计算精度也能满足工程需要，同时又能处理各种地层情况，而在基坑及边坡稳定分析中广泛应用。

2.3.4　稳定性的分析计算

　　将原来边坡稳定分析的极限平衡分析法用于基坑稳定分析时，除考虑岩土体的力学指标外，尚应考虑预应力锚杆的作用。极限平衡分析法的实用价值主要取决于对岩土体各项力学指标的正确认识，以及对客观存在的多种控制稳定性的条件的正确反映程度。根据第 2.3.3 节的分析，对不同的破坏形态采用不同的稳定分析方法。

1.　圆弧破坏的稳定性分析

　　对预应力锚杆柔性支护的基坑进行稳定性分析时，参照边坡稳定性分析的瑞典圆弧法，并考虑预应力锚杆的作用。作用在基坑侧壁上的集中荷载会在岩土体中扩散，且本支护方法中锚下承载结构作用于基坑侧壁一定范围。因此，在整体稳定分析时，将锚杆拉力分配到整个滑动面上比较合理。为推导稳定安全系数的计算公式，做出如下假定：

　　1）预应力锚杆柔性支护基坑的潜在破坏面为圆弧面。

　　2）应力锚杆均达到极限承载力。

　　3）在滑动面上岩土体的极限平衡条件符合 Mohr-Coulomb 强度准则。

　　4）将非稳定区的岩土体分割成若干较小宽度的竖直条块，并忽略条块间作用力的影响。

　　取单位长度支护进行计算，并将破坏面上的下滑力和抗滑力分别对圆心取矩，则抗滑力矩 M_R 与下滑力矩 M_S 之比为稳定安全系数 K，即

$$K = \frac{M_R}{M_S} \tag{2.22}$$

为推导稳定安全系数的计算公式，假定任一支护基坑及条分法受力分析图，如图 2.27 和图 2.28 所示。设基坑有 m 层预应力锚杆，将滑动土体分成 n 条，土条 i 的宽度为 Δ_i，作用在土条 i 上的力有岩土体自重 W_i，地面荷载为 Q_i，锚杆的极限承载力为 T_{Rk}。

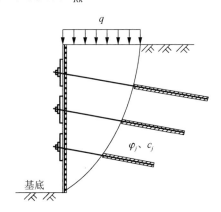

图 2.27　基坑支护图

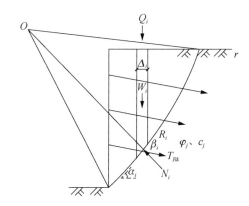

图 2.28　圆弧破坏面及土条受力

根据任意一土条径向力 N_i 的平衡条件，可得

$$N_i = (W_i + Q_i)\cos\alpha_i + \frac{T_{Rk}}{s_h}\sin\beta_i \tag{2.23}$$

根据滑动体上极限平衡条件，可得滑动土体的抗滑力为

$$R_i = c_j \Delta_i \sec\alpha_i + N_i \tan\varphi_j \tag{2.24}$$

将式（2.23）代入式（2.24）得

$$R_i = c_j \Delta_i \sec\alpha_i + (W_i + Q_i)\cos\alpha_i \tan\varphi_j + \frac{T_{Rk}}{s_h}\sin\beta_i \tan\varphi_j \tag{2.25}$$

式中，α_i——土条 i 下部圆弧破坏面切线与水平线的夹角，（°）；

$\quad\quad\Delta_i$——土条 i 的宽度，m；

$\quad\quad s_h$——锚杆的水平间距，m；

$\quad\quad\beta_i$——锚杆与圆弧破坏面切线夹角，（°）；

$\quad\quad\varphi_j$——土条 i 圆弧破坏面所处第 j 层土的内摩擦角，（°）；

$\quad\quad c_j$——土条 i 圆弧破坏面所处第 j 层土的黏聚力，kN。

作用于滑动面上的力对圆心产生的下滑力矩和抗滑力矩分别为

$$M_S = \sum (W_i + Q_i) r \sin a_i \tag{2.26}$$

$$M_R = \sum \left(R_i + \frac{T_{Rk}}{s_h}\cos\beta_i \right) r \tag{2.27}$$

将式（2.25）代入式（2.27）可得

$$M_{\mathrm{R}} = \sum\left[c_j \varDelta_i \sec\alpha_i + (W_i + Q_i)\cos\alpha_i\tan\varphi_j + \frac{T_{Rk}}{s_h}\sin\beta_i\tan\varphi_j + \frac{T_{Rk}}{s_h}\cos\beta_i\right]r \quad （2.28）$$

将式（2.26）和式（2.28）代入式（2.22）可得

$$K = \frac{\sum\left[c_j \varDelta_i \sec\alpha_i + (W_i + Q_i)\cos\alpha_i\tan\varphi_j + \frac{T_{Rk}}{s_h}\sin\beta_i\tan\varphi_j + \frac{T_{Rk}}{s_h}\cos\beta_i\right]}{\sum(W_i + Q_i)\sin\alpha_i} \quad （2.29）$$

与土坡稳定分析的瑞典圆弧法相比，式（2.29）的分子项中多了一项锚杆的影响，说明锚杆对基坑的稳定性发挥了作用。值得说明的是，从式（2.29）中可以看出，锚杆预应力对基坑在极限状态下的稳定并不产生影响，即锚杆的预应力并不能提高基坑极限平衡状态下的稳定性。但锚杆的预应力能改善基坑正常使用状态下的性能，如基坑侧壁变形、沉降等。

2. 平面破坏的稳定性分析

平面破坏的受力如图 2.29 所示，设岩土层分若干层，作用在 j 层岩土层的自重为 W_j，地面荷载为 Q_j，锚杆的极限承载力为 T_{Rk}，则作用 j 层岩土层的破坏平面上引起岩土体失稳的下滑力和抗滑力分别为 S_j 和 R_j。

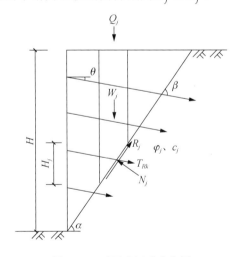

图 2.29　平面破坏受力分析

$$S_j = (W_j + Q_j)\sin\alpha \quad （2.30）$$

$$R_j = \left[(W_j + Q_j)\cos\alpha + \frac{T_{Rk}}{s_h}\sin\beta\right]\tan\varphi_j + \frac{c_j H_j}{\sin\alpha} + \frac{T_{Rk}}{s_h}\cos\beta \quad （2.31）$$

破坏面上的下滑力之和 S、抗滑力之和 R 分别为

$$S = \sum S_j = \sum (W_j + Q_j)\sin\alpha \qquad (2.32)$$

$$R = \sum\left[(W_i + Q_i)\cos\alpha + \frac{T_{Rk}}{s_h}\sin\beta\right]\tan\varphi_j + \sum\left(\frac{c_j H_j}{\sin\alpha} + \frac{T_{Rk}}{s_h}\cos\beta\right) \qquad (2.33)$$

破坏面上的抗滑力 R 与下滑力 S 之比为稳定安全系数 K，则有

$$K = \frac{\sum\left[(W_j + Q_j)\cos\alpha + \dfrac{T_{Rk}}{s_h}\sin\beta\right]\tan\varphi_j + \sum\left(\dfrac{c_j H_j}{\sin\alpha} + \dfrac{T_{Rk}}{s_h}\cos\beta\right)}{\sum (W_j + Q_j)\sin\alpha} \qquad (2.34)$$

式中，　H_j —— j 层岩土层的厚度，m；

　　　　α —— 破坏面与水平面的夹角，（°）；

　　　　β —— 锚杆与破坏面的夹角，（°）；

　　　　T_{Rk} —— 锚杆的极限承载力，kPa。

式（2.34）与式（2.29）形式上相同，但式（2.34）中 α、β 为常数，可以认为平面破坏的稳定分析是"大条分法"，每一层介质上作用一个"大土条"。当岩土体为单一介质时，式（2.34）可写为

$$K = \frac{\left[(W + Q)\cos\alpha + \dfrac{T_{Rk}}{s_h}\sin\beta\right]\tan\varphi + \dfrac{cH}{\sin\alpha} + \dfrac{T_R}{s_h}\cos\beta}{(W + Q)\sin\alpha} \qquad (2.35)$$

式中，　T_R —— 全部锚杆的承载力之和，kN。

3. 圆弧-平面破坏稳定分析

对这种破坏形式可采用条分法进行稳定分析。具体做法是直接采用式（2.29）进行计算，只是在平面破坏部分的 α_i 和 β_i 均为常数。也可采用近似简化的方法：①上部土层厚度小于下部岩层厚度时，可近似地按平面破坏进行稳定计算；②上部土层厚度大于下部岩层厚度时，可近似地按圆弧破坏进行稳定计算。这样简化会与实际情况有一定误差，但这种误差从实际工程角度看是可以接受的。

4. 最危险滑动面的搜索

对于最危险滑动面的确定，有多种搜索方法。当地层条件比较复杂时，可能存在多个局部极小值。因此，采用任何一种搜索方法寻找最危险滑动面时，都必须对结果的合理性做出判断，尽量能采用多次搜索，以确保找到真正的最危险滑动面。随机生成方法是常用的一种搜索最危险滑裂面的方法。首先在一个较大的范围内进行初步搜索，记录安全系数最小的一部分滑动面，这一小部分滑动面一般会处于一个较小的范围之内，然后可以在这个缩小的范围内进行新一轮的搜索，如果前后两次搜索的结果相差不大，则可以认为找到了最危险滑动面。

圆弧滑动面和非圆弧滑动面随机生成的基本原理是一样的，都是给定一个步

长，从基坑侧壁上某点开始，随机生成一组等长的直线段，直到与边坡坡面相交为止，这样就生成了一个试算滑动面，具体过程如下所述。

生成试算滑动面必须从基坑坑脚处基坑侧壁上的某一点 A 开始，这个点称为始发点，如图 2.30 所示。确定试算滑动面的第一条线段 AB 的方向，其与水平线的夹角 θ 是在指定的范围内随机选择的。生成了第一条线段 AB 后，改变后续线段的方向，每一条线段相对于它前面的线段偏转一个角度 δ，直到最后生成一条与边坡坡面相交的线段为止，即生成了一个试算滑动面。

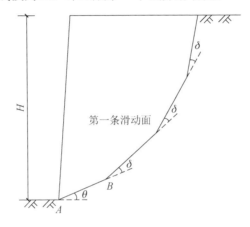

图 2.30　试算滑动面生成图

对应于不同的破坏模式，有以下三种情况。

1）对平面破坏模式，假定不同角度 α_i，求出相对应的稳定系数 K_i，其最小值所对应的滑动面即为最危险滑动面。

2）对圆弧破坏模式，将偏转角度 δ_i 设为常数，设定一组等长线段，直到与坡面相交，即生成了一个圆弧滑动面，用条分法求出相应的稳定系数 K_i。在所有可能的滑动面所对应的稳定系数中，其最小值对应的滑动面即最危险滑动面。

3）对圆弧-平面破坏模式，先在发生平面破坏的岩层设定破坏面与水平面夹角 α_i，在发生圆弧破坏的土层范围内，按上述情况 2）的做法，设定一偏转角 δ_i 为常数，再设定一组等长线段，直到与坡面相交，即形成了圆弧-平面滑动面，求出相应的稳定系数 K_i。在所有可能滑动面对应的稳定系数中，其最小值对应的滑动面即为最危险滑动面。

最危险滑动面以外的岩土体为稳定岩土体，根据最危险滑动面的位置即可确定锚杆的自由段与锚固段的长度。

2.3.5　失稳模式分析

稳定分析对破坏模式的合理选择具有依赖性。基坑破坏模式在一定程度上揭示了基坑破坏形态和破坏机理，因此可以说是稳定分析的基础。稳定分析是指按照基坑的某一种破坏形态和破坏机理，根据岩土工程条件、荷载条件及支护情况所进行的定量的受力平衡分析。离开破坏模式的稳定分析必然具有某种盲目性。基坑的破坏模式有很多类型，本节对不同岩土条件可能发生的破坏进行了归纳。

1. 土层基坑

土层包括黏土、粉质黏土、砂质黏土、杂填土等。支护结构滑动所形成的滑动面很不规则，但多呈曲线形状。为了对其进行理论研究和工程应用，只能对滑动面的形状进行假设。目前常用的滑动面为圆弧线滑动面、折线滑动面、对数螺旋曲线滑动面等，其中最常用的是圆弧线滑动面。图 2.31 为土层基坑破坏模式。

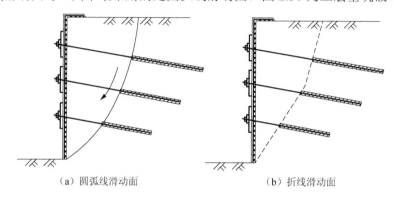

（a）圆弧线滑动面　　　　　　　　　（b）折线滑动面

图 2.31　土层基坑破坏模式

2. 风化岩基坑

根据不同的岩体情况，大致分为平面破坏和圆弧破坏。

（1）平面破坏

平面破坏通常发生在层状岩体中或岩体为非层状岩体但存在软弱结构面的情况下。其破坏方式及形态为上部不稳定岩层沿层状结构面下滑，滑移后的破坏面上擦痕明显，并散布着部分充填物或岩屑。其稳定性受岩层走向夹角大小、软弱结构面的发育程度及强度控制。

平面破坏的机理是在自重及附加荷载作用下岩体内产生的剪应力超过层面结构面的抗剪强度而导致不稳定岩体作顺层滑动。因此，较好地确定滑动面的抗剪强度参数和侧限阻滑力是工程设计的关键，平面破坏模式如图 2.32 所示。

（2）圆弧破坏

圆弧破坏多发生在岩体结构类型为碎裂结构或散体结构。其岩体类型是各种岩体的构造带、破碎带、蚀变带或风化破碎带，如地震断裂破碎等。

对散体结构而言，其岩体特征是由碎屑泥质物夹杂大小不规则的岩块组成，软弱结构面发育成网；风化较重的层状岩体在岩层倾向平缓或逆向基坑或侧向基坑的情况下，都可能会发生圆弧破坏。

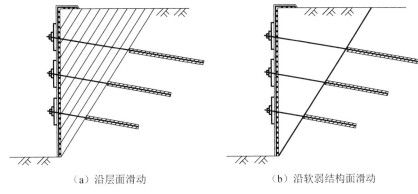

（a）沿层面滑动　　　　　　　　　　　（b）沿软弱结构面滑动

图 2.32　风化岩基坑平面破坏模式

圆弧破坏的机理是在自重及附加荷载作用下岩土体内产生的剪应力超过优势滑移面抗剪强度，致使不稳定体沿该滑移面下滑，圆弧破坏模式如图 2.33 所示。

3. 土层岩石基坑

一般来讲，全岩石基坑是较少的。基坑的岩土情况通常是上部为第四系土层，下部依次为残积土、强风化板岩、中风化板岩等，向下风化程度依次减弱。依据不同的岩体残状、走向和破碎程度，大致发生两种破坏模式。

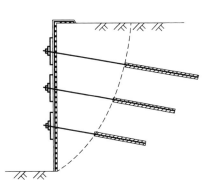

图 2.33　风化岩基坑圆弧破坏模式

（1）圆弧-平面破坏

圆弧-平面破坏通常发生在上部为杂填土层或一般土层，下部为层状岩层的基坑地层中。圆弧-平面破坏滑移线特征为上部呈圆弧破坏，下面呈平面破坏，两者滑动方向相同。它是两条不同的破坏形态的滑移线在一定工程地质条件下的组合，而下部岩层的破坏大多与地下水有关。

圆弧-平面破坏的破坏机理如下：一方面在自重和附加荷载作用下，岩土体内产生较高的剪应力；另一方面由于地下水的作用使剪切滑移面抗剪强度降低，岩土层内剪应力超过剪切滑移面的抗剪强度导致圆弧-平面破坏模式的产生，如图 2.34 所示。

（2）圆弧破坏

基坑上部为第四系土层，下部岩体为以下

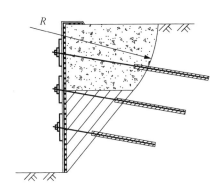

图 2.34　圆弧-平面破坏模式

状态时均可能发生圆弧破坏：①松散碎裂岩体时；②松散页岩时；③风化严重的层状岩体在岩层倾角平缓时，如板岩；④风化严重的层状岩体在岩层逆向基坑时；⑤风化严重的层状岩体在岩层侧向基坑时。上部土层滑动的圆弧与下部岩层滑动的圆弧不一定是同一半径的光滑圆弧，有可能会产生两个独立又相连续的圆弧的，为计算的方便可按一个圆弧滑动考虑。

本章从 4 个不同的出发点介绍几个采用预应力锚杆柔性支护法的典型实例。

1）大连海昌名城深基坑支护工程，该工程于 2002 年开始施工。预应力锚杆柔性支护法已应用了近十年，该方法在不断发展并日趋成熟。我们一方面积累了一定的试验和实测数据；另一方面在理论上进行了探讨和研究，对支护机理有了更深刻的认识。基于此，我们充分发掘了该支护方法的潜力，并用于大连海昌名城深基坑支护工程中。该工程的岩土地质状况比前两例更差，但支护设计无论从锚杆长度，还是锚杆密度方面都大大缩减，当然这种缩减不是盲目的。体现在工程造价上，每平方米仅为 280 元，应该说是比较经济的，同时基坑位移控制在合理范围内，该支护工程的成功表明支护设计是安全可靠的。

2）大连新天地深基坑支护工程，该工程于 2003 年开始施工。预应力锚杆柔性支护技术尽管已逐步得到工程界的认可，在国内得到了大规模的工程应用，但现场的测试研究较少，全面、准确的试验或测试资料更是有限。为使预应力锚杆柔性支护技术在我国健康地发展和更广泛地应用，在此项目中进行了部分的现场监测，获得了第一手资料，为更全面地研究预应力锚杆柔性支护技术的工作性能、检验理论分析和设计方法的正确性提供更可靠的依据。

3）大连胜利广场深基坑支护，该工程于 1993 年开始施工。1993 年，在大连胜利广场深基坑支护中首次使用预应力锚杆柔性支护法，并获得了成功。预应力锚杆柔性支护主要由预应力锚杆、锚下承载结构、钢筋网喷射混凝土面层构成。预应力锚杆柔性支护法的形成条件，主要是通过一定密度的系统预应力锚杆、钢筋网喷射混凝土层及锚下承载结构对基坑边坡土体形成约束锚固作用，形成支护整体。对锚杆施加的预应力使基坑土体潜在的滑动部分受到一定的挤压作用，提高了潜在滑动面岩土体的抗剪能力，减小基坑变形。预应力锚杆柔性支护综合了桩锚支护和土钉支护的优点，即工程造价低、施工工期短、基坑侧壁位移小、支护深度大等优点。

4）大连远洋大厦深基坑支护工程，该工程于 1995 年开始施工。多数学者认为，超深基坑支护采用柔性支护是不安全的，原因如下：一是基坑自身的稳定问题，二是过大的基坑位移将危及周围建筑的安全。传统的桩锚支护方法固然能满足基坑稳定及位移要求，但其施工工期和工程造价是业主不愿接受的。预应力锚杆柔性支护法在大连远洋大厦超深基坑支护中的成功应用，是对超深基坑支护方法的挑战。如前所述，该方法具有土钉支护和桩锚杆护的主要优点，在超深基坑支护中更有竞争力。

2.4　大连胜利广场深基坑支护案例

大连胜利广场深基坑支护工程于 1993 年开始施工。在这个时期我国高层建筑大量兴建，基坑支护基本上采用传统的支护方法，同时新的支护形式不断出现，并在工程中尝试应用，如土钉支护方法也是在这个时期发展和应用的。预应力锚杆柔性支护法作为一种新的支护方法，在施工工期、工程造价方面具有很强的优势，尤其是该方法在基坑位移控制上表现更突出。胜利广场支护工程的成功，对该方法的推广和应用起到了积极作用。

2.4.1　工程概况

1. 基本情况

大连胜利广场位于大连市市中心商业繁华地区，占地面积约为 $40\,000\text{m}^2$，主要以地下建筑为主，地下为综合商场，共 4 层，最深达 22.2m。基坑平面大体呈正方形，地势由南向北略有倾斜，南高北低。该工程北侧紧临东西主干道长江路，南侧紧临东西主干道中山路，东侧紧邻天津街及九州饭店，西侧紧邻青泥街，如图 2.35 所示。

2. 工程地质条件

根据地质勘探资料，场区地层主要由第四系松散堆积物和风化岩组成，由上而下分述如下。

（1）第四系松散堆积物

场地内的第四系松散堆积物，绝大多数为人工填土，局部分布有轻亚黏土、亚黏土，还有极少量呈夹层或透镜体的碎石土、亚黏土或碎石、残积土等。

1）人工填土：主要为杂填土，少部分素填土。杂填土颜色为灰褐色和灰黄色，主要成分为回填黏性土、炉灰渣、砖块、垃圾等，呈松散状态，少量呈可塑状态。人工填土厚度为 0.9～7.4m，由东到西厚度由小到大。

2）轻亚黏土：黄褐色，硬塑至坚硬状态，地下水位以下为软可塑状态。轻亚黏土主要成分为粉土、粉细砂，有砂感。其厚度为 0.6～3.5m，呈透镜体状分布。

其主要物理力学指标平均值如下：含水率 w =18.08%，孔隙比 e =0.59，塑性指数 I_p =4.53，液性指数 I_l =0.13，压缩模量 E_s =8.63MPa，压缩指数 a_{1-2} =0.21MPa^{-1}，抗剪强度综合指标为 φ =13.48°、c =25kPa。

3）亚黏土：黄褐色，硬塑状态，含氧化铁结膜，厚度为 0.6～2.5m，呈透镜体状，局部混角砾。其主要物理力学指标平均值如下：含水率 w =21.45%，孔隙比 e =0.67，塑性指数 I_p =12.80，液性指数 I_l =0.05，压缩模量 E_s =6.46MPa，压缩指数 a_{1-2} =0.25MPa^{-1}，抗剪强度综合指标为 φ =15.38°、c =35kPa。

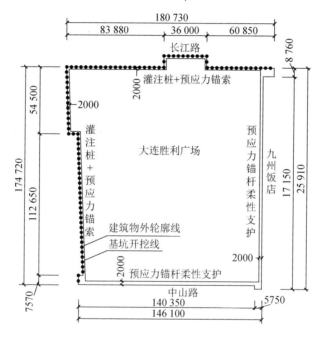

图 2.35　基坑平面布置图（单位：mm）

（2）风化岩

风化岩分为以下 5 种。

1）全风化板岩：黄色，呈碎屑状及土状，具有板岩层理及板理，碎屑用物可以捏碎，厚度 0.50～0.95m，呈透镜体分布，冲击钻可以钻进。

2）强风化板岩：黄褐色，岩芯呈碎块状、短柱状、片状、饼状，碎片用手可以掰断。板岩层理发育，并有软弱夹层，厚度 10～20m。强风化板岩在本场地分布较广，厚度较大，西部的埋置深度大于东部的。

3）中等风化板岩：灰黄色，岩芯呈块状、板状、短柱状，层理发育，有软弱夹层，厚度 6.2～10.5m，多在 20m 以下深度。

4）全风化辉绿岩：属于燕山期侵入的超基性岩体，经剧烈风化作用形成。岩芯呈棕黄色，土状及碎屑状，原岩结构清晰，碎屑用手可以捏成粉末状，冲击钻可以钻进。其厚度 1m 左右，主要分布在南半部，呈透镜体状。

5）强风化辉绿岩：黄色，节理裂隙发育，辉绿结构，块状构造。岩芯呈碎块状，用手可以掰断，里外颜色一致，厚度 2～8m，多分布在南部。

2.4.2 支护设计方案

胜利广场从地质构造上分为两个区域。占场区大部分面积的北部区域上层为第四系松散堆积物，厚度 1～8m，由东向西变深；下层为强风化板岩，由北向南倾斜，层理发育，有软弱夹层，倾角为 40°～90°。南部区域上层为第四系松散堆积物，下层为辉绿岩。在广场的西部为一地震断裂带，岩体破碎（古冲沟所在处，现地下排污暗沟）。根据场区地质构造、岩性分析、地下管网等情况，采用不同的支护方式。

1）基坑东侧壁及南侧壁采用预应力锚杆柔性支护法。东侧壁地层情况依次为第四系覆盖层、全风化板岩和强风化板岩，基坑侧壁岩层侧倾。南侧壁地层情况依次为第四系覆盖层、全风化辉绿岩和强风化辉绿岩，节理发育，呈碎块状。综合考虑后，决定在这两侧采用预应力锚杆喷射混凝土支护。

2）基坑西侧壁及北侧壁采用灌注桩与预应力锚索联合支护。基坑西侧壁离基坑 4～5m 处有一平行于基坑的大断面排污暗渠，根据计算，第一层锚杆位置设在距地面 8m 处才能通过该暗渠，在这种情况下无法使用预应力锚杆柔性支护法施工。因此，采用传统的灌注桩与预应力锚索联合支护法。基坑北侧壁地层依次为第四系覆盖层、强风化板岩，强风化板岩倾向由北向南，层理发育，且有软弱夹层，自立高度低，从地质上讲是不利的，加之北邻东西交通干路，在这种情况下，采用了比较保守的桩锚联合支护形式。

基坑支护（预应力锚杆柔性支护）剖面图，如图 2.21 所示。该处基坑深度达 22.2m，共设置 12 排预应力锚杆，长为 7～19m，竖向间距为 1.8m，水平间距为 1.6m。锚杆采用 $\phi 28$ 的 II 级钢筋，除第一排采用 1 根 $\phi 28$ 钢筋以外，其余均采用 2 根 $\phi 28$ 钢筋。其中第一排锚杆倾角为 30°，第二排倾角为 25°，其余锚杆倾角均为 20°。第一排锚杆的设计张拉值为 100kN，其余锚杆的设计张拉值为 150kN。基坑面层采用钢筋网喷射混凝土，钢筋网采用 $\phi 8@150\times150$，混凝土强度等级为 C20，喷射厚度为 150mm。为防止上部土体坍塌下滑，在第一、第二排锚杆处设置竖向槽钢。为了便于施工，从第三排开始，槽钢水平放置，均采用 2[10 槽钢，用作锚下承载结构。锚杆从两个槽钢之间穿过，用锚具与槽钢连接。锚具由螺纹丝和螺母组成。

2.4.3　锚杆抗拔试验

大连胜利广场规模大、基坑支护深度大、地处市中心区域，此需保证基坑的安全稳定，而锚杆是保证基坑稳定的关键。

根据设计要求，在现场进行了锚杆抗拔试验，获得了第一手资料，以确定锚杆的抗拔力及锚固体与岩土体界面间的摩阻力。

该基坑预应力锚杆主要锚固在强风化板岩和强风化辉绿岩两种岩层中，因此主要在这两种岩层中进行锚杆的破坏性试验，以确定锚杆的抗拔力。通过在锚杆表面粘贴使用电阻应变片的方式得到锚固体与岩土体界面间的摩阻力的分布规律。

1. 锚杆的破坏性试验

锚杆破坏性试验共使用了 16 根，其中强风化板岩和强风化辉绿岩各 8 根。图 2.36 为其中典型的 6 根锚杆的 *P-s* 曲线，其初始参数、抗拔力和摩阻力如表 2.4 所示。

表 2.4　锚杆的初始参数、抗拔力和摩阻力

岩性	锚杆编号	锚杆长度/m	锚固段长度/m	有效抗拔力/kN	每米有效抗拔力/kN	有效平均摩阻力/MPa
强风化板岩	1 号	5.31	2.73	403	147.619	0.338
	2 号	5.30	3.01	442	146.844	0.353
	3 号	8.21	5.52	452	81.884	0.303
强风化辉绿岩	4 号	5.31	3.01	406	134.884	0.334
	5 号	5.29	2.94	409	139.116	0.433
	6 号	9.44	4.24	454	107.075	0.272

试验过程中，主要以锚杆位移为控制量，当后一级荷载产生的锚头位移增量超过上一级荷载位移增量的 2 倍时，锚杆试验被视为破坏，锚杆的承载力基本值（抗拔力）取破坏荷载前一级的荷载值。

2. 锚固体与岩土体的摩阻力试验

锚固体与岩土体间的摩阻力通过锚杆应变变化来测量。从理论上分析，摩阻力在孔口附近较大，随距离孔口深度的增加而变小。因此，电阻应变片在孔口附近布置得较密些，在远离孔口处布置得较疏些。基坑开挖时基坑侧壁岩土体受到一定的扰动，为消除对试验的影响，孔口 2m 范围内不灌浆，锚杆测点电阻应变片布置情况如图 2.37 所示。

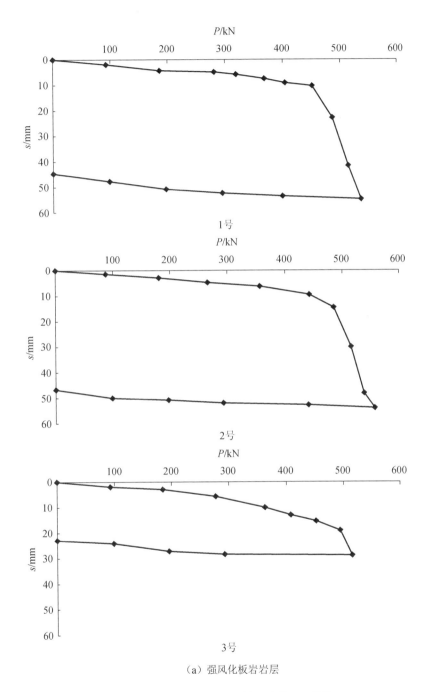

（a）强风化板岩岩层

图 2.36　不同岩层锚杆破坏性试验的 $P\text{-}s$ 曲线

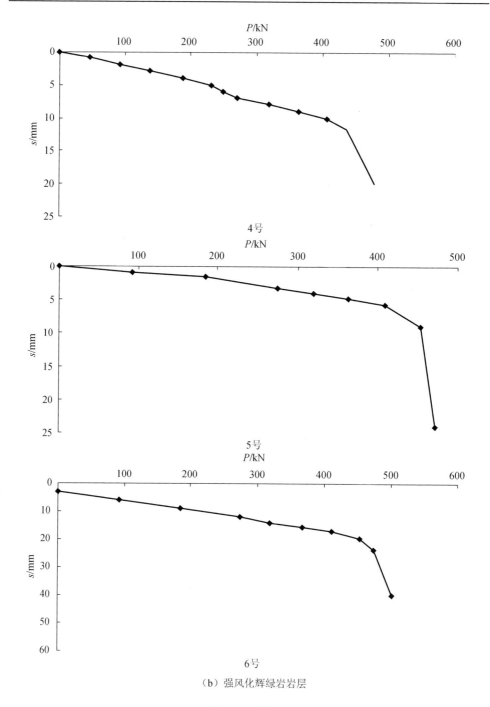

（b）强风化辉绿岩岩层

图 2.36（续）

　　摩阻力试验共进行了 6 组，强风化板岩与强风化辉绿岩各做 3 组，理论锚杆长度为 5m 和 8m 两种工况，其中锚固段长度分别为 3m 和 5m。

　　如图 2.37 所示，电阻应变片按一定间距布置在锚杆钢筋上，在外荷载作用下，锚固体内将产生应力，假定锚固体内的钢筋与浆体共同协调变形，则锚固体内任意一个截面的内力等于浆体内力和钢筋内力之和，而锚固体中任意两个截面内力之差即为该区间内岩土体与锚固体之间的摩阻力 τ_z，此应力差除以区间表面积即为该区间中点的剪应力。

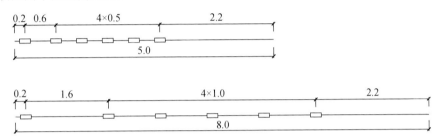

图 2.37　电阻应变片布置图（单位：m）

　　锚固体内任一截面内力为

$$P_i = E_g \varepsilon_i A_g + E_c \varepsilon_i A_c$$

　　区间中点摩阻力为

$$\tau_z = (P_i - P_{i-1}) / (\pi D \Delta l)$$

　　合并上述两式，可得

$$\tau_z = (E_g A_g + E_c A_c)(\varepsilon_i - \varepsilon_{i-1}) / (\pi D \Delta l)$$

式中，E_g、E_c——钢筋与浆体的弹性模量，MPa；

　　　　A_g、A_c——钢筋与浆体的截面积，m^2；

　　　　ε_i——任意截面 i 的应变值；

　　　　D——锚孔直径，mm；

　　　　Δl——两测点之间的距离，m。

　　现场试验采用的水泥砂浆配比为：水：水泥：UEA：中砂：外加剂= 0.37：0.86：0.14：0.5：0.03，灌浆后进行现场试验，得到水泥砂浆的弹性模量 $E_c = 9.82 \times 10^3 \text{MPa}$；试验锚杆采用 $\phi 40$ 二级钢筋，钢筋截面积 $A_g = 12.56 \times 10^{-4} \text{m}^2$，弹性模量 $E_g = 2.0 \times 10^5 \text{MPa}$；锚孔直径 $D = 130\text{mm}$，锚固体截面积 $A_c = 120.1 \times 10^{-4} \text{m}^2$。

　　根据上述试验原始数据，可得到水泥砂浆的摩阻力计算公式为

$$\tau_z = 904.3 \times \frac{\varepsilon_i - \varepsilon_{i-1}}{\Delta l} \times 10^{-6} (\text{MPa})$$

　　根据现场测试记录可计算出摩阻力的值，将其绘成 τ_z 沿锚孔深度的变化曲线，如图 2.38 所示。

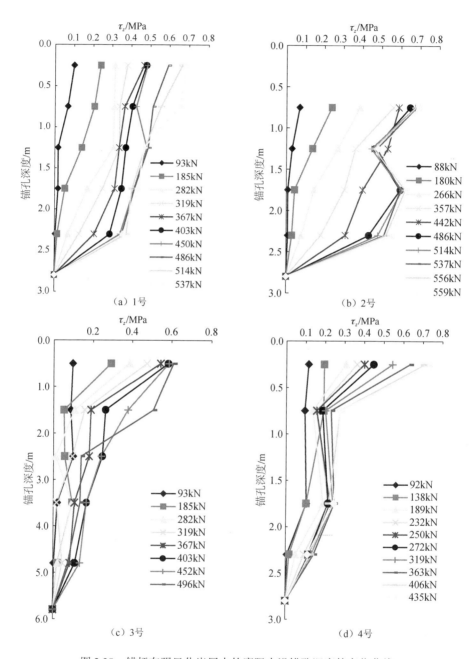

图 2.38 锚杆在强风化岩层中的摩阻力沿锚孔深度的变化曲线

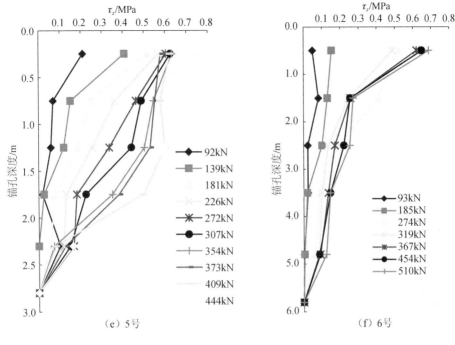

图 2.38（续）

3. 结论与分析

锚固段长度为 3m 左右的锚杆在强风化岩层中的平均有效抗拔力为 140kN/m，锚固段长度为 6m 左右的锚杆在强风化岩层中的平均有效抗拔力为 95kN/m；锚杆的总体有效抗拔力随着锚固段长度的增加而增加，但增加的趋势明显减弱，且其每米有效抗拔力逐渐减小；锚固体与强风化岩土间的摩阻力为 0.3MPa 左右；锚固体与岩土体间的摩阻力随着距孔口深度的增加而逐渐衰减；锚固体与岩土体间的摩阻力随着锚杆预应力值的增加而增大，当外荷载达到极限状态时，极限摩阻力值趋于稳定并向深度发展，即摩阻力沿长度是不均匀分布的；单纯通过增加锚固段的长度来提高抗拔力与摩阻力不是太理想的方式。

2.4.4 监测及造价分析

在基坑侧壁的每侧各设 6 个位移监测点，基坑南侧最大位移为 42mm，位移与坑深之比为 1/530。在距基坑南侧 3～5m 处出现裂缝，裂缝宽度约为 5mm，分析原因可能是该处杂填土深达 8m，加之雨水渗漏；同时锚杆预应力值偏小可能也是导致这一现象的原因之一。

预应力锚杆柔性支护法在大连胜利广场的成功应用，促进了该方法在大连地区基坑支护中的广泛应用。该基坑工程支护面积为 14 000m²，其中桩锚支护面积

7000m², 桩锚支护工程总造价 1200 万元, 单价 1714 元/m²; 预应力锚杆柔性支护面积 7000m², 预应力锚杆柔性支护总造价为 470 万元, 单价 671 元/m², 相当于传统桩锚支护造价的 40%左右, 节省约 730 万元。由此可见, 预应力锚杆柔性支护法在工程造价上是非常经济的。因此, 如果在岩土情况和周围管网情况允许的条件下, 采用预应力锚杆柔性支护法无论从经济上、工期上都具有很强的竞争力。

2.5　大连远洋大厦深基坑支护案例

大连远洋大厦深基坑工程采用了预应力锚杆柔性支护法进行支护, 并取得了成功。采用该方法支护使基坑的水平位移与竖向位移得到有效控制, 确保了基坑和周围建筑物稳定性其在经济方面也具有优势。

2.5.1　工程概况

1. 基本情况

远洋大厦位于大连市中山区友好广场南侧。北邻友好广场和中山路, 西邻一德街, 南邻玉光街, 基坑开挖线均在这三侧的人行步道上, 东邻友好小学和三鑫大厦, 其中友好小学为四层砖混结构建筑, 距基坑开挖线 1.7m。远洋大厦由两栋高层和附设裙楼组成, 其中 A 座地上 49 层, B 座地上 38 层, 附设裙楼地上为 7 层。高楼和裙楼连为一体, 并全部设有 4 层地下室, 基坑最大支护深度为 25.6m。其基坑周围的建筑物与基坑位置平面关系详见基坑开挖平面布置图, 如图 2.39 所示。

2. 工程地质条件

根据地质勘探资料, 场区地层主要由第四系松散堆积物和基岩组成, 由上而下分述如下。

（1）土体部分

土体部分状况具体如下。

1) 杂填土: 全场区均有分布。主要由拆迁建筑垃圾和原旧房基础组成, 包括碎石、灰渣和部分板岩碎块及少量土。个别旧房基础钻进困难, 甚至有时有塌孔现象。层厚为 0.50~2.00m。

2) 残积土: 主要分布在基坑南部区域（B 座）。黄褐色、深黄色, 可塑及硬塑状态, 下部可见辉绿岩的原岩结构——辉绿结构, 但矿物已全风化, 手搓具黏性, 可搓成细条, 局部含有小砾石和强风化辉绿岩块, 岩块呈深褐色, 手可掰碎。

该层下部为强风化辉绿岩，基坑西南角处较厚，层厚为 1.20～4.00m。

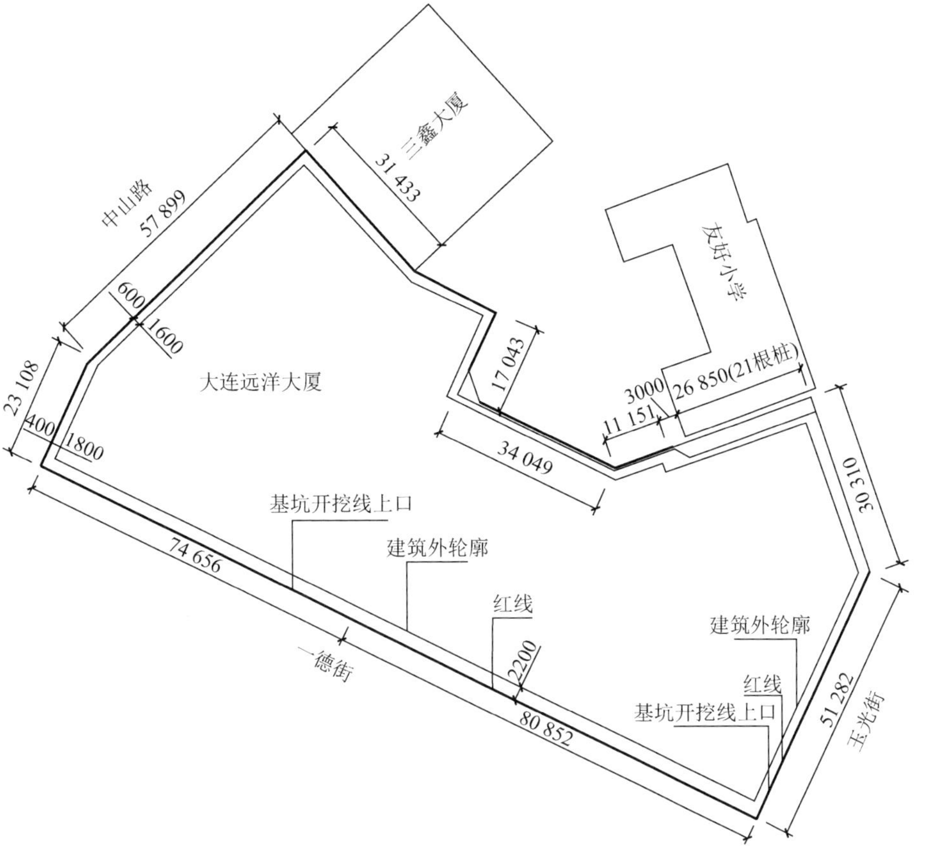

图 2.39　基坑开挖平面布置图（单位：mm）

（2）岩体部分

岩体部分具体状况如下。

1）强风化板岩：黄色、深黄色，碎石土状，碎块块径为 4～7cm，呈棱角状，碎块表面风化为褐色；碎块含量为 40%～70%，干钻进尺困难。该层分布在基坑北部区域（A 座），层厚为 0.30～6.50m。

2）中风化板岩：深黄色、黄褐色，局部为浅褐色；板裂结构；岩体结理裂隙较发育，岩芯多呈碎块状、短柱状；岩层产状为 200°～260°，倾角为 40°～62°。中风化板岩的岩体深度为 15～22m，相对较破碎，局部岩体在深度 30m 内较破碎，且有石英脉发育。与辉岩接触带附近岩体由于烘烤变质为褐色。

3）微风化板岩：青灰色、深灰色，板裂结构，岩体节理裂隙发育不均匀；基坑西北角相对较完整，微风化板岩在 40m 以下局部为千枚状板岩，岩体中有石英脉发育，岩芯呈饼状、柱状、短柱状。基坑北部的顶板埋置深度为 17.2～35.8m，基坑南部的顶板埋置深度为 24.5～36.8m。

4）强风化辉绿岩：褐色、黄褐色、灰褐色，块状碎裂结构；岩芯呈碎块状，碎块块径为 4～10cm；钻进进尺较慢，下部岩体变硬；节理裂隙发育，岩块表面风化严重，锤击声较哑，矿物结晶较小。强风化辉绿岩主要分布在基坑南部区域，厚度为 2.0～18.7m。

5）中风化辉绿岩：灰绿色、暗绿色，块状碎裂结构，岩芯呈块状、短柱状、钻进进尺困难，锤击声哑脆，岩体原结构清晰。中风化辉绿岩主要分布在基坑西南部，厚度 3.6～23.8m。

6）微风化辉绿岩：绿色、灰绿色，块状结构，节理裂隙不发育，岩体致密坚硬；岩芯呈短柱状、柱状，钻进进尺困难，本场区仅在基坑南部小范围见到。顶面的埋置深度为 16.8m。

2.5.2　支护设计方案

大连远洋大厦工程在支护方案比选时，专家对该基坑支护持有不同意见，认为基坑太深，且周边无放坡条件，再加上北侧的友好广场及中山路，西侧的一德街，南侧的玉光街均为交通要道，有重载车通过，东侧紧靠友好小学和三鑫大厦，地层上部含水率比下部丰实等因素，应采用人工挖孔灌注桩加预应力锚杆支护方案。该方案固然可保证基坑的安全稳定性，但存在工期长、造价高等缺点。经反复论证比较，并结合大连胜利广场基坑支护成功的经验，一致认为采用预应力柔性支护方案可以保证基坑的安全。但在靠友好小学的一侧，第四系覆盖层下为强风化辉绿岩及中风化辉绿岩。辉绿岩呈块状结构，节理发育，自立高度低，开挖支护前极容易产生局部坍塌，为防止开挖中局部坍塌危及友好小学，该侧采用预支护微型桩，然后再用预应力锚杆进行支护。基坑支护剖面如图 2.21 所示（基坑南壁）。

2.5.3　监测及造价分析

为了及时掌握支护结构的变形状态，在施工过程中进行了水平位移观测；同时可根据测量结果进行信息反馈，必要时对设计进行修改。根据观测，基坑位移随开挖深度逐步加大，开挖 3 个月后趋于稳定，最大位移为 28.7mm，位移与坑深之比为 1：890。

大连远洋大厦基坑支护面积为 9950m²，按原设计的桩锚支护方案支护造价约 1500 元/m²，工程造价约 1492.5 万元；而采用预应力锚杆柔性支护方案后，支护造价为 500 元/m²，工程造价为 497.5 万元，节省工程造价 995 万元。

2.6　大连海昌名城深基坑支护案例

大连海昌名城深基坑工程所处的岩土情况较差，对基坑支护是不利的。若采用柔性支护，上层的杂填土最厚处达 3.8m，下层的强风化板岩风化严重，呈土状或碎块状，施工过程中如有不慎极易产生局部坍塌，进而将导致上部已支护基坑侧壁失稳，这是柔性支护中应力求避免的。另外，与本工程毗邻的新世纪大厦（天津街相隔），其基坑规模、深度与本基坑工程相似，采用了土钉支护，发生了大规模塌方，导致煤气、自来水等供应中断。基于上述情况，以下 3 种支护方案可供选择。

1）桩锚支护：安全可靠，但工期长、造价高。

2）预应力锚杆柔性支护：工期短、造价低，但存在一定的风险。

3）预支护微型桩+预应力锚杆柔性支护：该方法在工期、造价及安全性几方面均有一定优势，但设置预支护微型桩会增加费用和工期。

综合分析比较，决定采用预应力锚杆柔性支护，但在开挖过程中对土体不稳定的部位应及时采取相应预防措施。

2.6.1　工程概况

1. 基本情况

海昌名城工程位于大连市市中心商业繁华地区，毗邻大连站前胜利广场，占地面积为 13 800m²，地下室三层，基坑深 17.8m，支护面积为 8900m²。基坑东距保安街 3m，有载重汽车通过，南距天津街 2m（步行街），北距长江路 5m（大连市主干道），基坑西北处为 6 层住宅，距基坑 6～8m。其基坑周围的建筑物与基坑位置平面关系详见基坑支护平面图，如图 2.40 所示。该支护工程已于 2002 年 12 月顺利竣工。

2. 工程地质条件

根据地质勘探资料，该场区地层主要由杂填土层与强风化板岩组成，具体分述如下。

1）杂填土层：杂色、干燥、松散。由碎石、碎砖、碎混凝土等及少量黏性土组成。分布广泛，层厚为 0.3～3.8m。

2）强风化板岩：黄褐色，原岩结构构造尚可辨认，风化不均匀，岩芯呈土状及碎块状，用手极易掰碎，遇水易软化崩解，岩层产状为 80°＜65°。分布均匀，层厚为 17.2～20.7m。

从地质分层可以看出，整个基坑岩土层自上而下，基本呈土状及碎块状的强风化板岩。

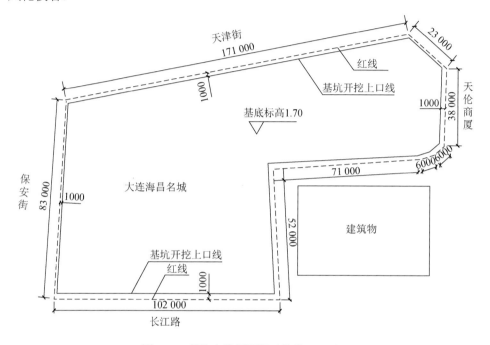

图 2.40　基坑支护平面图（单位：mm）

2.6.2　支护设计方案

预应力锚杆柔性支护的典型剖面如图 2.41 所示，该剖面为基坑南侧壁支护图。在 17.8m 深的基坑边坡内共设置 7 排锚杆，长为 5～13m，竖向间距为 2.0m，水平间距为 2.2m 或 3.0m，锚杆孔径为 φ130，注浆采用 M30 水泥砂浆，锚杆筋采用热轧螺绞钢 φ22 和 φ25。基坑侧壁面层采用挂网喷射混凝土，钢筋网为 φ6@200，喷射混凝土标号 C20。锚杆通过锚下承载结构与混凝土面层连接。锚下承载结构由竖向槽钢、加劲肋、钢垫板及钢垫楔等组成。本工程采用 10 号槽钢和 12 号槽钢，长度分为 1.0m 和 1.2m 两种，竖向放置。待锚杆砂浆强度达到 20MPa、喷射混凝土强度达到 10MPa 时，方可对锚杆施加预应力。

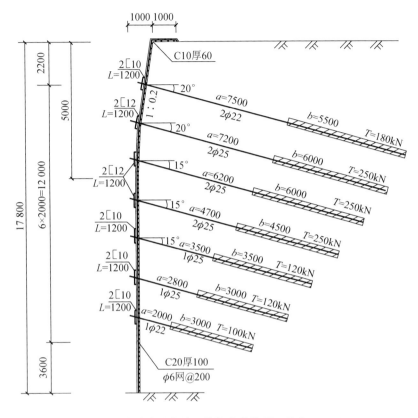

图 2.41 大连海昌名城深基坑支护简图（单位：mm）

2.6.3 监测及造价分析

开挖与支护过程中对基坑位移进行了观测。南侧紧邻天津街设 5 个观测点，东侧邻保安街设 3 个观测点，北侧长江路设 3 个观测点，其余地段均按 20～30m 的间距设置位移观测点。观测数据显示位移最大值为 34mm，位移与坑深之比为 1∶520。最大位移发生在东侧保安街地段，该侧市政管线发生渗漏，基坑侧壁受水浸泡，导致位移量过大；其余基坑侧壁位移值均小于该侧的位移。

大连海昌名城基坑边坡支护面积为 8900m^2，若采用传统挖孔桩加锚杆支护方案，支护综合单价约为 1400 元/m^2，工程造价则为 1246 万元。采用预应力锚杆柔性支护法，单位面积综合价为 280 元/m^2，工程造价为 249.2 万元。因此，采用预应力锚杆柔性支护法可节省工程造价 996.8 万元。

2.7　大连新天地深基坑支护案例

2.7.1　工程概述

1. 基本情况

大连新天地项目是集大型商场与高级写字间为一体的高层建筑群体,属于交通便利的大连西部商业区的一个重要招商引资项目,位于大连市沙河口区西安路与兴工街交汇处,东临西安路,北临兴工街。拟建场地平面呈长方形,共5栋28层,每栋长度为54~60m、宽度为18.0~21.5m,均为框架结构。与建筑设计相比,拟开挖的基坑占地面积为31 650m²,其中南北长210m,东西宽180m,基坑平面布置图如图2.42所示。地下室初步设计2层,局部3层,深度为10~11m,其中局部最大深度为14m,放坡系数均为0.1,基坑支护方案均采用预应力锚杆柔性支护技术,其平面布置如图2.42所示。

图 2.42　基坑平面布置图（单位：mm）

2. 工程地质条件

大连新天地建筑场地主要地貌属于剥蚀低丘，地形北高南低。根据岩土工程勘察报告，该场地地层自上而下具体如下。

1）杂填土：杂色，主要由建筑垃圾、生活垃圾、碎石、黏性土组成，稍湿、松散，层厚为 0.4～6.0m，分布在全场地。

2）粉质黏土：黄褐色，稍湿、稍密，团粒结构，可塑，仅局部分布，层厚为 0.5～2.0m。根据野外对该层土体的鉴别，综合评定其地基承载力特征值为 f_{ak}=160kPa。

3）全风化辉绿岩：黄褐色，稍湿、稍密，硬塑，风化呈土状、粒状，保留原岩成分，层厚为 0.4～2.0m，风化厚度不均匀。结合当地建筑经验，综合评定其地基承载力特征值 f_{ak}=200kPa。

4）强风化辉绿岩：黄褐色，节理、裂隙发育，裂面见有水浸染现象，岩芯机械破碎成块状及碎块状，风化不均，属较硬岩，层厚为 1.60～11.80m。根据野外鉴定判断，结合当地建筑经验，综合评定其地基承载力特征值 f_{ak}=300kPa。

5）中风化辉绿岩：黄绿色，节理、裂隙发育，多为闭合型，岩芯呈粒状、短粒状，风化程度不均，属较硬岩，揭露层厚为 2.90～14.30m。根据野外鉴定判断，结合当地建筑经验，综合评定其地基承载力特征值 f_{ak}=100kPa。

6）强风化板岩：黄褐色，泥质结构、板状结构，节理、裂隙发育，岩芯机械破碎呈片状及圆饼状，风化程度不均，属较软岩，层厚为 1.6～16.5m。

7）中风化板岩：黄褐色、灰绿色，泥质结构、板状结构，节理、板理发育，局部地段钙化较强，岩芯机械破碎呈块状及短柱状，风化深度不均，属较软岩，揭露层厚为 2.3～14.8m。

2.7.2　支护设计方案

本工程采用理论计算与工程类比法相结合进行支护设计，深基坑采用预应力锚杆柔性支护法。

1. 理论计算方法

基坑的北侧壁及西侧壁，由于岩层倾向基坑，加之可能存在弱软结构层，有可能产生顺层滑移，该两侧基坑壁采用岩石力学方法进行稳定性分析，通过加大锚杆截面、调整锚杆间距以及施加强大的预应力来保证坑壁稳定。

对其他各基坑侧壁，由于岩体风化较重，计算按土力学方法，同时计入了岩层走向的有利影响，以及强风化作为非完全松散介质的有利影响。

2. 工程类比法

岩土工程类比法是指参照工程条件相近的、已成功的岩土工程的经验进行设计。参考大连地区已成功完成的基坑支护设计，主要包括胜利广场、金座大厦、联合大厦、远洋大厦、新华书店、百年商城、迈凯乐商场、青泥大厦、长兴市场等，其中大连长兴市场地质情况与本工程很接近，在本工程支护设计中参照上述工程的设计图纸和锚杆抗拔试验资料。

预应力锚杆柔性支护法典型剖面（基坑南壁）如图2.43所示。该断面基坑深度达14m，共设置5排预应力锚杆，长为5.5~11.5m，竖向间距为1.8~2.2m，水平间距为2m，锚杆均采用2φ22的Ⅱ级钢筋，最后一排锚杆采用φ25的Ⅱ级钢筋，锚杆倾角均为15°。基坑面层采用钢筋喷射混凝土，钢筋网采用φ6@200×200，混凝土等级为C20，喷射厚度为100mm。在锚杆端部设置2[10的竖向槽钢作为锚下承载结构。

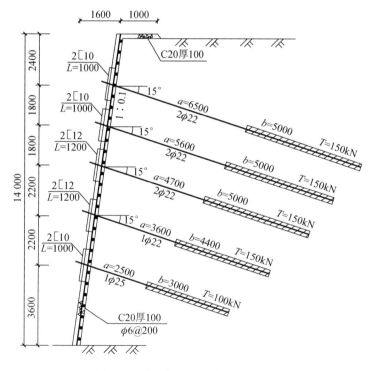

图2.43　典型剖面图（单位：mm）

2.7.3　锚杆内力测试

钢筋计测得的信息为敏感元件钢弦的自振频率值，通过钢筋计拉力值与频率关系的标定资料可直接推算出钢筋计受到的拉力值，以拉力值为纵坐标，以测量时间为横坐标，绘制曲线，反映拉力值随施工时间的变化情况，成为锚杆拉力的日程曲线，如图 2.44 所示。

图 2.44（a）为 1 号测试位置处第一层锚杆的预应力值损失量测曲线。预应力张拉设计值为 150kN，张拉锁定后预应力产生损失，最后剩余预应力值为 84.00kN。从图 2.44（a）中可以得出，测试总时间为 55d，锚杆的预应力值随着时间发生损失，最后预应力张拉值为 67.98kN，拉力值损失 19%。

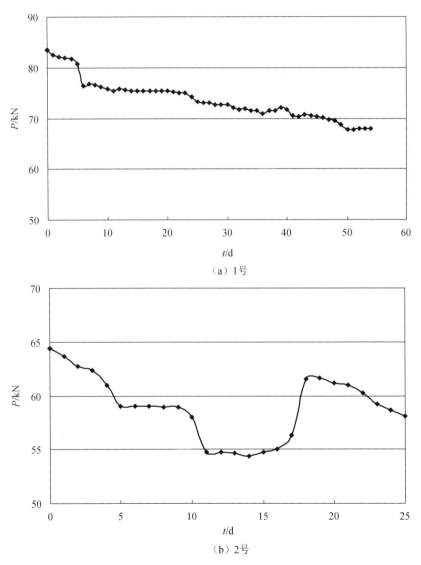

（a）1号

（b）2号

图 2.44　1 号、2 号、3 号测试点锚杆第一层拉力的日程曲线

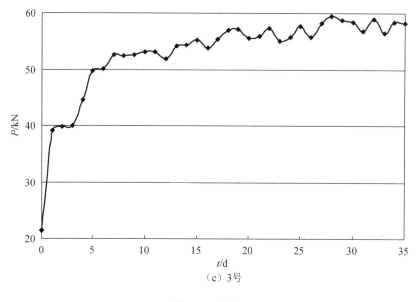

（c）3号

图 2.44（续）

在很大程度上，这种预应力损失是由锚杆钢材的松弛和受荷地层的徐变共同效应造成的。长期受荷的钢材预应力松弛损失量通常为 5%～10%。徐变则是在永久荷载下产生的材料变形。地层在锚杆拉力作用下的徐变，是由于岩层或土体在受荷影响区域内的应力作用下产生的塑性压缩或破坏造成的。对于预应力锚杆，徐变主要发生在应力集中区，即靠近自由段的锚固段区域及锚头以下的锚固结构表面处。

根据分析结果，1 号测试位置处第一层锚杆的钢筋计放置在锚杆自由段内，预应力值的损失主要是徐变损失，其中钢材的松弛仅占一小部分。

图 2.44（b）为 2 号测试点第一层锚杆内力的部分日程曲线。从图 2.45（b）中可以看出，锚杆的预应力值在第 5～10d 的阶段内是逐渐降低的，符合预应力值的徐变损失现象；但从第 10d 起，测力计量测的数据基本上保持不变，甚至有变大的趋势；特别是在 15d 以后，应力值明显增加，根据经验分析，可能是某一环节出现异常工况，基坑上部出现小裂缝，检查后发现，基坑侧壁上方有少量渗水情况发生，可能是地下管网漏水，从而增大了锚杆的内力值。事后采取了有效的排水设施，20d 以后锚杆的内力又逐渐减小，基坑处于稳定状态。

图 2.44（c）为 3 号测试位置处第一层锚杆的拉力监测记录，其中锚杆预应力的有效张拉值为 24.39kN，该测试处钢筋计的量测值实际上为上部土体的实际土压力实测值，测试总时间为 35d 左右。随着土层的开挖，该位置处土压力值呈增加的趋势，并在开挖第一层时的变化速率较大；随着第二层、第三层的逐步开挖，

张拉值也一直在逐渐增大，但变化速率减慢；该位置处的基坑开挖完毕后土压力值趋于稳定。

2.7.4　监测及造价分析

　　基坑西侧壁水平位移与时间的关系曲线如图 2.45 所示，在基坑侧壁上部每隔 20m 设置一观测点，共设置 3 个观测点，观测时间从第一层锚杆作业面支护完毕后开始。从图中可以看出，I 号观测点的水平位移量最大，并且一直呈上升水平，在基坑开挖完毕后达到最大值，连续数天测量值为 13mm；II 号观测点的水平位移量也一直在增加，并在基坑开挖后期有较大幅度的变动，在基坑开挖完毕后趋于稳定，稳定值为 5mm；III 号观测点的基坑侧壁位移量也呈逐渐增加的趋势，基坑开挖完毕后趋于稳定，其稳定值为 10mm。

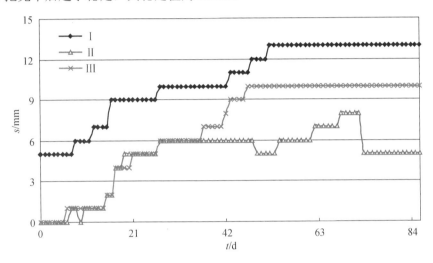

图 2.45　基坑西侧壁水平位移与时间的关系曲线

　　基坑侧壁水平位移的最大变化量取 $h/300$。若基坑深度为 14m，其基坑侧壁允许最大裂缝宽度为 46mm；若基坑深度为 12m，其基坑侧壁允许最大裂缝宽度为 40mm。因此，虽然基坑的变形量较大，但基坑尚处于稳定状态，需要加强观测频率，并采取一定的加固措施。

　　分析研究基坑西侧壁的水平位移的变化量，I 号观测点的位移量之所以最大，其原因在于一方面此处基坑的深度最深，深达 14m，另一方面该位置附近出现有排水管道渗漏；II 号、III 号观测点的位移观测值趋于正常值，变化幅度处于正常状态，随着基坑的开挖深度基坑侧壁的位移量趋于增大，最后在基坑开挖完毕后趋于稳定值。

第3章　无根护壁桩支护技术

3.1　概　　述

3.1.1　应用背景及特点

传统拉锚式支护结构中的护壁桩一般使用人工或机械大孔径造孔，造孔深度为从地面开始至基底下数倍桩径处，桩身钢筋笼的直径自上至下相等，桩身均采用混凝土浇筑。然而，当基坑下部为坚硬的岩体时，造孔进尺缓慢甚至非常困难。若采取爆破，不但费用增加，而且容易震塌孔壁，甚至危及基坑邻近建筑物的安全。针对传统的基坑护壁桩的工期长、施工复杂、造价高等缺点，贾金青教授于2003年提出用于岩质深基坑的无根护壁桩支护方法。

与传统的钢筋混凝土灌注桩相对比，无根护壁桩有以下优点。

1）造价低：无根护壁桩利用了岩体自身的抗压强度，使岩体代替混凝土，从而节省了工程造价。

2）工期短：传统的护壁桩在坚硬的岩石处造孔尺寸缓慢。无根护壁桩是当基岩层的抗压强度较大时停止造孔，沿钢筋笼的两侧向下钻小孔至基底以下，向小孔内放入钢筋并注浆，形成砂浆锚杆，这样极大地缩短了工期。

3）安全性好：无根护壁桩的施工过程中不需要岩体爆破，因此可以避免对周围建筑物的危害和人员伤亡等事故。

目前无根护壁桩已经成功应用于工程实践，但对其工作机理和设计方法的研究仍不够深入，并没有完善的系统理论研究。基于以上原因本书作者通过数值模拟的方法对无根护壁桩技术进行了分析研究。

3.1.2　基本构造

无根护壁桩是一种应用于支护岩质基坑侧壁的新型支护方法。该支护方法的组成部分包括由钢筋笼和混凝土组成的上部结构、数根竖向砂浆锚杆和数根斜向砂浆锚杆，其中当开挖深度较大时，上部结构还包括预应力锚杆。

1）由钢筋笼和混凝土组成的上部，使用人工或者机械大孔径造孔，在竖向砂浆锚杆及斜向砂浆锚杆施工完毕后，吊入制作完成的钢筋笼。其中钢筋笼由受力主筋和构造筋组成，受力主筋分布于钢筋笼圆周的两侧，向钢筋笼中浇筑混凝土，并最终形成上部结构。

2）竖向砂浆锚杆，当基岩的强度达到要求时，停止造大孔，沿着设计钢筋笼的两侧、受力主筋的位置向下钻小孔直至基底以下，向小孔中放入钢筋，灌注砂浆混凝土形成竖向砂浆锚杆，预留出一定的锚固长度伸入钢筋笼当中，与之成为一体，共同抵抗土压力。

3）斜向砂浆锚杆，位于大孔底部，护壁桩的迎土面钻斜向孔，向小孔当中放入钢筋，并留有一定的锚固长度伸入钢筋笼当中，向小孔内灌注混凝土砂浆形成斜向砂浆锚杆，用于抵抗土压力产生的剪力。

4）斜向预应力锚杆，当开挖的深度较大时，增加斜向预应力锚杆。预应力锚杆由自由段和锚固段组成，锚杆锚固于潜在滑动面以外的稳定岩土体中，对锚杆施加的预应力通过锚下结构和面层对潜在滑动面以外的稳定岩土体进行锚固，在非稳定岩土体内设置了自由段，预应力对整个非稳定岩土体进行了主动的约束锚固。

无根护壁桩的构造如图 3.1 所示。

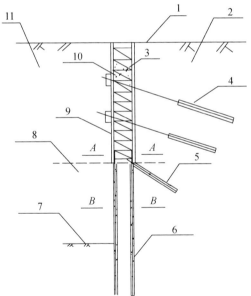

1—地面；2—迎土面；3—钢筋笼；4—预应力锚杆；5—斜向砂浆锚杆；6—竖向砂浆锚杆；7—基坑底部；
8—基岩层；9—开挖的大孔；10—混凝土；11—开挖面。

图 3.1 无根护壁桩的构造

3.1.3 施工方法

根据无根护壁桩的构造，其具体的施工过程如下。

1）钻大孔。沿基坑开挖线，从地面 1 向下进行人工或者机械成大孔 9，大孔的直径一般为 0.8～2m，当挖至基岩层 8 对抗压强度较大，达到桩身混凝土抗压强度时，停止造孔。

2）钻小孔。停止造大孔后，根据上部受力主筋的位置用钻机向下钻小孔，小孔的直径一般为 42～130mm，钻至基坑底部 7 以下一定深度。向小孔内放入指定规格的钢筋，预留出一定长度以便伸入上部的钢筋笼，向小孔中灌注砂浆，形成竖向砂浆锚杆。

3）钻斜向孔。在大孔底部的迎土面钻小孔至指定的深度，小孔孔径一般为孔径为 42～130mm，一般与水平面的夹角不小于 45°，向小孔内放入指定规格的钢筋，预留出一定长度伸入钢筋笼，灌注砂浆，形成斜向砂浆锚杆。

4）吊装钢筋笼。当竖向砂浆锚杆和斜向砂浆锚杆施工完毕并且清理完成后，将制作完成的钢筋笼吊入大孔中，钢筋笼中的配筋构造如图 3.2 所示。

5）灌注混凝土。钢筋笼安置过后，向大孔内灌注混凝土，最终形成无根护壁桩。

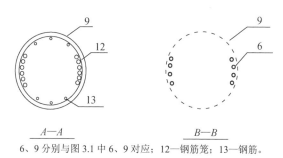

6、9 分别与图 3.1 中 6、9 对应；12—钢筋笼；13—钢筋。

图 3.2   无根护壁桩配筋示意图

3.1.4   受力特征

无根护壁桩在基坑开挖过程当中，作为受弯构件承受土压力产生的弯矩和剪力，很明显压应力主要由混凝土承受，拉应力主要由受拉区钢筋承受。无根护壁桩的主要受力特点如下。

1）用岩体代替混凝土，利用了基岩层岩体的抗压强度代替桩身混凝土承受由弯矩引起的压应力，这种方法避免了坚硬的岩体中通过爆破等既不安全又低效的方式的造孔方式，在不影响支护效果的基础上，既节约了成本又缩短了工期。

2）竖向砂浆锚杆代替纵筋，竖向砂浆锚杆下部锚入基底以下的岩层中，上部锚入桩身混凝土中，将上下两部分连成一个整体，从而代替了灌注桩中受拉主筋承受由弯矩引起的拉应力。

3）斜向砂浆锚杆抗剪，在桩岩界面设置斜向锚杆，用以抵抗桩身混凝土和基岩界面处承受由土压力引起的水平剪应力，增加桩的侧向稳定。

通过以上设置，无根护壁桩在基岩中具有灌注桩的抗弯、抗剪功能。

3.1.5　适用范围

根据以上分析可以看出，最能发挥无根护壁桩作用的是基坑底部为岩层的地质条件，岩体的强度能够达到灌注桩混凝土的抗压强度且岩体与砂浆混凝土的黏结情况较好。具体的支护结构体系还要结合地质勘探报告等做出具体的计算，在合适的地质条件下，无根护壁桩可以极大地节省工期，节约造价。无根护壁桩已经成功地应用于工程实际当中，本章试图从无根护壁桩配筋、稳定性验算、有限元软件计算等方面对无根护壁桩支护结构做出理论支持。

3.2　无根护壁桩支护结构的力学行为分析

本章建立的考虑土体与支护结构之间接触的三维弹塑性有限元模型的主要难点：①模型复杂，由于地质条件不同，土体需要进行分层模拟；支护结构与土层间的接触较多，摩擦设置条件复杂；工况要求分层开挖，分析步复杂。②摩擦接触是一种特殊的不连续的接触条件[54]，所以考虑大面积接触问题的三维弹塑性有限元问题不易收敛。③基坑开挖、建立支护结构等过程需要建立多个分析步，不同分析步需要调整不同的接触条件和边界条件，增加了整个分析过程的难度。

为解决以上问题，在实际情况允许的条件下，采取以下措施：①分区划分网格，对主要受力区域网格细分，对次要部分采用大网格划分；②根据实际情况，选取适当的模型尺寸，多划分工况，减少单一工况中由过多的受力变化，保证模型收敛；③控制整个模型的单元和节点数量，根据计算机的配置情况使计算在合理时间内完成[55, 56]。开挖完成后的整体模型如图 3.3 所示。

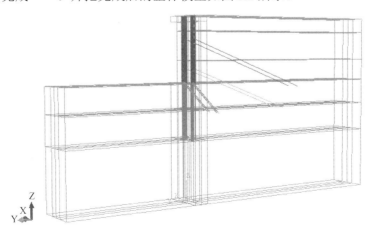

图 3.3　整体模型

由第 2 章的工程案例可知，由于场地不平整地质条件等差异，基坑开挖的深度及支护条件也不全相同，所以本章根据实际的情况，选取最具代表性的开挖深度为 12.5m，双排预应力锚杆的支护结构进行模拟。在实际模拟过程中，模型的边界处会设置边界条件，为避免边界效应对模型的尺寸有一定要求。根据宋二祥等[57]的研究一般情况下模型的竖向高度一般取基坑开挖深度的 1～2 倍，水平长度一般取为基坑开挖深度的 2～3 倍。根据以上要求，本土体模型为 50m×25m×12m。土体的尺寸及土层分布情况如图 3.4 所示。

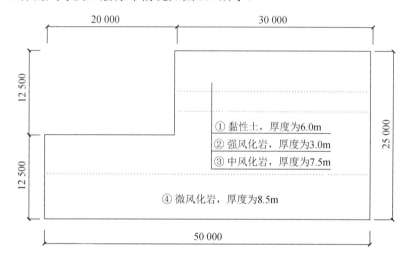

图 3.4   基坑数值模型尺寸（单位：mm）

Abaqus 软件在模拟岩土体开挖的过程中常用的土体本构模型有 Mohr-Coulomb 塑性模型、Drucker-Prager 模型和修正剑桥模型。熊春宝等[58]考虑三种不同的土体本构对 Abaqus 模拟结果的影响，得出三种不同本构的适用范围，修正剑桥模型虽比较成熟，但由于参数的误差需要特殊处理，适用于黏土类土壤材料的模拟；Drucker-Prager 模型适用于砂土等粒状材料的不相关流动在地质、隧道挖掘等领域的模拟；Mohr-Coulomb 塑性模型计算得到的结果更加接近实际情况。根据以上本章选择 Mohr-Coulomb 塑性模型定义本构关系中的塑性部分，弹性部分由弹性模型定义。采用的土体参数如表 3.1 所示，由于本章中模拟的土体为黏土和岩石，剪胀角很小，所以模拟所需参数剪胀角 ψ 均取 0。

表 3.1   土体参数

地层编号	土层	厚度/m	重度/(kN/m^3)	黏聚力/kPa	内摩擦角/$(°)$	弹性模量/MPa	泊松比
1	黏性土	6	20	10	10	20	0.35

续表

地层编号	土层名称	厚度/m	重度/ （kN/m³）	黏聚力/kPa	内摩擦角/ （°）	弹性模量/ MPa	泊松比
2	强风化岩	3	22	80	20	30	0.25
3	中风化岩	7.5	25	300	30	40	0.20
4	微风化岩	8.5	27	500	35	80	0.16

　　土体几何模型建立完成后，要对土体设置边界条件和施加重力荷载并进行地应力平衡。设置边界条件可以通过应力边界条件和位移边界条件两种方法，本章中土体的边界条件均通过控制边界位移进行设置，土体底部固定限定了 3 个方向的位移，开挖的里面限定其相应的水平方向位移。地应力平衡的状态是指，当我们在开挖土体之前，地表位移为零，土体应力存在的状态。通过地应力平衡就可以得到既满足平衡条件，又不违背 Mohr-Coulomb 强度准则的初始应力场，可以保证各节点的初始位移近似为零。当地应力平衡后，土体的位移在 $10×10^{-5}$～$10×10^{-4}$m 数量级或者以下，说明地应力平衡成功，可以作为基坑开挖的初始状态[59]。本章模拟的土体属于地表水平，土体材料在水平方向均质，可采用简单的地应力平衡方法对不同的土体建立集合，并给定每个集合中土体上、下两点的坐标值和对应的竖向应力值，其他部分的应力值通过两点插值得到，水平方向的应力则通过竖向应力乘以侧向土压力系数得到。地应力平衡结果如图 3.5 所示。

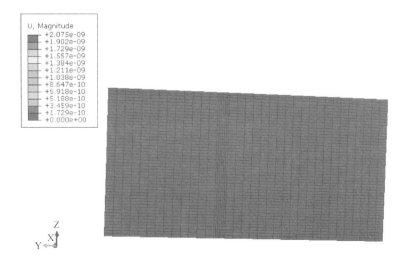

图 3.5　地应力平衡结果

　　无根护壁桩支护结构的组成已经在前面的内容中有所介绍，即由上部的冠梁、桩体混凝土及钢筋笼、竖向砂浆锚杆、斜向锚杆、预应力锚杆几部分组成（图 3.6）。上部桩体的深度为 9m，桩直径为 ϕ800；通过创建纵筋和箍筋后将两者组合成钢筋笼新部件；竖向钢筋嵌入桩体的长度为 1m。

钢筋构件的模拟、钢筋笼箍筋及竖向钢筋均采用三维梁单元 B31，预应力锚杆及斜向锚杆均采用三维桁架单元 T3D2。

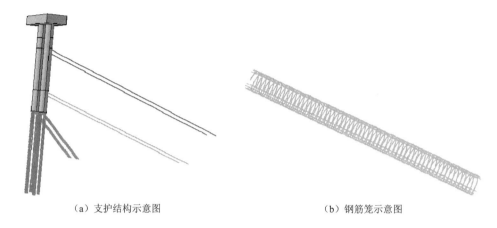

（a）支护结构示意图　　　　　　　　　　　　　（b）钢筋笼示意图

图 3.6　支护结构及钢筋笼示意图

支护结构灌注的混凝土编号为 C30，混凝土采用三维实体单元 C3D8R。Abaqus 软件中根据混凝土材料的拉压性质的特点，提供了混凝土损伤塑性模型和混凝土弥散裂缝模型两种混凝土本构模型[60-62]。混凝土弥散裂缝模型能够首要解决混凝土何时开裂及开裂后的力学行为；而混凝土损伤塑性模型是假设混凝土主要因为拉伸和压缩破碎从而屈服，并定义混凝土损伤因子来表示混凝土的刚度退化现象，它能够模拟混凝土受到单调、循环或动载作用下的力学行为等，基于以上特点本章选择混凝土损伤塑性模型。

接触问题是一类典型非线性问题，各构件之间的接触类型在很大程度上影响计算结果的准确性。钢筋笼使用嵌入（embedded）的方法直接嵌入混凝土桩体；竖向钢筋及斜向钢筋也均采用嵌入的方法嵌入到岩土体当中。

最复杂的是桩体与土体之间的接触模拟，首先要在两个构件上创建可能发生接触的表面，两个可能发生接触的表面成为接触对，两个接触对之间的相互作用包含两个部分的作用，即法向作用和切向作用。法向作用是指只有在两个接触面压紧状态下才能传递法向压力，若两个接触面之间存在间隙时，不传递法向压力；当两个接触面由分开变为接触时，接触力会发生剧烈变化，有时会使得计算难以收敛；即对应 Abaqus 软件当中的"硬"接触。切向作用是指在两接触面相互接触的条件下，接触面之间可以传递切向应力。Abaqus 软件中采用库仑定律计算极限剪应力为

$$\tau_{\text{crit}} = \mu p \tag{3.1}$$

式中，μ——摩擦系数，受到温度、剪切速率、温度等影响；

p——法向压力，本节的摩擦系数取 0.3。

　　土体与桩体之间的接触面设置需要经过特殊处理，桩体与土体之间的接触分为与主动侧土体和被动侧土体的接触。与桩体接触的被动侧土体在基坑分步开挖过程当中会被移除，当被动侧土体被移除时，接触面单元也被移除，单元刚度降为零，但是形成接触面的节点仍然存在，刚度降为零，节点将发生不规则运动，会发生计算不收敛的现象。针对以上的问题，不能直接设置被动侧土体与桩之间为一个接触对，要根据不同分析步的接触情况建立多对接触对，在移除土体的分析步将接触对同时移除。

　　基坑的开挖过程是通过 Abaqus 软件的单元生死功能实现的，将每个分析步中需要开挖的单元设置为同一集合，在该分析步中将此集合的单元"杀死"就可以完成土体的移除。但是并不能直接在 Abaqus/CAE 中通过修改关键字的方法进行修改后才能实现杀死单元功能。

　　为尽量模拟现实的基坑开挖及支护过程，模拟过程共分为 8 个分析步。Step 1（geo）：土体地应力平衡；Step 2（zhuang）：加入竖向砂浆锚杆、斜向锚杆及上部桩体和冠梁等；Step 3（r_1）：第一层土体开挖，开挖的深度为 2m；Step 4（r_2）：第二层土体开挖，开挖的深度为 4m；Step 5（yu_1）：加入第一层预应力锚杆并加载预应力；Step 6（r_3）：第三层土体开挖，开挖的深度为 3m；Step 7（yu_2）：加入第二层预应力锚杆并加载预应力；Step 8（r_4）：开挖第四层土体，开挖的深度为 3.5m。

3.2.1　整体稳定性分析

　　图 3.7 是折减计算后土体水平位移场，即有限元计算结束时，无根护壁桩支护条件下放大 15 倍以后土体的位移场。从图 3.7 中可以看出，由于第一层黏性土发生滑移变形，最大位移发生在第一层黏性土的最底层，水平位移多达 31cm，远远大于《建筑边坡工程技术规范》（GB 50330—2013）要求的限制（3.75cm），已不满足正常使用极限的要求，同时有限元计算不收敛，说明土体已经失稳破坏。

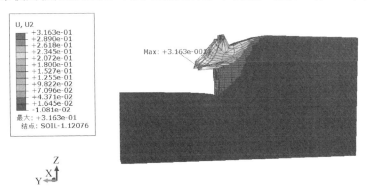

图 3.7　折减计算后土体水平位移场

　　从图 3.7 中也可以看出，由于第一层黏性土的黏聚力及内摩擦角均较小，抗剪强度较小，且在开挖过程中发生滑移变形，所以在基坑开挖过程中要特别注意监测该处的土体位移预防潜在的危险。

在输出的结果当中提取土体的抗剪折减系数 FV_1 和土体的水平位移 U_2，并绘制图线如图 3.8 所示。

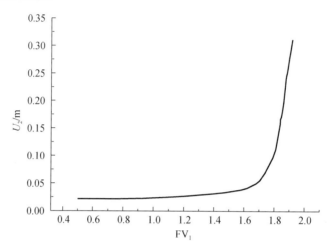

图 3.8　土体水平位移–抗剪折减系数曲线

由图 3.8 可以看出在 $FV_1=1.7$ 处曲线的斜率发生突变，说明此时的土体位移发生突变，根据边坡土体的失稳判据，所以边坡稳定性系数 $F_s=1.7$。根据《建筑边坡工程技术规范》（GB 50330—2013）可知，对于临时的二级边坡稳定安全系数 $F_{st}=1.20<F_s=1.7$，所以对于无根护壁桩支护的边坡处于稳定状态。

3.2.2　局部稳定性分析

无根护壁桩并非像传统的护壁桩一样自上至下直径相等，当基坑下部岩石部分的抗压强度满足时改为钻小孔，用岩石代替原桩体中的混凝土。在该截面即桩岩界面发生截面改变，所以要对该截面进行局部稳定性验算。图 3.9 为按不同材料显示的验算截面 I 的示意图。

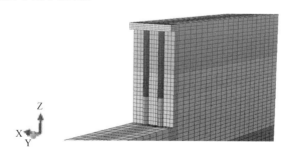

图 3.9　验算截面 I 的示意图

对截面 I 的稳定性验算从截面所受的弯矩和剪力两个方面进行验算。截面 I 的受力构件作用力主要包括上部分桩体底部对截面 I 的黏结作用力、竖向砂浆锚杆的作用力、斜向锚杆的作用力。截面 I 处构件的构造如图 3.10 所示。

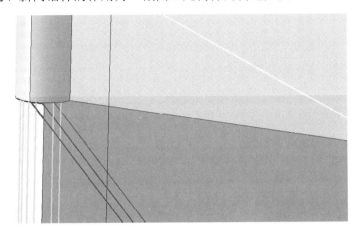

图 3.10　截面 I 处构件的构造

1. 截面抗剪验算

根据《混凝土结构设计规范（2015 年版）》（GB 50010—2010）[63]，一般受剪计算中不考虑纵向钢筋的作用，所以在截面 I 抵抗由土压力产生的剪力的作用力主要是上部桩体底部对界面的黏聚力及斜向砂浆锚杆的作用力。

在后处理中利用 Free Body Cut 方法分别输出上部桩体沿 Y 方向的剪力，斜向砂浆锚杆沿 Y 方向的剪力分别为 24.7kN 和 25.1kN，合力为 49.8kN。由前述的配筋计算可知，截面的剪力设计值为 315kN，如界面实际承受剪力小于剪力设计值，则界面满足抗剪要求。

2. 截面抗弯验算

由第 4 章的配筋计算可以得出，界面的弯矩设计值为

$$M = \gamma_0 \gamma_F M_k \tag{3.2}$$

由此计算可得，该界面的抗剪强度设计值为 157.5kN·m。

很明显由界面构件组成可以看出，界面由土压力产生的弯矩主要是由竖向砂浆锚杆抵抗，竖向砂浆锚杆产生的弯矩为 120.2kN·m，构件实际承受的弯矩小于抗弯强度设计值，所以界面满足抗弯要求。

由图 3.11 界面处钢筋部件的应力云图可以看到，各构件所受的最大应力为 2.769×10^8Pa，也未超过 HRB400 钢筋的屈服强度，能够正常抵抗荷载，能够保证截面 I 的局部稳定性。

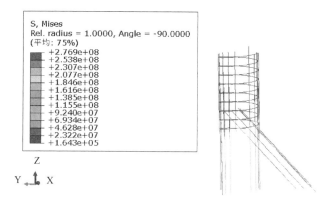

图 3.11 桩岩界面钢筋构件应力云图

3.2.3 嵌固稳定性分析

深基坑开挖过程中，由于开挖深度过大导致基坑外侧土体压力过大，若钢筋嵌固深度不足容易导致基坑发生倾覆破坏，所以要进行嵌固稳定性验算。根据《建筑基坑支护技术规程》（JGJ 120—2012）的要求，支挡式结构的嵌固深度（I_d）应符合嵌固稳定性的要求，即

$$K_s = \frac{M_p}{M_a} \geqslant K_e \qquad (3.3)$$

式中，K_e——嵌固稳定安全系数；安全等级为二级的支挡结构，取为 1.2。

M_p——被动土压力及支点力对桩底的抗倾覆弯矩，对于锚杆或锚索，支点力为锚杆或锚索的锚固力和抗拉力的较小值，kN·m。

M_a——主动土压力对桩底的倾覆弯矩，kN·m。

当基坑开挖完成时，基坑处于最不稳定状态，在该工况中由计算可得 K_s= 9.811>1.2，所以在整个开挖过程均满足抗颠覆稳定性要求。

3.2.4 桩体内力强度分析

基坑工程支护结构内力强度分析是基坑工程设计中的重要内容，本节从支护结构内力方面进行结果分析。

桩体结构主要由以下几部分组成：组成无根护壁桩上部的钢筋笼和浇筑的混凝土、下部的竖向砂浆锚杆及代替混凝土起作用的岩体部分。桩体结构的内力从桩内各部分的所受的应力强度及桩体所受的弯矩特点两个方面进行分析。

（1）桩体应力强度分析

本节从构成桩体的 3 个部分分析其所受的应力及是否满足组件强度设计要求。

1）混凝土部分。桩上部浇筑的混凝土强度等级为 C30，由图 3.12 所示的桩混凝土部分应力云图可以看出，混凝土部分受到的最大应力发生在混凝土底部及靠近桩岩界面处，这是由于此处的构件的截面面积发生改变，随后受力发生改变。根据《混凝土结构设计规范（2015 年版）》（GB 50010—2010）[63]，C30 混凝土抗压强度的设计值为 14.3MPa，从图 3.12 中可以看出，混凝土所受的最大应力为 8.596MPa，所以上部桩体的混凝土部分满足强度设计的要求。

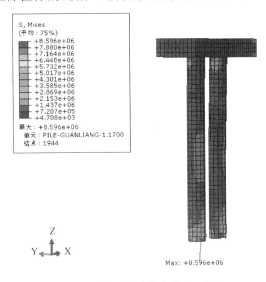

图 3.12　桩混凝土部分应力云图

2）钢筋笼部分。钢筋笼部分由纵向钢筋和箍筋两部分组成，纵筋采用的 HRB400 钢筋，箍筋是 HRB335 钢筋。图 3.13 给出了不同分析步钢筋笼的最大应力值，同混凝土受力相似，钢筋笼最大的受力位置也位于靠近桩岩界面处，同样也是由于该处界面的截面面积发生改变所引起的。根据不同工况的钢筋应力图可以看到，对比于 r_2 分析步，加上第一层预应力锚杆后最大应力值由 9.671×10^7Pa 减少为 7.095×10^8Pa，说明预应力锚杆在一定程度上分担了钢筋笼的受力。在分析步 r_3 出现了最大的应力值，在 r_4 分析步即开挖至桩岩界面以下的分析步，钢筋笼底部的最大应力值比上一分析步结束时减小，说明竖向砂浆锚杆起了作用，分担了钢筋笼承受的土压力。从图 3.12 可以看出，钢筋所受最大应力均未超过 HRB400 钢筋的最大抗拉强度设计值 3.6×10^8Pa，从图 3.14 中也得到验证，整个钢筋笼均未进入塑性应变阶段，钢筋的强度值均能达到要求。

3）竖向砂浆锚杆部分。竖向砂浆锚杆上部 1m 长的部分是嵌固在上部的桩体内的。图 3.15 选取了分析步 r_1 和 r_3 的两个代表分析步的应力云图，当土体未开挖至桩岩界面时，由于桩岩界面的截面面积发生改变，最大应力位置发生在该界面附近；当土体开挖至桩岩界面以下位置时，由于土压力的改变和作用，最大应力的位置下移且相对于 r_1 分析步最大应力值有所增加。图 3.16 所示为竖向砂浆锚杆的等效塑性应变云图，可以看出竖向砂浆锚杆均未进入塑性区，满足设计强度的要求。

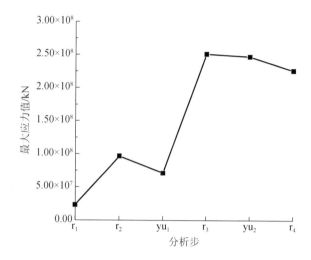

图 3.13　不同分析步钢筋笼的最大应力值

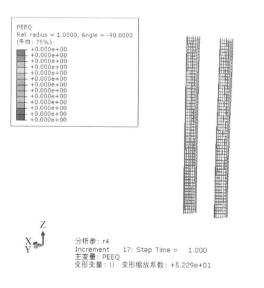

图 3.14　钢筋笼的等效塑性应变云图

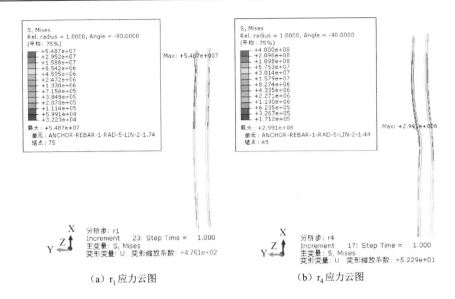

（a）r_1 应力云图　　　　　　　　（b）r_4 应力云图

图 3.15　不同分析步竖向砂浆锚杆应力云图

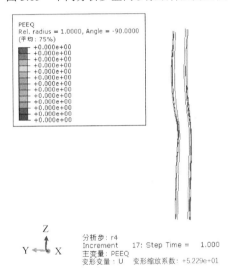

图 3.16　竖向砂浆锚杆等效塑性应变云图

（2）桩体弯矩

图 3.17 展示了不同分析步桩体弯矩，其中负弯矩表示基坑内侧部分受拉。本节中的桩锚支护结构上部有冠梁的作用，桩体有两层预应力锚杆作用且基坑底部为岩石属于土质较硬，所以桩体的变形应该属于 3.2.4 节介绍的第三种形式，如图 3.18 所示。分析步 r_2 开挖土体的深度为 6m，由于桩体下部被土体约束，在 5m 左右桩体出现反弯点，反弯点以下出现外侧受拉。yu_1 分析步是增加第一道预应力锚

杆，位置在桩体的 3m 处，由图 3.17 可以看出了在 3m 处由于预应力锚杆的作用弯矩明显减小，且整个桩体由于预应力锚杆的作用弯矩明显减小。分析步 r_3 中开挖的土体深度达到 9m，随着开挖深度增大，桩体所受的弯矩变大，且反弯点下移。值得注意的是，在桩体深度 9m 处，由于斜向锚杆的作用，桩体所受弯矩明显减小。yu_2 分析步是增加第二道预应力锚杆，从图 3.17（b）可以看出，增加预应力锚杆后桩体所受预应力有所减小。分析步 r_4 是开挖由竖向砂浆锚杆支护的岩石部分，开挖深度至 12.5m 处，桩体弯矩图的反弯点下移。由图 3.17 可知桩体弯矩在桩体 9m 处，斜向砂浆锚杆发挥了明显作用，桩体的弯矩发生突变。

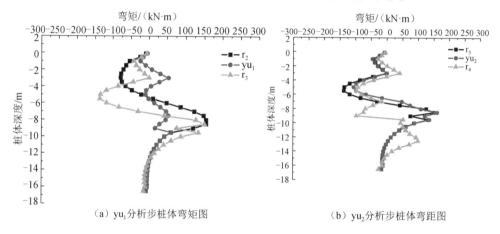

（a）yu_1 分析步桩体弯矩图　　　　　　（b）yu_2 分析步桩体弯距图

图 3.17　不同分析步桩体弯矩

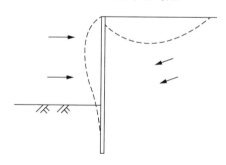

图 3.18　桩体理论变形

3.2.5　斜向砂浆锚杆的内力分析

斜向砂浆锚杆位于桩体的桩岩界面处，作用是抵抗界面处由土压力产生的剪力。图 3.19 是斜向砂浆锚杆在不同分析步的等效塑性应变应力云图。由图 3.19 可以看出，随着开挖深度的增加最大应力逐渐增加；且在开挖至桩岩界面以前即分析步 r_3 以前，斜向砂浆锚杆只有靠近桩岩界面的部分起作用，主要是让上、下两部分形成一个整体，保证桩岩界面的稳定性。由分析步 r_4 可以看出，与前 3 个分析步不同，在开挖至桩岩界面以下位置后，竖向砂浆锚杆成为主要的支护构件，斜向砂浆锚杆全长起作用，主要用于抵抗土压力产生的剪力。从图 3.19 可以看出，斜向砂浆锚杆的最大应力均为超过 HRB400 钢筋的最大抗拉强度设计值，斜向砂浆锚杆均未进入塑性区，满足强度要求。

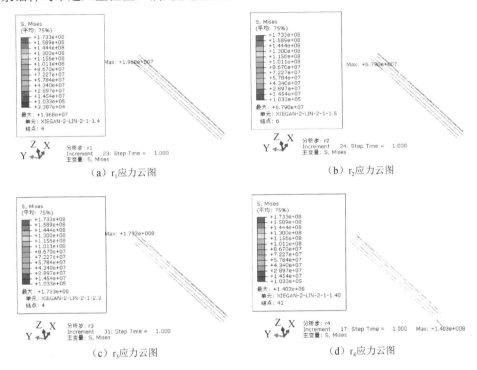

（a）r_1 应力云图　　　　　　　　　　　　（b）r_2 应力云图

（c）r_3 应力云图　　　　　　　　　　　　（d）r_4 应力云图

图 3.19　斜向砂浆锚杆在不同分析步的等效塑性应变应力云图

3.2.6　预应力锚杆的内力分析

无根护壁桩支护结构共设有两层预应力锚杆，图 3.20 所示为两层预应力锚杆加完预应力后的应力云图。由前述可知，预应力锚杆所加的预应力为 200kN，根据预应力锚杆的受力特点，锚杆在自由段上的拉力是相等的，杆体与土体之间的剪切荷载传递只发生在锚固段。由图 3.21 预应力锚杆的塑性等效应变可以看出，预应力锚杆未进入塑性区，满足强度的要求。

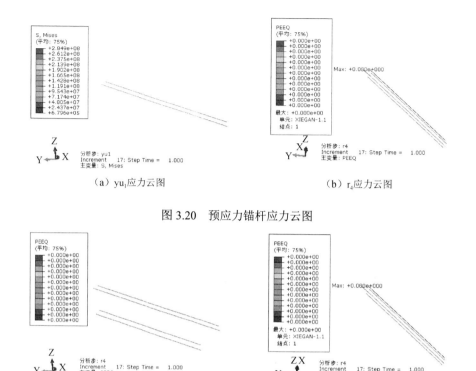

（a）yu₁应力云图　　　　　　　　　（b）r₄应力云图

图 3.20　预应力锚杆应力云图

（a）r₄应变云图　　　　　　　　　（b）r₄等效塑性应变云图

图 3.21　预应力锚杆的等效塑性应变应力云图

3.2.7　基坑变形分析

由前述分析可知，深基坑不仅要保证基坑本身的安全与稳定，还要控制基坑周围地层位移，很多位于市内的基坑工程为保证周围构建物的正常使用功能，对位移的要求更加严格，所以本节分析基坑周围土体的位移。图3.22为开挖完成后放大96倍以后的土体变形云图，从图中可以看到本章模拟的土体变形与前述所提到的多道支撑结构、支护结构刚度较大、地基土质较硬或者支护结构嵌入土体的深度较长的第三种变形对应。第一层土体为黏性土，在开挖过程中发生滑移，所以在第一层土体底部出现位移最大值的尖角。

图3.23为不同工况下基坑内侧土体水平位移与基坑深度曲线，图中曲线取向基坑内部的变形为正，取向基坑外侧的变形为负。由于冠梁的作用，各桩的整体性和刚性增大，土体的最大位移并未发生在桩体顶部，变形曲线呈三角形与抛物线形的组合形式，同样与第三种变形形式相符。从图3.23中可以看出，随着开挖基坑深度的增加，基坑侧壁的位移向基坑内部逐渐增加，最大的水平位移发生在最后一步开挖完成的第一层土体下侧，最大位移值为24.5mm，《建筑基坑支护技

术规程》（JGJ 120—2012）中规定的最大基坑侧移为 37.5mm，所以基坑的水平位移满足要求。当 r_1 开挖步只开挖 2m 时，土体水平位移很小且下部土体基本没有位移。随着基坑开挖过程的进行，r_2 分析步基坑开挖至 6m 处，最大水平位移也相应的增大和下移，对比 r_2 和 yu_1 分析步，由于预应力的作用，土体水平位移明显减小。同样，对比 r_3 和 yu_2 分析步可以看出，第二道预应力锚杆也起到了减小土体水平位移的作用。预应力锚杆能够有效减少土体的水平位移。对于分析步 r_4，在桩体深度 9m 时，桩岩界面位置未发生水平位移突增的现象，说明该处界面处于稳定状态。

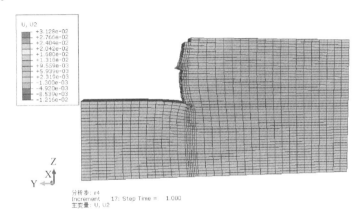

图 3.22 土体变形云图

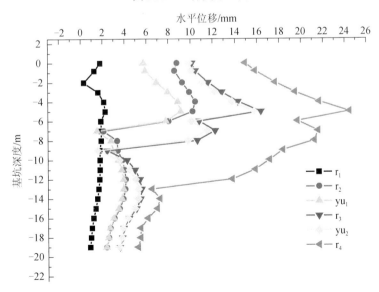

图 3.23 不同工况下基坑内侧土体水平位移与基坑深度曲线图

图 3.24 为基坑顶部土体的水平位移图，向坑内的变形取正值，后续不再进行特殊说明。从图 3.24 中可以看出，随着距基坑边缘距离的增大基坑顶部土体位移呈递减趋势，基坑顶部土体的水平位移随开挖深度的增大逐渐增大，在 r_4 分析步达到最大（16mm）。对比 yu_1 与 r_2、yu_2 与 r_3 可以看出，预应力锚杆的作用能够明显减小水平位移。

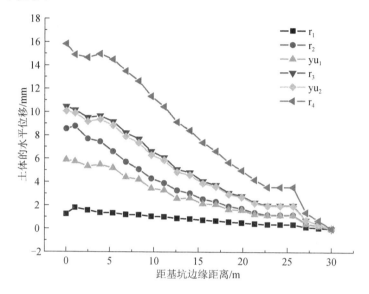

图 3.24　基坑顶部土体的水平位移图

图 3.25 为基坑顶部土体的沉降曲线，取向下方向的位移为负，从图 3.25 中曲

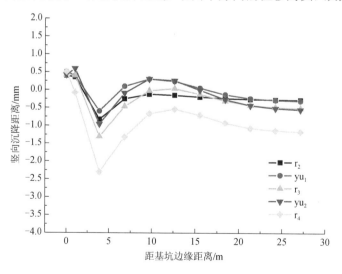

图 3.25　基坑顶部土体的沉降曲线

线可以看出，基坑顶部土体的变形符合本节提到的第三种变形图线，顶部土体的沉降量与距基坑边缘的距离并非是简单的直线关系，而是在距离基坑边缘 5m 左右达到了最大沉降量。同时基坑顶部土体的沉降值随基坑开挖而逐渐增大，在 r_4 最后一个分析步达到最大沉降量（2.5mm），沉降量仅是开挖深度的 0.02%。同样，对比 r_2 与 yu_1、r_3 与 yu_2 分析步可以看出，加设预应力锚杆也能够有效减少竖向土体沉降。

3.2.8 无根护壁桩支护与桩锚支护结果对比

为了对比桩锚支护与无根护壁桩支护的支护效果，本节对桩锚支护结构进行了模拟。图 3.26 为桩锚支护条件下基坑开挖完成后的土体位移场云图和应力云图，桩锚支护与无根护壁桩支护在变形场和应力场的趋势基本相同。

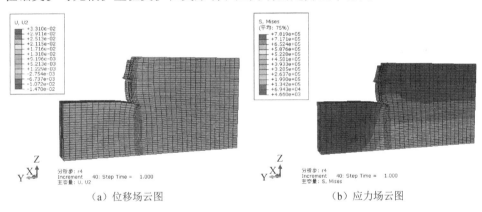

（a）位移场云图 （b）应力场云图

图 3.26 桩锚支护条件下土体位移场和应力场云图

为了准确对比桩锚支护和无根护壁桩的支护效果，对两组不同的无根护壁桩进行了模拟。其中各图线中的"无根护壁桩支护"是指无根护壁桩的配筋情况与桩锚支护完全相同，但护壁桩岩界面以下无根护壁桩是利用岩体的抗压强度打小孔并浇筑；而各图线中增大截面的无根护壁桩支护是指桩岩界面以上部分与桩锚支护的配筋情况相同，而桩岩界面以下的部分则将桩锚支护所配 $\phi 18$ 的钢筋均改为 $\phi 28$ 的钢筋。

1. 无根护壁桩支护与桩锚支护稳定性对比

基坑支护体系整体稳定性验算的目的是防止基坑支护结构与周围土体整体滑动失稳破坏，其是在基坑支护设计当种需要经常考虑的一项验算内容。首先，将3 种支护结构的整体稳定性进行对比。3 种支护结构均采用强度折减法对稳定性进行验证，当结果不收敛时桩锚支护结构和无根护壁桩支护结构的放大 15 倍后的位移云图如图 3.27 所示。从图 3.27 中可以看出，计算不收敛时桩锚支护和无根护壁桩支护的最大位移分别为 33.70cm 和 31.70cm，远远大于《建筑基坑支护技术规程》（JGJ 120—2012）要求的限制 3.75cm，早已不满足正常使用极限的要求，同时有限元计算不收敛，说明土体已经失稳破坏。

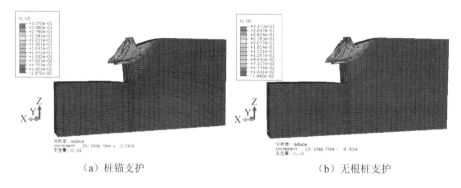

　　　　（a）桩锚支护　　　　　　　　　　　　（b）无根桩支护

图 3.27　桩锚支护与无根护壁桩支护折减计算后的水平位移场

从输出的结果当中提取土体的抗剪折减系数 FV_1 和土体的水平位移 U_2，并绘制护壁支护结构的抗剪折减系数-水平位移对比（图 3.28）。从图 3.28 中可以看出，桩锚支护与增大截面后的无根护壁桩支护图线趋势大致相同，拐点位置也几乎相同，即两者有相同的边坡稳定性系数 F_s=1.70，而无根护壁桩支护的图线比以上两者提前出现了较为明显的拐点，即 F_s=1.40。根据《建筑边坡工程技术规范》（GB 50330—2013）[64]中的"表 5.3.2　边坡稳定安全系数 F_{st}"可知，对于临时的二级边坡 F_{st}=1.20 < F_s=1.40，所以对于无根护壁桩支护的边坡仍然处于稳定状态。但是无根护壁桩支护的边坡稳定安全系数明显小于桩锚支护及增大截面后的无根护壁桩支护。

2. 无根护壁桩支护与桩锚支护水平位移对比

图 3.29 为在开挖完成时 3 种支护结构的水平位移-桩体深度对比图，从图 3.29 中的 3 条曲线可以看出，3 种支护结构的水平位移随基坑深度的变化趋势基本相同，且最大水平位移为无根护壁桩支护的 29.9mm < 37.5mm 均符合要求。对比桩锚支护和无根护壁桩支护的结果可以看出，虽然两者具有基本相同的趋势，但是由于无根护壁桩在桩岩界面的约束强度要比桩锚支护的约束强度弱，在桩岩界面以上的部分，无根护壁桩支护的水平位移要大于桩锚支护的水平位移，桩岩界面以下部分两者的水平位移基本相同。

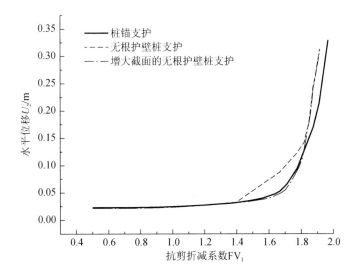

图 3.28　不同支护结构的抗剪折减系数-水平位移对比

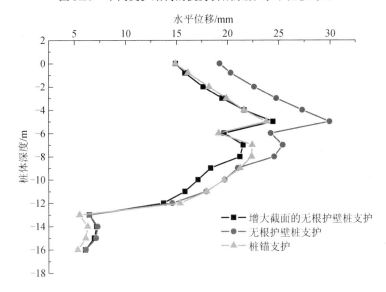

图 3.29　不同支护结构的水平位移-桩体深度对比图

对比将竖向钢筋及斜向锚杆钢筋截面面积增大的无根护壁桩支护和桩锚支护结果可以发现，由于增强了桩岩界面处的约束条件，在桩岩界面以上两者具有几乎相同的水平位移；同时由于竖向钢筋截面及斜向钢筋截面尺寸的增大，增大截面的无根护壁桩支护的水平位移小于桩锚支护的水平位移。

3. 无根护壁桩支护与桩锚支护桩体内力对比

图 3.30 所示为在开挖完成时 3 种支护结构的桩体弯矩-桩体深度对比图。从图 3.30 中可以看出,桩锚支护和增大截面的无根护壁桩支护趋势大致相同,桩身所承受的弯矩与桩体的变形有关,且由于桩岩界面处截面突变及斜向锚杆的作用,桩锚支护承受的弯矩要大于增大截面的无根护壁桩支护承受的弯矩。

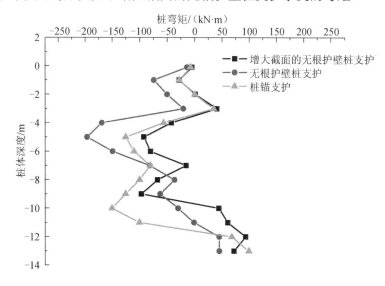

图 3.30　3 种支护结构的桩体弯矩-桩体深度对比图

对比无根护壁桩支护结构与桩锚支护结构的桩弯矩结果,在桩岩界面以上两者的支护结构完全相同,但由于无根护壁桩支护结构的水平位移大于桩锚支护结构的水平位移,无根护壁桩支护的桩体弯矩明显大于桩锚支护的桩弯矩;桩岩界面以下的部分,由于无根护壁桩支护的支护界面减小及斜向锚杆的作用,无根护壁桩承受的弯矩明显小于桩锚支护承受的弯矩。

3.3　无根护壁桩支护结构

3.3.1　斜向锚杆预应力

斜向锚杆的主要作用是承受桩岩界面的剪力,斜向锚杆预应力是影响基坑边形与支护结构内力的主要因素之一。在前述模型基础上,保持其他参数不变,改变斜向锚杆的预应力分别为 0kN、50kN、100kN 和 150kN,共 4 组模型,其参数设计如表 3.2 所示。通过比较分析得到不同斜杆预应力下基坑侧壁水平位移的变形,如图 3.31 所示。由于斜向锚杆只作用于桩岩界面部分,即竖向 9m 处,对基坑顶部侧壁土体水平位移的影响很小,可以忽略不计,但随着向桩岩界面的靠近,斜向锚杆的作用影响更加明显。随着斜向锚杆预应力的增加,基坑侧壁水平位移减小。施工中增加斜向锚杆预应力,增强界面的抗剪能力,可以减少界面发生滑移破坏的可能性。

表 3.2   参数设计

影响因素	序号	冠梁	斜锚杆预应力/kN	斜锚杆长度/m	锚杆预应力/kN	钢筋嵌固长度/m
参照组	1	有	0	6	200	4.00
斜锚杆预应力	2	有	50	6	200	4.00
	3	有	100	6	200	4.00
	4	有	150	6	200	4.00
斜锚杆长度	5	有	0	0	200	4.00
	6	有	0	2	200	4.00
	7	有	0	4	200	4.00
锚杆预应力	8	有	0	6	0	4.00
	9	有	0	6	100	4.00
	10	有	0	6	150	4.00
钢筋嵌固长度	11	有	0	6	200	1.00
	12	有	0	6	200	2.50
	13	有	0	6	200	6.25

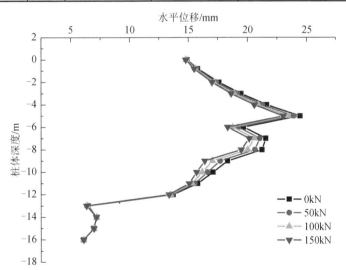

图 3.31   斜向锚杆预应力对基坑侧壁水平位移影响

　　斜向锚杆预应力对桩体弯矩值的影响如图 3.32 所示，由于斜向锚杆的存在桩深的水平变形减小，从而桩体转角减小，桩体弯矩减小。由图 3.32 可以看出，在桩岩界面处，增加斜向锚杆的预应力可以明显减小桩体的弯矩值。桩体弯矩值减小最明显的区间是斜向锚杆预应力从 0kN 增加至 50kN，预应力从 50 kN 继续增加至 100kN、150kN，桩体弯矩减小得并不明显甚至基本相同，同时考虑到预应力锚杆施工的复杂性、工期、造价等因素，不建议对斜向锚杆加载过大的预应力。

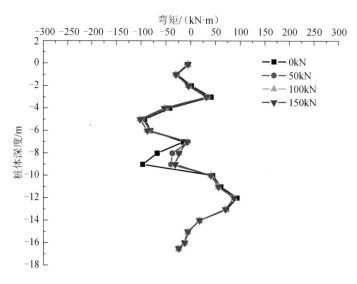

图 3.32　斜向锚杆预应力对桩体弯矩的影响

3.3.2　斜向锚杆长度

　　斜向锚杆的影响因素除预应力之外还有斜向锚杆长度，根据第 4 章的配筋计算可知，斜向锚杆的长度要求不小于 4.25m，但为了研究比较斜向锚杆长度的影响，所以在参照组模型的基础上，保持其他参数不变，改变斜向锚杆的长度分别为 0m、2m、4m 和 6m，得到编号为 1、5、6、7 共 4 组模型进行分析比较。不同斜向锚杆长度下基坑侧壁的水平位移及对桩体弯矩的影响如图 3.33 所示，斜向锚杆的长度为 0m，即未设置斜向锚杆。从图 3.33 中可以看出，随着斜向锚杆长度的增加，基坑侧壁的水平位移整体均减少，但同样对基坑顶部的水平位移影响较小，越靠近斜向锚杆影响越明显。随着斜向锚杆长度的增加，锚杆和砂浆之间摩擦力增大，在锚杆的抗拉强度满足要求的条件下，锚杆越长，锚杆能够提供的抗力越大，所以基坑的水平位移随着锚杆长度增加而减少。从图 3.33 中还可以看出，4m 的斜向锚杆与 6m 斜向锚杆的土体水平位移相差并不明显。

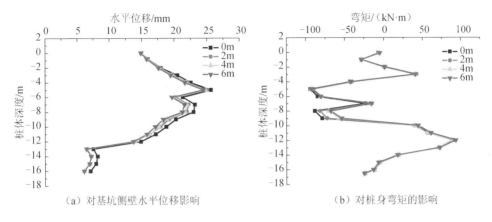

（a）对基坑侧壁水平位移影响　　　　　　（b）对桩身弯矩的影响

图 3.33　斜向锚杆长度对基坑侧壁水平位移及对桩体弯矩的影响

斜向锚杆长度对桩体弯矩值的影响如图 3.33（b）所示，随着斜向锚杆长度的增加，桩岩界面处的桩体弯矩明显减小。设置斜向锚杆，减小桩岩界面的剪切滑移，从而减小桩岩界面处的桩体弯矩。同时，从图 3.33（b）中可以看出，桩体弯矩减小最明显的是 0～4m 范围内，斜向锚杆长度从 4m 增加至 6m，桩体弯矩减小的并不明显甚至可以忽略，说明只要满足《建筑边坡工程技术规范》（GB 50330—2013）的长度要求就能得到斜向锚杆的预计效果。最后，综合锚杆长度对土体位移及桩体弯矩的影响，只要满足《建筑边坡工程技术规范》（GB 50330—2013）的要求，考虑到施工周期、工程造价等因素，不建议使用过长的斜向锚杆。

3.3.3　预应力锚杆

预应力锚杆共两排，设置在桩岩界面以上的 3m 和 7m 处，主要用以控制基坑侧壁的水平位移。在前文的模型的基础上，保持其他参数不变，设置锚杆的预应力值分别为 0kN、100kN、150kN 和 200kN，即对应表 3.2 中的第 1、8、9、10 组共 4 组模型进行比较分析，得到不同的斜向锚杆预应力下基坑侧壁水平位移的变形图如图 3.34 所示。从图 3.34 中可以看出，随着预应力的增加，基坑侧壁水平位移明显减小，并且在两排预应力锚杆设置点位移都明显减小，在对基坑侧壁位移要求较为严格的工程中，可以采用适当增加锚杆预应力的方法。

锚杆预应力对桩体弯矩的影响如图 3.35 所示，从图 3.35 中可以看出，预应力值的大小能够明显影响桩体所受的弯矩值，在预应力锚杆设置处，桩体的弯矩明显减小，且随着预应力的增加，整个桩体所受弯矩明显减小。综上所述，对于基坑侧壁要求严格，减少桩体受力的工程中，可以适当增加预应力锚杆的预应力。

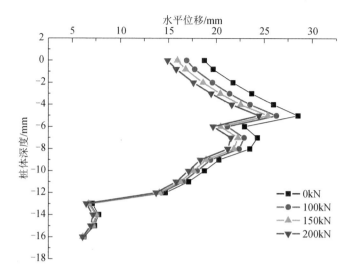

图 3.34　锚杆预应力对基坑侧壁水平位移的影响

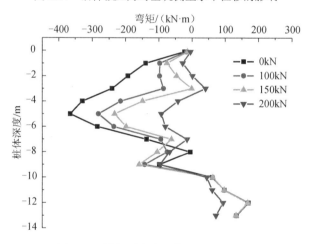

图 3.35　锚杆预应力对桩体弯矩的影响

3.3.4　钢筋嵌固长度

　　根据《建筑边坡工程技术规范》（GB 50330—2013）中稳定性的要求，对多支点支档式结构，挡土构件的嵌固深度不宜小于 0.2 倍基坑深度，即 2.5m，本节采用的嵌固长度为 4m。为了分析比较嵌固长度对基坑侧壁位移及桩体弯矩的影响，在前述模型的基础上，保持其他参数不变，设置钢筋嵌固长度分别为 1m、2.5m、4m 和 6.25m，即对应表 3.2 中的 1、11、12、13 共 4 组模型进行比较分析，得到不同钢筋嵌固长度下基坑侧壁水平位移的变形图（图 3.36）。从图 3.36 可以看出，当竖向钢筋的嵌固长度从 1m 增加到 2.5m，水平位移明显减小；但当嵌固长度从

2.5m 增加至 4m 和 6.25m 时，基坑水平位移减小的趋势很小，甚至水平位移相同。钢筋的嵌固长度过短时，支护结构底部的约束相当于铰支点；当嵌固长度不断增加时，底部的约束增强，相当于固定端，所以基坑水平位移减小。当钢筋嵌固长度满足《建筑边坡工程技术规范》（GB 50330—2013）的要求时，继续增加嵌固长度并不能进一步减小基坑水平位移。

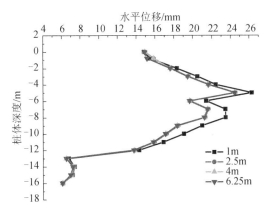

图 3.36　不同钢筋嵌固长度对基坑侧壁水平位移的影响

　　钢筋嵌固长度对桩体弯矩的影响如图 3.37 所示。从图 3.37 中可以看出，随着嵌固长度的增加，桩体承受的弯矩减小；与对基坑侧壁的水平位移影响类似，当嵌固长度从 1m 增加至 2.5m 时，桩体弯矩减小得最明显；但是嵌固长度达到《建筑边坡工程技术规范》（GB 50330—2013）的要求后，继续增加嵌固长度对减少桩体弯矩的影响不大。综上所述，对土体位移及桩体弯矩的影响，只要满足规定长度的要求，考虑到施工周期、工程造价等因素，不建议增加钢筋的嵌固长度。

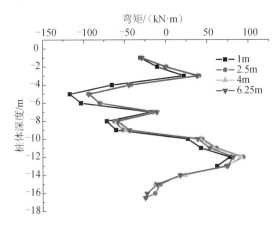

图 3.37　钢筋嵌固长度对桩体弯矩的影响

3.4　大连海昌名城深基坑无根护壁桩支护工程

3.4.1　工程概况

1. 基本情况

大连海昌名城深基坑支护项目位于大连市民主广场北测,占地面积为 10 700m²,建筑物为多层与高层。根据工程的用途及具体场区条件,整体开挖,其中地下两层,拟开挖基坑呈不规则多边形,基坑开挖深度一般为 12.4m。基坑东侧紧靠一货场主干路,基坑南侧与发达街相连,基坑西侧紧邻文林街,基坑西南侧与船舶丽湾相邻。基坑开挖整体平面图如图 3.38 所示,根据开挖基坑的地质特点,基坑具体使用无根护壁桩支护基坑平面图如图 3.39 所示。

图 3.38　基坑开挖整体平面图（单位：mm）

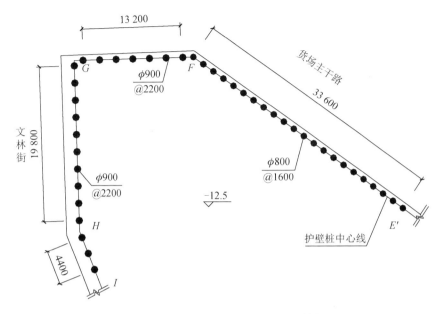

图 3.39　无根护壁桩支护基坑平面示意图（单位：mm）

2. 工程地质条件

根据大连黄海岩土工程勘察有限公司提供的地质勘探报告表明，场地地层主要由第四系松散堆积物和风化岩组成，在钻探控制深度范围内，场地地层结构自上而下有以下几种。

1）杂填土，杂色，湿～饱和，主要由砖、碎石、黏性土、混凝土等组成，局部有旧建筑物基础，主要呈松散状态。层厚为 0.90～3.60m，平均层厚为 0.80m。

2）粉质黏土，呈黄褐色至灰褐色，可塑或硬塑状态，局部软塑，含少量铁锰质结核，局部夹有薄层细砂和少量碎石。该层场区普遍分布，层厚为 2.40～8.30m，平均层厚为 4.27m。

3）含碎石粉质黏土，呈黄褐色，稍密～中密，冲击进尺缓慢，碎石粒径为 5～80mm，多数呈磨圆状，少数呈次棱角状，主要成分为石英岩和板岩，含量不均匀，约占 40%，孔隙由粉质黏土充填。该层主要分布于基坑区域内，层厚为 0.50～1.80m，平均层厚为 0.98m。

4）全风化板岩，呈黄褐色，散体结构，岩体风化剧烈，岩芯呈碎屑土状。场区广泛分布，层厚为 0.40～3.20m，平均层厚为 3.20m。

5）中风化板岩，浅黄色、黄褐色，碎裂结构，岩芯呈碎片状及碎块状，手摸有滑腻感。场区普遍分布，层厚为 2.00～18.80m，平均层厚为 7.50m。

6）微风化板岩，黄褐色、棕黄色、黑褐色，薄层状～碎裂块状结构，板理、裂隙发育，岩芯呈碎块状、短柱状，较坚硬。场区普遍分布，揭露厚度为 1.00～

13.00m，平均层厚为 8.50m。

3．工程水文条件

拟建场区地下水类型为第四系孔隙水及基岩裂隙水，稳定水位的埋置深度为 1.10～3.30m，平均埋置深度为 1.90m，标高为 2.47～5.95m，平均标高为 3.88m。地下水对混凝土无腐蚀作用。

3.4.2　配筋计算

根据基坑的周围环境及基坑重要性，确定本基坑的重要等级为二级，侧壁重要性指数为 1.00，同时将基坑周围的行人、车辆及施工杂物堆放等荷载简化为基坑周围 20kPa 的均布荷载。计算时，土体参数参照 3.4.1 节的工程地质条件进行了一定的调整，具体的土体参数如表 3.3 所示。计算主要依据《建筑基坑支护技术规程》（JGJ 120—2012），支护结构外侧的主动土压力强度标准值、支护结构内侧的被动土压力强度标准值，计算公式分别为

$$p_{ak} = \sigma_{a,k}K_{a,i} - 2c_i\sqrt{\tan^2\left(45° - \frac{\varphi_i}{2}\right)} \qquad (3.4)$$

$$p_{pk} = \sigma_{pk}K_{p,i} + 2c_i\sqrt{\tan^2\left(45° + \frac{\varphi_i}{2}\right)} \qquad (3.5)$$

式中，p_{ak}、p_{pk} ——支护结构外侧、第 i 层土中计算点的主动土压强度标准值、支护结构内侧第 i 层土中计算点的被动土压力强度标准值，kPa；当 $p_{ak} < 0$ 时，取 $p_{ak} = 0$。

　　　σ_{ak}、σ_{pk} ——支护结构外侧、内侧计算点的土中竖向应力标准值，kPa。

　　　c_i ——第 i 层土的黏聚力，kPa。

　　　φ_i ——第 i 层土的内摩擦角，（°）。

表 3.3　土体参数

地层编号	土层名称	厚度/m	重度/（kN/m³）	黏聚力/kPa	内摩擦角/（°）	弹性模量/MPa	泊松比
1	黏性土	6	20	10	10	20	0.35
2	强风化岩	3	22	80	20	30	0.25
3	中风化岩	7.5	25	300	30	40	0.20
4	微风化岩	8.5	27	500	35	80	0.16

支护结构内力计算采用上述内容中介绍的弹性地基梁方法，取长度为 b_0 的围护结构为分析对象，弹性地基梁的变形微分方程为

$$EI\frac{d^4y}{dz^4} - e_a(z) = 0 \qquad (0 \leqslant z < h_n) \qquad (3.6)$$

$$EI\frac{d^4y}{dz^4} + mb_0(z - h_n)y - e_a(z) = 0 \quad (z \geqslant h_n) \tag{3.7}$$

式中，　$e_a(z)$ —— z 深度处的主动土压力，kPa；

　　　　m ——地基水平抗力比例系数，可以根据大连地区经验取值；

　　　　b_0 ——围护结构的长度，根据《建筑基坑支护技术规程》（JGJ 120—2012）
　　　　　　要求，m，本节中取 1.53m；

　　　　h_n ——第 n 步的开挖深度，m。

　　通过以上微分方程可以得到围护结构的侧向位移，则第 i 层的弹性支座的支座反力为

$$T_i = K_{Bi}(y_i - y_{oi}) \tag{3.8}$$

式中，K_{Bi} ——第 i 道支撑弹簧刚度。

　　最后由以上的计算结果可以进一步得出需要计算截面的弯矩和剪力分别为

$$M_c = \sum T_i(h_i - h_c) + h_{pc}\sum E_{pc} - h_{ac}\sum E_{ac} \tag{3.9}$$

$$V_c = \sum T_i + \sum E_{pc} - \sum E_{ac} \tag{3.10}$$

式中，　h_i ——支点力 T_i 至基坑底部的距离，m；

　　　　h_c ——计算截面至基坑底部的距离，m；

　　　　E_{pc} ——计算截面以上基坑内侧各土层弹性抗力值的合理值，kPa；

　　　　E_{ac} ——计算截面以上基坑外侧各土层水平荷载标准值的合理值，kPa。

　　本节使用理正深基坑计算软件杆系有限元方法计算土压力、支护结构内力及上部桩体、预应力锚杆部分的配筋，下部无根护壁桩部分根据规范要求进行手算配筋。计算得到的配筋参数见表 3.4。图 3.40 为理正软件计算得到的各工况组合下的土压力、土体位移、各截面弯矩、各截面剪力的包络图，图中灰色图线表示弹性法计算得到，黑色表示经典法计算得到的图线。根据图 3.40 可以看出基坑内外侧所受弯矩的最大值有较大的差别，所以桩深配筋采用非均匀配筋，受拉筋范围圆心角为 120°，压区拉区纵筋比值为 0.5；同时从图 3.40 中可以看出，桩岩界面上下部分的弯矩最大值也存在较大差异，所以采用桩岩界面上下两部分分段配筋；纵筋均采用 HRB400 钢筋，箍筋采用 HPB300，灌注混凝土强度为 C30 混凝土。

表 3.4　配筋参数

支护类型		桩孔深度/m	冠梁配筋			基坑内侧纵筋	基坑外侧纵筋	箍筋	斜向锚杆
			As1	As2	As3				
桩锚支护	上部	0~9	2B12	2B12	B16@2	7C18	5C18	A12@150	
	下部	9~16.5				5C18	5C18	A12@150	
无根护壁桩支护	上部	0~9	2B12	2B12	B16@2	7C18	5C18	A12@150	
	下部	9~16.5				5C18	5C18		5C25
增大截面的无根护壁桩支护	上部	0~9	2B12	2B12	B16@2	7C18	5C18	A12@150	
	下部	9~16.5				5C28	5C28		5C25

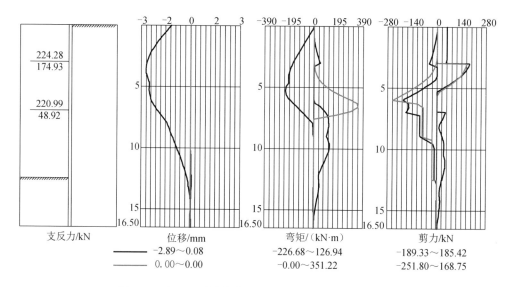

图 3.40　全工况计算包络图［工况 6-开挖（12.50m）］

由于斜向锚杆的作用是在桩岩界面处抵抗由土压力产生的剪力，所以取以上包络图中的最大界面剪力值为标准组合剪力值。根据《建筑基坑支护技术规程》（JGJ 120—2012），其剪力设计值 V 的计算公式为

$$V = \gamma_0 \gamma_F V_k \tag{3.11}$$

式中，γ_0——支护结构重要性系数，二级支护结构取 1.0；

　　γ_F——作用基本组合的综合分项系数，取 1.25；

　　V_k——标准组合剪力值，kN，取 252kN。

由上式得出其剪力设计值 V =315kN。

根据《建筑边坡工程技术规范》（GB 50330—2013）[64]的要求，锚杆轴向拉力标准值的计算公式如下：

$$N_{ak} = \frac{H_{tk}}{\cos \alpha} \tag{3.12}$$

式中，H_{tk}——锚杆水平拉力标准值，kN，为前述计算所得，为 315kN；

　　α——锚杆倾角，（°），根据工程施工情况取 45°。

由以上计算得出锚杆轴向拉力标准值 N_{ak} =445.5kN。

普通钢筋锚杆截面面积应满足要求：

$$A_s \geqslant \frac{K_b N_{ak}}{f_y} \tag{3.13}$$

式中，K_b——锚杆杆体抗拉安全系数，本节按二级临时性锚杆，取 1.6；

　　f_y——普通钢筋抗拉强度设计值，本节取 400MPa。

由以上计算得出钢筋锚杆截面面积为 1782mm^2。本工程取用 HRB400C25 钢筋，所以钢筋根数 n=5。

锚杆锚固体与岩土层间的长度应满足

$$l_a \geqslant \frac{KN_{ak}}{\pi D f_{rbk}}\tag{3.14}$$

式中，　K ——锚杆锚固体抗拔安全系数，本节按二级临时性锚杆，取 1.8；

　　　　D ——锚杆锚固段钻孔直径，mm，取 50mm；

　　　　f_{rbk} ——岩土层与锚固体极限黏结强度标准值，kPa，根据要求取为 1200kPa。

由以上计算得出，锚杆锚固体与岩土层间的长度应该满足 $l_a \geqslant 4.25$m。

锚杆杆体与锚固砂浆间的锚固长度应满足

$$l_a \geqslant \frac{KN_{ak}}{n\pi d f_b}\tag{3.15}$$

式中，　d ——锚筋直径，m；

　　　　f_b ——钢筋与锚固砂浆间的黏结强度设计值，本节中按表中 M30 的水泥砂浆与螺纹钢筋间的黏结强度设计值取 2.4MPa。

根据以上公式，可以得到锚杆杆体与锚固砂浆间的锚固长度应满足 $l_a \geqslant 4.25$m。因此，锚杆设计参数见表 3.5。

表 3.5　锚杆设计参数

编号	类型	竖向位置/m	入射角/(°)	总长/m	弹性模量/MPa	泊松比	锚固段长度/m	预应力/kN
1	预应力锚杆 1	3	15	20	1.2×10^5	0.25	6	200
2	预应力锚杆 2	7	15	17	1.2×10^5	0.25	5	200
3	斜向锚杆	9	45	6	2.0×10^5	0.30	—	—

3.4.3　方案选型

根据场区勘察报告、基坑具体位置及地下管网设施等综合情况，并考虑工程工期、造价及可行性后，基坑支护最终方案如下。

1）基坑西南侧和东南侧均采用桩锚支护与其他支护方法相结合的支护方法。由于该两侧区域上岩层所处的位置较深，利用无根护壁桩支护没有明显的优势。在该两侧区域中存在坍塌，坍塌处地质条件较为复杂，并且紧邻大连的几条主要街道对支护要求较高。工程采用桩锚支护与其他支护方法相结合的支护方法。

2）基坑西北侧及东北侧采用无根护壁桩支护方法。由于该两侧基坑内岩层较浅，若仍采用桩锚支护则施工困难、进程缓慢，综合考虑过后决定采用无根护壁桩支护。基坑采用垂直开挖，从地面向下进行人工或者机械大孔径造孔，孔径为

$\phi 800$，钢筋笼采用非均匀配筋，受力主筋分布在基坑内侧和基坑外侧分别为 7 根和 5 根，钢筋采用口18；成孔至地下 9m 左右时达到符合抗压强度的岩层，沿钢筋笼受力主筋的位置利用机械进行小孔径钻孔，孔径为$\phi 50$，迎土面和背土面均为 5 孔，间距为 150mm，孔深为 5.5m，其中嵌入基底层以下 2.5m，向孔内放入直径为口28 的钢筋，留出 1m 的锚固长度，并向孔中灌注 M30 水泥浆；在基岩层护壁桩的迎土面与水平面成大约 45° 角钻斜孔 3 个，间距为 100mm，孔深为 6m，放置口18 钢筋，并预留出 1m 的锚固长度，并向孔中灌注 M30 水泥浆。施工完成后吊装钢筋笼并灌注混凝土形成无根护壁桩。开挖过程中，为了减少基坑侧壁位移，设置了两排预应力锚杆，与水平面的夹角均为 15°，第一排锚杆设置在竖向距离为 3m 处土体当中，总长度为 20m，第二排锚杆位于竖向距离为 7m 处土体中，长度为 17m，两处预应力锚杆所施加的预应力均为 200kN。具体的支护剖面图如图 3.41 所示。

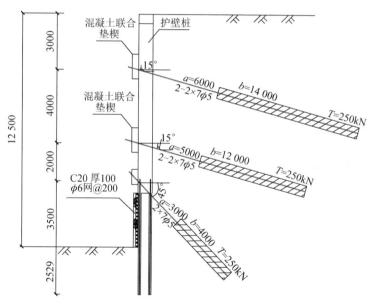

图 3.41　支护结构剖面图

第4章 基坑支护其他新技术简介

4.1 微预应力土钉支护技术

4.1.1 应用背景

在众多的基坑支护方法中，土钉支护具有施工简单、造价低、工期短等优点，施工技术较成熟，在基坑工程中得到广泛应用[65]。复合土钉支护技术较传统的土钉支护技术，可有效地减小基坑的变形[66]。但是两者均存在一些弊端。

传统土钉支护技术中，土钉杆体一般采用横向加强筋焊接连接或采用井字架钢筋焊接连接，无法对土钉杆体施加预应力。另外，土钉是在基坑内土体发生一定变形之后才开始作用，在土质相对较差，或基坑深度较大，或对变形控制要求很严格的情况下，单纯的土钉支护往往难以满足要求[67]，而且《建筑基坑支护技术规程》（JGJ 120—2012）的规定土钉支护技术不能应用于基坑安全等级为一级的基坑[35]，使其工程应用受到一定的限制。

针对土钉支护以上几点不足，作者提出了微预应力土钉支护技术[68]。微预应力土钉支护技术是在传统土钉支护技术基础上，在土钉钉头部位设置锚下承载结构，锚下承载结构可以有效减小钉头作用在面层及侧壁上的压应力，防止在钉头部位发生局部冲切破坏。对土钉施加微预应力，微预应力大小为土钉轴向抗拉承载力标准值的30%左右，微预应力可以在土体一定范围内形成压力场，改善基坑侧壁土体的受力状态，由被动支护变为主动支护或半主动支护，可有效减小土体的变形，使基坑侧壁土体的塑性区重分布，减小土体塑性变形，进而减小基坑位移。

对于传统的土钉支护，国内外虽然对其原理、设计和工法都进行了大量研究，但是普遍存在实践超前于理论研究的情况[69]。目前国内外对土钉支护进行稳定性研究，根据其理论的不同，大致分为两大类[70]：极限法[71-73]和数值模拟方法[74-76]。本章拟采用数值模拟方法，使用有限差分软件FLAC3D对微预应力土钉支护技术支护的深基坑进行稳定性分析，计算深基坑的变形和安全系数。

4.1.2 基本构造

微预应力土钉支护结构（图4.1）由固定在基坑侧壁钻孔中的土钉，基坑侧壁的表面铺设钢筋网喷射混凝土构成的挡土面层，土钉钉头下方和钢筋网之间安装的钉下承载结构组成。土钉的杆体由钢筋或空心钢管制成。钉下承载结构包括设置在钢筋网上的两根并列的槽钢、放置在两根并列的槽钢中间上面的垫板。两根并列的槽钢之间连接有钢筋。垫板中部带有连接孔,土钉钉头穿过垫板的连接孔,土钉钉头为螺杆并配有螺母。

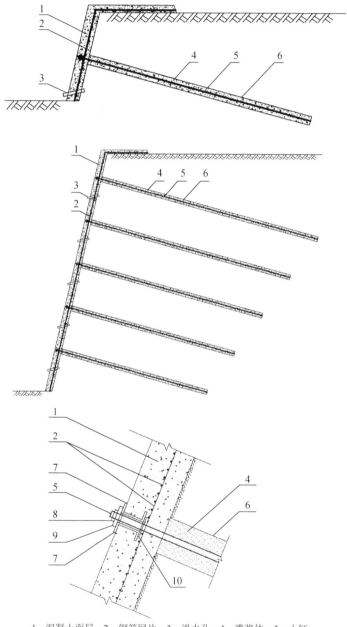

1—混凝土面层;2—钢筋网片;3—泄水孔;4—灌浆体;5—土钉;
6—钻孔;7—槽钢;8—螺母;9—垫板;10—下翼缘连接钢筋。

图 4.1　微预应力土钉支护结构

微预应力土钉的钉下承载结构之间的槽钢,在水平方向通长连接,或者断开在水平方向或垂直方向单独安装。尽量是所述钉下承载结构在同一层土钉标高处的水平设置的槽钢,水平方向通长连接。尽量两根并列的槽钢下翼缘之间连接钢筋和上翼缘之间也连接有钢筋,使槽钢之间形成稳固的整体。在每根槽钢翼缘之间设置加劲肋,防止槽钢翼缘悬空端较大的变形,进一步增加稳定性。两根并列的槽钢翼缘内喷满混凝土,使其与挡土面层的混凝土凝固连为一体,更能很好地将预应力土钉的稳固力有效地、连续均匀传递至挡土面层和基坑侧壁,并能保障基坑的整体稳定有效。

微预应力土钉施加有其轴向拉力标准值为 20%~30% 的微预应力,并由螺母将土钉锁定在钉下承载结构上。混凝土面层的下端安装泄水孔。

土钉可以呈矩形排列或梅花状交叉排列。

4.1.3　施工方法

基坑土钉支护方法,首先从地面向下开挖 1~2m 基坑,在基坑侧壁土面斜向下钻孔;在孔中放入土钉,然后向孔中灌浆;在基坑侧壁的表面铺设钢筋网片,钢筋网片之间连接构成钢筋网,钢筋网与基坑侧壁保持 30~50mm 的距离;喷射混凝土至覆盖面层钢筋网,在土钉钉头下方安装钉下承载结构,钉下承载结构包含两根并列的槽钢、放置在两根并列的槽钢中间上面的垫板,两根并列的槽钢之间用钢筋连接为整体,垫板中部带有连接孔,土钉钉头穿过垫板的连接孔,土钉钉头为螺杆并配有螺母,钉下承载结构之间的槽钢水平通长方向可以连接或断开单独安装;当钻孔中的灌浆达到设计强度 75% 以上后,对土钉施加预应力,并用螺母将土钉锁定在钉下承载结构;喷射混凝土面层至设计厚度;重复上述过程,直至基坑底部。尽量在每根槽钢翼缘之间设置加劲肋,防止槽钢翼缘悬空端较大的变形,进一步增加稳定性。土钉可以由杆体及钉头焊接构成,杆体由钢筋或空心钢管制成,钉头由螺栓及螺母制成。这样更方便对土钉进行微预应力张拉,张拉后用螺母将土钉锁定在钉下承载结构上。

4.1.4　力学行为分析

1. 计算方法和计算参数

这里拟使用 FLAC3D 软件对两种支护技术支护的深基坑进行数值模拟,以北京市西部某综合楼进行分析,工程西侧为宽 6m 的马路,南侧为办公用房,东侧及北侧为居民区与宿舍楼,地处北京较繁华地段。结合现场实际情况决定在基坑东侧采用微预应力土钉支护结构。考虑边界对模型的影响,算例中取 15m 宽度土钉墙,底面取向下 30m 为界,模型中划分 50 400 个单元和 57 233 个节点(表 4.1)。顶面为自由面,底面边界类型为固定支座,约束竖直方向变形,周围四面采用可动滚轴支座边界，约束侧向变形。

表 4.1　土层计算参数

土层名称	厚度/m	容重/（kN/m³）	黏聚力/kPa	内摩擦角/（°）	体积模量/Pa	剪切模量/Pa
素填土	2	20	10	12	12 700	4700
杂填土	1	20	5	18	12 700	4700
粉土	3	19.7	24	25	22 500	10 385
粉质黏土	3	19.9	30	15	25 000	11 539
粉土	1.5	19.9	25	23	25 000	11 539
细砂	3.5	20	0	30	52 083	29 762
中砂	4.5	20	0	32	58 333	33 333
砾砂	25	20	0	38	67 308	42 339

基坑开挖深度为 10m，土钉成孔直径 D=150mm，土钉自上而下设置 7 层，长度分别为 12m、11m、10m、9m、8m、7m 和 6m，土钉杆体选用 ϕ25 三级螺纹钢筋，倾角为水平向下倾斜 20°，使用 42.5 号普通硅酸盐水泥素浆，土钉水平间距和垂直间距均取 1.5m，上下交错排列，基坑侧壁设置 ϕ8 钢筋绑扎成 200mm 方格形网片，并有 C20 喷射混凝土，厚度为 100mm。基坑开挖与支护步骤共为 7 次，第一层开挖深度为 1m，其余每层开挖深度为 1.5m。图 4.2 为开挖完成后的网格和土钉布置图。

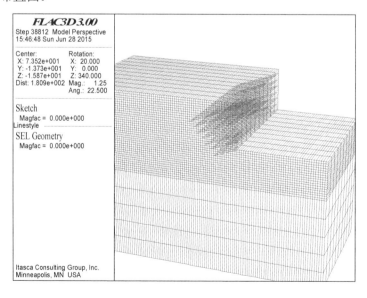

图 4.2　网格和土钉布置图

为研究不施加预应力与施加不同预应力值的土钉支护对基坑变形和安全系数

的影响，这里根据微预应力土钉的预应力值大小，分为多种情况进行模拟，在其他条件都不变的情况下，分别计算不加预应力的土钉（T=0kN），施加土钉抗拉承载力标准值 20%预应力（T=30kN），施加约 30%预应力（T=44kN），施加约 40%预应力（T=59kN），施加约 50%预应力（T=74kN）等情况下的基坑变形和安全系数。

2. 基坑位移分析

基坑水平位移的分布如图 4.3 所示，基坑水平位移沿深度呈曲线分布，最大位移出现在基坑顶面，随深度的增加逐渐减小，但是在深度为 5m 附近位移增大，是由于该深度土层参数小于其上下土层。最大水平位移为 25.8mm，出现在不加预应力，即 T=0kN 的情况下。

基坑地表沉降分布如图 4.4 所示，基坑地表沉降沿地表水平方向呈曲线分布，基坑侧壁处最大，沿远离基坑侧壁方向逐渐减小。几种情况中，水平位移和地表沉降是相互对应的，水平位移大的情况下，地表沉降也大，地表沉降最大值为13.7mm，出现在 T=0kN 的情况中。

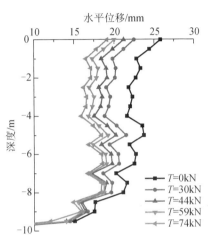

图 4.3　水平位移分布

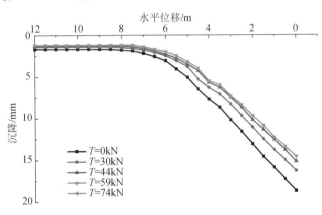

图 4.4　地表沉降分布

综上所述，由图 4.3 和图 4.4 可发现，使用传统土钉支护时基坑的位移值较大，当使用微预应力土钉支护时，位移值明显变小。当施加土钉抗拉强度设计值 20%的预应力即预应力值为 T=30kN 时，位移值较传统方法有相当明显的变小，当预应力加大到约 30%，即 T=44kN 时，位移值仍有较大程度的变小，当预应力加到

40%和 50%时，位移仍然变小，但变小的幅度不大，可见施加较大预应力时对位移的变化影响不显著。

3. 基坑滑动场分析

基坑剪切应变增量如图 4.5 所示，随着土钉预应力的增加，潜在滑动面上的剪切应变减小，滑动区变小，当预应力为 T=44kN（约 30%抗拉承载力标准值）时，滑动区明显变小，只在基坑底隅处有小范围存在。可见对土钉施加预应力之后，基坑侧壁位移和地表沉降都有所减小，约束基坑侧壁土体的滑动，减小了岩土体的剪切变形，也减小了潜在滑动面上土体的剪切变形，延缓土体塑性区的产生，缩小潜在滑动面的范围。

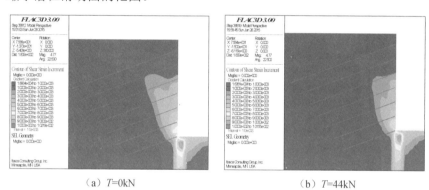

（a）T=0kN （b）T=44kN

图 4.5 剪切应变增量

4.2 微预应力土钉与低预应力锚杆复合土钉支护技术

4.2.1 应用背景

在基坑、边坡和地下工程的加固与支护技术中，土钉支护技术应用极其广泛，但由于土钉支护基坑存在变形大的严重问题，其工程应用受到一定的限制。为了解决土钉支护基坑变形大的工程问题，实际工程中多采用预应力锚杆与土钉相结合的施工措施，通过对锚杆施加预应力来控制基坑变形，设计时按土钉与锚杆协同受力共同保证基坑的整体安全，但由此产生了以下新的四大致命缺陷：

1）传统土钉多采用将钉头与加强连接筋焊接或在钉头下焊接井字架钢筋，因此无法对土钉施加预应力，土钉只能被动受力，由此导致基坑地表竖向沉降和水平变形都很大，容易导致基坑周边管网或建筑物开裂。

2）当钉头与面层钢筋网连接处较薄弱，土钉受力过大时，钉头容易在喷射混凝土面层中发生"刺穿"破坏，导致土钉承载力失效。

3）土钉和锚杆联合支护时，一般在锚头部安装一槽钢，将其腹板紧贴面层混凝土，并在对应锚头处的腹板位置开孔以便锚杆能穿过槽钢进行预应力张拉和锁定。一方面，由于所安装槽钢刚度较小，容易发生屈曲破坏；另一方面，锚杆受力一般较大，槽钢腹板较薄，极易在腹板钻孔处产生冲切破坏而拉穿腹板，直接导致锚杆锚固力失效，继而发生基坑坍塌事故。

4）土钉属于被动支护技术，即只有基坑发生变形，土钉才开始被动受力发挥作用。而预应力锚杆属于主动支护技术，即对锚杆施加预应力后，能在基坑侧壁下一定范围土体内产生压应力区，使土体处于主动受压状态，基坑侧壁变形大大减小。由于土钉需要基坑产生变形才能发挥作用，而预应力锚杆的目的在于减小甚至消除基坑变形，土钉和预应力锚杆的受力不协调，两者的承载力不能同时得到充分发挥。这将导致预应力锚杆先受力失效破坏，随后土钉由于无法单独支撑基坑稳定继而失效破坏。

4.2.2　基本构造

作为一种基坑复合土钉支护结构——微预应力土钉与低预应力锚杆，有固定在基坑壁孔中的土钉，固定在基坑壁孔中的锚杆，在基坑侧壁的表面铺设钢筋网喷射混凝土构成的挡土面层；土钉在一层中为间隔设置，锚杆在另一层中为间隔设置；在土钉钉头下方和钢筋网之间安装有钉下承载结构，钉下承载结构包括设置在钢筋网上的两根并列的槽钢、放置在两根并列的槽钢中间上面的垫板，将两根并列槽钢连为整体的连接钢筋，垫板中部带有的连接孔；土钉钉头穿过垫板的连接孔，土钉钉头为螺杆并配有螺母；在锚头下方和钢筋网之间安装有锚下承载结构，锚下承载结构包括设置在钢筋网上的两根并列的槽钢，放置在两根并列的槽钢中间上面的垫板，将两根并列的槽钢连接为整体的水平缀板，每根槽钢翼缘之间设置的加劲肋，置于垫板上的斜垫板，斜垫板、垫板中部带有连接孔；锚头穿过斜垫板、垫板的连接孔，锚头为螺杆并配有螺母。

优选每层土钉在同一层按一定间距设置，每层锚杆在同一层按一定间距设置，土钉、锚杆在竖向按层交错布置。优选土钉，施加大小为其轴向拉力标准值20%～30%的微预应力，并由螺母将土钉锁定在钉下承载结构上；锚杆施加有锚杆轴向拉力标准值50%的低预应力，并用螺母将锚杆锁定在锚下承载结构上，形成微预应力土钉支护结构与低预应力锚杆支护结构分层分布，如图4.6所示能很好地实现锚杆和土钉协同工作，同步共同发挥各自承载力，保证基坑的整体稳定与安全。

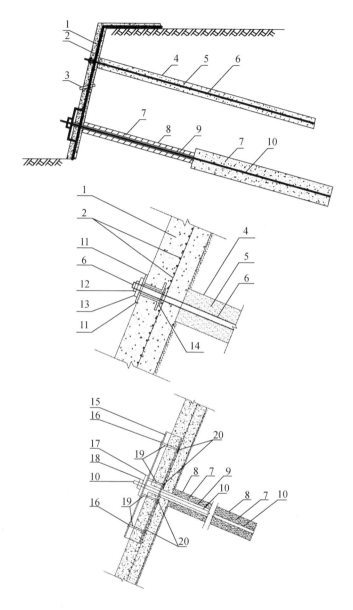

图 4.6　复合土钉支护结构

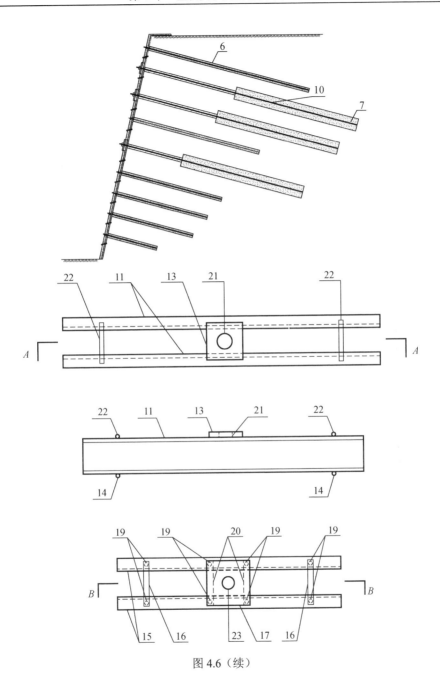

图 4.6（续）

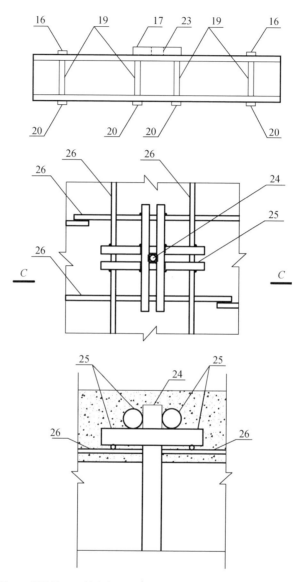

1—混凝土面层；2—钢筋网；3—泄水孔；4—土钉钻孔；5—土钉灌浆体；6—土钉；7—锚杆灌浆体；
8—锚杆钻孔；9—锚杆自由段套管；10—锚杆；11—钉下承载结构槽钢；12—螺母；13—钉下承载结构垫板；
14—钉下承载结构下翼缘连接钢筋；15—钉下承载结构槽钢；16—锚下承载结构槽钢上翼缘缀板；
17—锚下承载结构垫板；18—锚具或螺母；19—加劲肋；20—锚下承载结构槽钢下翼缘缀板；
21—钉下承载结构垫板孔；22—钉下承载结构上翼缘连接钢筋；23—锚下承载结构垫板孔；24—土钉；
25—井字型钢筋架；26—钢筋网片。

图 4.6（续）

4.2.3　施工方法

低预应力锚杆与微预应力土钉支护结构的施工过程分为土钉支护施工和锚杆支护施工两个过程。

1）土钉支护施工过程：基坑向下开挖 1～2m，采用钻孔机朝迎土面斜向下钻孔；在钻孔中放入土钉，然后向钻孔中灌浆；在基坑侧壁的表面铺设面层钢筋网片；喷射混凝土至覆盖面层钢筋网；在土钉钉头处安装钉下承载结构，当钻孔中的灌浆达到设计强度 75%以上后，对土钉施加大小为其轴向拉力标准值 20%～30%的微预应力，并用螺母锁定；喷射混凝土面层形成挡土面层，完成一层土钉支护。

2）锚杆支护施工过程：基坑向下开挖 2～3m，采用钻孔机朝迎土面斜向下钻孔；在孔中放入锚杆，然后向孔中灌浆；在基坑侧壁的表面铺设面层钢筋网；喷射混凝土至覆盖面层钢筋网，在锚杆锚头处安装锚下承载结构，当钻孔中的灌浆达到设计强度 75%以上后，对锚杆施加其轴向拉力标准值 50%的低预应力，并用螺母锁定；喷射混凝土面层形成挡土面层，完成一层锚杆支护。

重复上述土钉支护施工过程或锚杆支护施工过程，直至基坑底部，完成整个基坑支护施工。具体可以包括以下步骤。

1）从地面向下开挖 1～2m。

2）朝迎土面斜向下用机械钻孔，孔径为 100～150mm。

3）在孔中放入土钉，并将其对中，然后向孔中灌浆。根据岩土体的参数情况，注浆可采用常压注浆或压力注浆。

4）在基坑侧壁表面水平和垂直方向铺设钢筋网，并将其与基坑侧壁保持 30～50mm 的距离。

5）喷射混凝土至覆盖面层钢筋网，在土钉钉头部位安装钉下承载结构，保证土钉钉头伸出钉下承载结构的长度满足预应力张拉施工要求。

6）采用机械扳手或液压千斤顶对土钉施加微预应力，并用螺母锁定。

7）在基坑侧壁上喷射混凝土形成挡土面层，完成一层土钉支护施工。

8）重复步骤 1）向下开挖施工过程，直至锚杆施工标高。

9）朝迎土面斜向下用机械钻孔，孔径为 100～150mm。

10）在锚杆自由段包裹塑料自由段套管，并按 1～2m 安装定位支架后放入钻孔，然后向钻孔中灌浆；根据岩土体的参数情况，注浆可采用常压注浆或压力注浆。

11）重复步骤 4）。

12）喷射混凝土至覆盖面层钢筋网，在锚头部安装锚下承载结构，保证锚头部伸出锚下承载结构的长度满足预应力张拉施工要求。

13）采用液压千斤顶对锚杆施加低预应力，并用螺母或卡具锁定。

14）重复步骤 7）。

15）重复步骤 1）～7）土钉施工过程或步骤 9）～14）锚杆施工过程，直至基底，完成整个基坑支护施工。

4.3　半刚性半柔性支护方法

4.3.1　应用背景

近年来，我国城市建设发展迅速，高层建筑越来越多，深基坑工程的数量也逐年上升，深基坑的规模、深度和施工难度也越来越高。特别是在旧城区中，深基坑邻近旧建筑或古建筑的情况，基坑开挖将对老旧建筑产生非常严重的影响，如下沉、开裂、甚至倒塌等。

目前深基坑支护方法有刚性支护方法和柔性支护方法。刚性支护方法是指由护壁桩或连续墙与锚索或内支撑联合支护的形式，因支护基坑侧壁的护壁桩或连续墙刚度大，从而形成了刚性支护。刚性支护方法可用于地质条件较差的深基坑，具有强度高、刚度大、支护稳定性好等优点，但施工时需要大型机械、噪声大、使用大量泥浆，对周边环境污染较大，施工时产生的震动对周边老旧建筑或古建筑等有不良影响，且需要大量钢筋和混凝土，存在工程造价高及施工工期长等严重缺陷。

基坑柔性支护方法，包括预应力锚杆支护、土钉支护及复合土钉支护，由锚索、锚杆或土钉与喷射混凝土面层组成的支护形式，其支护基坑侧壁的喷射混凝土面层刚度小，而形成柔性支护。柔性支护方法具有造价低、工期短、施工方便等优点，但是支护基坑的深度不大。根据《建筑基坑支护技术规程》（JGJ 120—2012），基坑周围有特别邻近建筑物时，不应使用锚杆支护，且土钉支护不适用于安全等级为一级的基坑。另外，基坑柔性支护方法不能较好地控制基坑变形，其支护的深基坑变形量相对较大，基坑附近沉降较大，周边若有老旧建筑物或古建筑，可能使其因不均匀沉降产生裂缝，甚至倒塌。

本节采用的是由劲性桩、喷射混凝土、锚杆及腰梁形成的联合支护方法。支护基坑侧壁的劲性桩与喷射混凝土其两者形成支护结构的刚度介于上述刚性支护与柔性支护之间，其刚度比传统护壁桩或连续墙小，比喷射混凝土刚度大，因此称为半刚性半柔性支护。

4.3.2　基本构造

深基坑半刚性半柔性支护结构，包括劲性桩、锚杆支护结构和喷射混凝土面层，劲性桩包括工字钢和工字钢灌浆，锚杆支护结构包括锚杆和腰梁，腰梁固定在劲性桩上,由地面向基坑底按一定距离水平布置,将劲性桩和锚杆连接成一体,使劲性桩和锚杆协同工作,共同发挥支护作用,使整体成为半刚性半柔性支护结构,如图4.7所示。

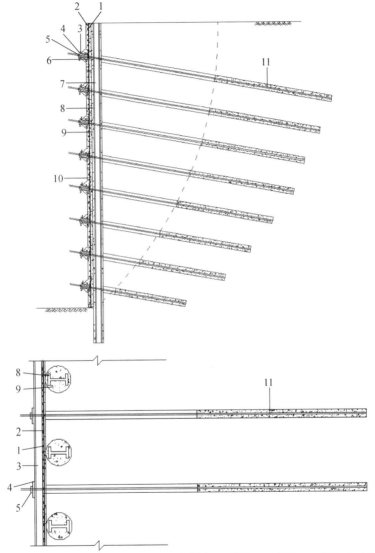

1—钢筋网片;2—喷射混凝土面层;3—腰梁;4—钢垫板;5—锚具;6—缀板;7—螺杆;8—工具螺母;
9—长螺母;10—泄水孔;11—锚杆。

图 4.7　半刚性半柔性支护结构

劲性桩沿基坑边缘排列,间距为 0.8～1.5m,锚杆采用梅花状排列或矩形排列,锚杆之间的水平间距和垂直间距均为 1.5～2.0m。按此种方法布置，可使各支护结构共同作用，均匀分摊承载力，结合刚性支护和柔性支护的优点，达到预计的支护效果，对周边老旧建筑物影响较小。

腰梁包括横向延伸的两根相对设置的槽钢，缀板将两根槽钢连接为整体，每根槽钢翼缘之间设置的加劲肋。腰梁翼缘间喷满混凝土，与锚杆支护结构中的喷射混凝土凝固连为一体，这样使锚杆的锚固力有效、连续均匀地传递至喷射混凝土面层和基坑侧壁，并能保障基坑的整体稳定有效。

4.3.3　施工方法

施工方法包括以下内容。

1）劲性桩施工过程：在坑边按预设劲性桩的位置钻劲性桩孔，孔径为 150～350mm，劲性桩孔深至少为基坑深度与 3 倍劲性桩直径的和，保证整体稳定性和满足坑底隆起稳定性。孔中放入工字钢，工字钢翼缘面向基坑，然后向孔中灌浆，灌浆可以为水泥砂浆或细石混凝土，灌浆工艺宜采用二次压力注浆，形成劲性桩。

2）锚杆施工过程：从地面向下挖 1.5～3.0m，朝迎土面斜向下钻锚杆孔，锚杆孔孔径为 100～150mm，在孔中放入锚杆的杆体，锚杆的杆体可用钢绞线或钢筋，分为自由段和锚固段，锚杆自由段部分缠塑料布或套塑料套管，使锚杆的杆体与水泥砂浆分离。然后向孔中灌浆，向基坑侧壁喷射混凝土至二分之一设计厚度时，在基坑侧壁安放钢筋网片，将腰梁固定在劲性桩上，将锚杆固定在腰梁上。在基坑侧壁上喷射混凝土至设计厚度，并将腰梁翼缘间喷满喷射混凝土形成喷射混凝土面层。喷射混凝土面层的厚度为 100～150mm，强度为 C25～C30，按 2.0m×2.0m 的间距安装泄水孔。待锚杆孔中灌浆强度和喷射混凝土强度达到设计强度的80%时，对锚杆施加预应力，完成第一层锚杆的施工。重复上述锚杆施工过程，直至基底。

将锚杆通过钢垫板和锚具固定在腰梁上。劲性桩和锚杆按 4.3.2 节方法布置。按 2.0m×2.0m 的间距安装泄水孔。

第二篇　边　坡　锚　固

第 5 章　边坡锚固技术

　　边坡稳定性分析是岩土工程中的重要课题，在道路工程、水利工程和矿山中具有广泛的应用背景和实际意义。随着国家西部大开发战略的实施，公共设施与基础设施建设蓬勃兴起，公路、铁路等交通设施的建设，水利工程、港口工程及城市建设中都会遇到大量的边坡工程问题。

　　我国目前正处于经济建设高速发展的时期。自然滑坡、崩塌、泥石流及人类活动引起的不稳定边坡灾害对我国经济建设和人民生命财产带来巨大损失，因此边坡工程在各类工程建设中的地位十分重要。云南漫湾水电站大坝坝肩开挖建设过程中坝基下游滑坡、二滩水库的金龙山滑坡，李家峡的坝前滑坡等重大滑坡事故都造成了极大的影响。边坡失稳造成巨大损失。我国十分重视对滑坡的研究及防治工作，已取得了显著的成绩，边坡稳定性分析问题是其中的一个热点问题。

　　边坡稳定性分析是判断边坡是否失稳、是否需要加固及采取何种防护措施的主要依据，因此它是边坡工程中最基本最重要的问题，也是边坡工程设计与施工中最难和最迫切需要解决的问题之一。但是边坡地形地质条件复杂、岩土体力学性质不确定和周边环境模糊多变等因素影响，要想准确地判断边坡的稳定性实非易事。计算过程的人为假设和简化、边坡地下水分布和运动规律研究不够深入、参数选取带有较大的经验性及对边坡破坏机理认识不足等因素，常导致计算分析结果与实际情况有一定的偏差，从而出现计算稳定安全系数大于 1 的边坡却发生了滑坡，而计算安全系数小于 1 的边坡反而呈稳定状态的现象，这是不合理的。因此合理地分析边坡稳定性，并在此基础上采取经济可靠的防护措施是一项具有重要理论和实践应用价值的研究工作。

　　我国现在正处于基础建设高峰期，水利水电、交通道路、矿山等工程经常遇到岩质边坡问题。岩质边坡比土质边坡更难解决，如果没有提前做好预防措施，一旦产生滑坡，轻则延误工期、费用增加，重则导致人身伤亡。1980 年湖北盐池河磷矿的地下开挖导致边坡突然滑坡，埋没了村庄，多人丧生。1989 年漫湾水电站开挖过程中，高度为 100m 的岩质边坡滑坡，导致电站推迟一年发电，直接经济损失超过亿元[77]。

　　在岩质边坡的支护治理措施中，锚杆支护作为有效、安全、经济的方法得到广泛应用。可以说，基本上大型的岩质边坡工程都使用了锚杆支护技术。我国部分大型工程使用锚杆量的统计，如表 5.1 所示。

表 5.1　我国部分大型工程使用锚杆量统计

工程名称	预应力/kN	总锚固力/kN	锚杆长度/m	锚杆根数/根
十三陵水电站上池边坡	1000	29 000	20	29
漫湾水电站左岸边坡	1000	1 505 000	不详	1505
	1600	32 000	不详	20
	3000	1 902 000	不详	634
天生桥二级厂房边坡	1200	295 200	32~27	246
隔河岩厂房边坡	1898	410 184	40	216
二滩水电站尾水渠边坡	3000	287 000	26~48	87
	2000			13
三峡永久船闸高边坡	1000	不详	25~50	226
	3000			1887
小浪底水利枢纽出口边坡	2000	446 000	20~50	223
	3000	330 000	30~55	110
长江链子崖边坡	3000	160 000	20~50	50
	2000	96 000		60
	1000	100 000		100

5.1　边坡稳定性分析方法

5.1.1　工程类比法

　　工程类比法实质上就是利用已有的自然边坡或人工边坡的稳定性状况及其影响因素、有关设计等方面的经验,并把这些经验应用到类似的所要研究边坡的稳定性分析和设计中去的一种方法。它需要对已有的边坡和目前的研究对象进行广泛的调查分析,全面研究工程地质因素等的相似性和差异性,分析影响边坡变形破坏的各主导因素及发展阶段的相似性和差异性,分析它们可能的变形破坏机制、方式等的相似性和差异性,兼顾工程的等级、类别等特殊要求。通过这些分析,类比分析和判断研究对象的稳定性状况、发展趋势、加固处理设计等。在工程实践中,既可以进行自然边坡间的类比,也可以进行人工边坡之间的类比,还可以在自然边坡和人工边坡之间进行类比。因而,工程类比法是目前应用最广泛的一种边坡稳定性分析方法。

　　进行工程类比有个重要的条件是需要收集大量相关的工程实例。我国由中国水利水电科学研究院和原电力部中南勘测设计研究院共同完成的"水利水电边坡工程数据库",收集了 152 个边坡资料。在数据库中,各个边坡实例的发育地点、地质特征、变形破坏影响因素、加固设计，以及边坡的坡形、坡高、坡角等按照一定的格式收录进来，并有机地组织在一起。建立边坡工程数据库的目的主要是进行工程类比、信息交流，它可以直接根据不同设计阶段的要求和相关的类比依据，方便快捷地从库中查得相似程度最高的实例进行类比，从而更好地指导实践、节约费用[77]。

5.1.2　边坡质量指标

岩体质量能够综合反映岩体中各种主要特征参数对岩体稳定性的影响效果，有助于我们认识岩体的固有特性，分析岩体工程的稳定性，为工程设计提供重要信息。利用边坡质量等级（slpoe mass rating，SMR）来评价边坡岩体质量的稳定性，方便快捷，且能够综合反映各种因素对边坡稳定性的影响。但人们在应用的过程中也发现了该方法的一些不足，如它没能考虑边坡坡高等因素，对大型的岩质边坡的整体稳定性的状况还不能够做出有效的分析，各个参数的具体取值过程中，还会带有很大的经验性，常会因人而异。孙东亚等[78]在岩石力学边坡稳定分析理论背景下，对 RMR-SMR 体系进行了修正，探讨边坡的安全系数与坡高之间的关系，提出了引入高度修正的建议方法，并通过引入结构面条件系数对原结构面修正值进行了适当的调整。最后通过 34 个边坡工程的实例分析对建议方法进行了验证。

5.1.3　极限平衡分析法

1.　极限平衡分析法的发展概况

1776 年，法国工程师库仑提出了计算挡土墙土压力的方法，标志着土力学雏形的产生。1857 年，朗肯在假设墙后土体各点处于极限平衡状态的基础上，建立了计算主动和被动土压力的方法。库仑和朗肯在分析土压力时采用的方法后来推广到地基承载力和边坡稳定分析中，形成了一个体系，这就是极限平衡分析法[79]。

极限平衡分析法是边坡稳定分析领域中最古老，也是目前工程应用较多的一种方法，它以 Mohr-Coulomb 强度准则为基础，将边坡滑动体划分成若干垂直土条，建立作用在这些垂直土条上的力的平衡方程，求解安全系数，通常称为条分法。极限平衡分析法的基本特点是，只考虑静力平衡条件和土的 Mohr-Coulomb 强度准则，也就是说通过分析土体在破坏那一刻力的平衡来求得问题的解。当然在大多数情况下问题是静不定的，极限平衡分析法处理这个问题的对策是引入一些简化假定，使问题变得静定可解。这种处理使方法的严密性受到了损害，但是对计算结果的精度损害并不大，由此而带来的好处是使分析计算工作大为简化，因而在工程中获得广泛应用。

极限平衡分析法根据满足平衡条件的不同可以分为非严格条分法和严格条分

法。满足力平衡或者力矩平衡条件之一称为非严格条分法，两者同时都满足则称为严格条分法。

在极限平衡分析法理论体系形成的过程中，不少学者提出了各种不同的假定条件，出现过一系列的简化计算方法。Fellenius[80]于 1927 年提出了边坡稳定分析的圆弧滑动分析方法，即瑞典圆弧法。该法假定滑动面为圆弧形，在计算安全系数时不考虑条块间的作用力，简单地将条块重量向滑动面法向方向分解来求得法向力，然后建立整体力矩平衡方程，求出安全系数。同时，滑动面是圆弧，因此法向力通过圆心，对圆心取矩时不出现，使计算工作大大简化。瑞典圆弧法尽管做了不合理假设，计算出的安全系数也偏低，但它计算简单，在没有计算机的年代，这是一个实用的方法。Bishop[81]于 1955 年对传统的瑞典圆弧法做了重要改进，他提出了安全系数的定义，通过假定土条间的作用力为水平方向，求出土条底的法向力。简化 Bishop 法被认为是最标准的圆弧计算法，已被纳入各国规范。瑞典圆弧法和简化 Bishop 法都是通过力矩平衡来确定安全系数，力的平衡得不到满足，因而不是严格的极限平衡分析法。

在实际工程中滑动面有相当大一部分并非圆弧形。由于瑞典圆弧法和简化 Bishop 法是建立在力矩平衡基础上，而对于非圆弧滑动面，求矩中心的确定是任意的。此时，一些学者试图通过力平衡而不是力矩平衡条件来求解安全系数。这样就出现了适用于非圆弧滑动面的滑楔法，即将滑体自然分成若干楔块，建立力平衡方程，但计算出来的安全系数很大程度上依赖于对条块间作用力的假定。根据条间侧向力方向的不同产生了陆军工程师团法、Lowe-Karafiath 法、简化 Janbu 法、剩余推力法[82]。陆军工程师团法假定条块间推力倾角等于平均坝坡坡度，Lowe 和 Karafiath 建议条间力倾角为土条顶部和底部倾角的平均值，Janbu 假定土条间的作用力为水平。这些方法由于不满足力矩平衡，也不是严格的极限平衡分析法，虽简单实用，但精度比较差。我国工程界广泛采用的剩余推力法（又称不平衡推力传递法）假定条间力倾角等于土条底部倾角，虽然只计算力的平衡，但计算精度相对较高。剩余推力法的相对精确性是由于它所采用的条间力假设在通常情况下（无震动荷载或外载）能自动满足力矩平衡。

随着计算机的出现和普及，计算手段和计算方法都得到了快速的发展。一些研究者致力于建立同时满足力和力矩平衡的要求、对滑动面形状不做假定的严格分析方法。研究表明，对于任意形状的滑动面，只有严格满足平衡条件的条分法（即严格条分法）才能给出最合理的安全系数。Morgenstern 和 Price[83]于 1965 年假定条间力方向斜率为各种可能的函数，建立力和力矩平衡微分方程，通过 Newton-Raphson 迭代法求解安全系数。Spencer 法[84]是 Morgenstern-Price 法的一个特例，它假定条间力倾角为常数，不断变化它以达到力和力矩同时平衡。在很多情况下，采用该法所得的安全系数从工程角度来看已足够精确。我国学者陈祖煜教授[85]对 Morgenstern-Price 法做了改进，完整地推导了静力平衡微分方程的闭合解，对边界上土条侧向力做出了限制，提出了一个求解安全系数合理解的最大、最小值的方法。Janbu[86]在其简化法的基础上，提出了同时满足力和力矩平衡的"通用条分法"，这一方法区别于其他方法的一个重要方面是通过假定土条间侧向力的作用点而不是作用方向来求解安全系数。Janbu 建议土条侧向力作用点位置为土条高度的 1/3，已知条间力的位置，可以求出相应的条间力方向，这样 Janbu 法和 Morgenstern-Price 法在物理本质上是一致的，只是两者假设前提不一样。但是 Janbu 法在实际应用时，不少学者发现该法存在严重的收敛困难。陈祖煜在研究中发现，Janbu 法收敛性差的原因在于对土条侧向力作用点位置的假定被定位在绝对值而不是相对值上面。硬性规定土条侧向力的某一参数的绝对值，使迭代过程失去灵活调整的能力，从而导致收敛困难。Fredlund[87]曾提出一种边坡通用的条分法，其他各种方法都可以看成它的特例，Fredlund 分析了待定常数 λ 与力平衡的安全系数及力矩平衡的安全系数的关系，简洁明了地给出了不同计算方法的安全系数之间的关系。

　　另一个比较有特点的通用条分法是 Sarma 法[88]，它对土条侧向力大小的分布函数作假定，并引入临界加速度系数，在此基础上建立力和力矩平衡。Sarma 法的优点是将求解安全系数的非线性方程迭代步骤从二维减少到一维，缺点是对分布函数的假定缺乏直观的力学背景。

　　在过去的半个多世纪，极限平衡分析法逐步从一种经验性的简化方法发展成为一个具有完整的理论体系的、成熟的分析方法。表 5.2 总结了典型极限平衡分析法的条间力假设及主要特征。

表 5.2　典型极限平衡分析法的条间力假设及主要特征

极限平衡分析法	对多余变量的简化假定	主要特征
瑞典圆弧法	假定条块间无任何作用力	圆弧滑动面；满足力矩平衡
简化 Bishop 法	假定条块间只有水平作用力	圆弧滑动面；满足力矩平衡
简化 Janbu 法	假定土条间只有水平作用力	任意形状滑动面；满足力矩平衡
陆军工程师团法	假定条间力倾角等于平均坝坡坡度	任意形状滑动面；满足力平衡
Lowe-Karafiath 法	假定条间力倾角为土条顶部和底部倾角的平均值	任意形状滑动面；满足力平衡
不平衡推力法	假定了条间合力的方向	任意形状滑动面；满足力平衡
严密 Janbu 法	假定条间作用力的位置（在土条高度 1/3 处，各土条则形成作用线）	任意形状滑动面；满足力矩平衡；满足力平衡
Spencer 法	假定条块间水平与垂直作用力之比为常数	任意形状滑动面；满足力矩平衡；满足力平衡
Morgenstern-Price 法	条间切向力和法向力之比与水平方向坐标之间存在某一函数关系 $X/E = \lambda f(x)$	任意形状滑动面；满足力矩平衡；满足力平衡

极限平衡分析法	对多余变量的简化假定	主要特征
GLE 法	条间切向力和法向力之比与水平方向坐标之间存在某一函数关系 $X/E=\lambda f(x)$	任意形状滑动面；满足力矩平衡；满足力平衡
Sarma 法	对土条侧向力大小的分布函数作假定，引入临界加速度系数	任意形状滑动面；满足力矩平衡；满足力平衡

各种极限平衡分析法的区别在于对于条间力的假设不同，从本质上来讲并没有太大的区别。如果满足所有的平衡条件，各种不同的方法由于假设的不同对安全系数的影响不太显著；但对于那些仅仅满足力的平衡而不是力矩平衡的方法，条间力假设的不同会对安全系数产生较大的影响。

Duncan 和 Chang[89]对各种传统的边坡稳定分析极限平衡分析法的计算精度和适用范围做了以下论述。

1）各种边坡稳定分析的图表，在边坡几何形状、容重、强度指标和孔压确定的情况下可得出有用结果，其主要局限性在于使用这些图表需对上述条件做简化处理。使用图表法的主要优点是可以快速求得安全系数，通常可先使用这些图表进行初步核算，再使用计算程序进行详细核算。

2）瑞典圆弧法在平缓边坡和高孔隙水压情况下进行有效应力法分析时是非常不准确的。该法的安全系数在"$\phi=0$"分析中是完全精确的，对于圆弧滑动面的总应力法可得出基本正确的结果。此法的数值分析不存在问题。

3）简化 Bishop 法在所有情况下都是精确的（除了遇到数值分析困难情况外），其局限性表现在仅仅适用于圆弧滑动面及有时会遇到数值分析的问题。如果使用简化 Bishop 法计算获得的安全系数反而比瑞典圆弧法小，那么可以认为简化 Bishop 法中存在数值分析问题。基于这个原因，一个较好的选择是同时计算瑞典圆弧法和简化 Bishop 法，比较其结果。

4）仅仅使用力的平衡的方法计算的安全系数对所假定的条间力方向极为敏感，条间力假定不合适将导致安全系数严重偏离正确值。

5）满足全部平衡条件的方法（如 Janbu 法、Morgenstern-Price 法和 Spencer 法）在任何情况下都是精确的（除非遇到数值分析问题）。这些方法计算的成果相互误差不超过 12%，相对于一般认为是正确的答案的误差不会超过 6%，所有这些方法也都有数值分析问题。

2. 极限平衡分析法的理论框架

极限平衡分析法是工程实践中应用最早，也是目前最普遍使用的一种定量分析方法，已有多个种类，如瑞典圆弧法、Bishop 法、Jaubu 法、Morgenstern-Prince

法、不平衡推力法、Sarma 法、楔体分析法等。其中，Sarma 法既可用于滑动面呈圆弧形的滑体，又可用于滑动面呈一般折线形滑动面的滑体极限平衡分析；楔体分析法则主要用于岩质边坡中由不连续面切割的各种形状楔形体的极限平衡分析。近年来，人们已经把这些方法程序化，有的还把有限元方法引入到极限平衡分析法中，先通过有限元方法计算出可能滑动面上各点的应力，然后再利用极限平衡原理计算滑动面上的点安全系数及沿整个滑动面滑动破坏的安全系数。与其他方法相比，极限平衡分析法的缺点是在力学上做了一些简化假设。该方法抓住了问题的主要方面，且简易直观，并有多年的实用经验，若使用得当，将得到比较满意的结果。

现有的稳定分析软件一般包含多种分析方法，了解这些方法的理论基础，对于进行稳定计算和边坡设计是必要的。各种极限平衡分析法现在可以统一到通用的理论体系[90]。

（1）理论框架

垂直条分法假定边坡内存在一潜在的滑裂面。在这一滑裂面上，处处达到了极限平衡状态。将这一滑动土体分成具有垂直边界的条块，如图 5.1 所示的作用于垂直土条上的力，可以发现，在这个土条上，存在着 4 个未知量，即作用于土条底面的法向力 N'，作用于土条侧面的总作用力 G，它的倾角 β 及该力作用于侧面上的位置 y_t。但对这个土条块可建立的平衡方程只有 3 个，即两个静力平衡方程和一个力矩平衡方程。因此，需要对其中某一未知函数做出适当的假定，在相应的边界条件下求解安全系数 F。通常，我们对土条侧面作用力的 $G(x)$ 的倾角 β 做以下假定，如图 5.2 所示。

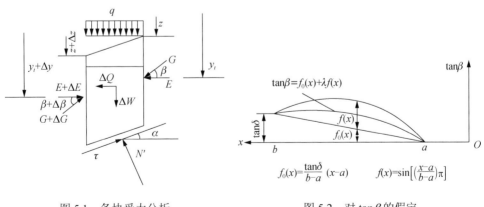

图 5.1　条块受力分析　　　　图 5.2　对 $\tan\beta$ 的假定

$$\tan\beta = f_0(x) + \lambda f(x) \tag{5.1}$$

式中，$f_0(x)$——一线性函数，它保证 $f_0(a)$ 和 $f_0(b)$ 的数值分别等于 $\tan\beta$ 在 $x = a$ 和 $x = b$ 的设定数值。$f(x)$ 为保证 $f(a)$ 和 $f(b)$ 为 0 的任意函数。在实际应用中，经常两种假定，第一种假定取 $f_0(x) = 0$，$f(x) = 1$，即为 Spencer 法。第二种假定取 $f(x)$ 为正弦曲线，如图 5.2 所示。

引入假定的函数后，可以通过下节介绍的方法，解得安全系数 F（或土压力 P）和 λ 这两个未知量。

引入假定的函数 $f_0(x)$ 和 $f(x)$ 可以是多种多样的，因此安全系数 F 的解答也不是唯一的。垂直条分法理论体系要求，所有的这些解答都要接受以下的合理性条件的限制：

1）满足 Mohr-Coulomb 强度准则

$$\tau - (N\tan\varphi + c) \leqslant 0 \tag{5.2}$$

即

$$\tau \leqslant (N\tan\varphi + c) \tag{5.3}$$

2）在一般的岩土材料中，不容许出现拉应力的限制条件，即

$$\frac{E'\tan\varphi'_{\text{av}} + c'_{\text{av}}h}{X} > F \tag{5.4}$$

$$N > 0 \tag{5.5}$$

$$E' > 0 \tag{5.6}$$

式中，E'、X——作用于侧面的有效作用力和切向力；

　　　　φ'_{av}、c'_{av}——侧面上的平均有效抗剪强度指标；

　　　　h——土条高度；

　　　　N——作用于条块底部的法向作用力。

（2）垂直条分法的静力平衡方程及其解

对图 5.1 所示条块，建立 xy 方向的静力平衡方程，可得

$$\cos(\varphi'_{\text{e}} - \alpha + \beta)\frac{\mathrm{d}G}{\mathrm{d}x} - \sin(\varphi'_{\text{e}} - \alpha + \beta)\frac{\mathrm{d}\beta}{\mathrm{d}x}G = -p(x) \tag{5.7}$$

$$p(x) = \left(\frac{\mathrm{d}W}{\mathrm{d}x} + q\right)\sin(\varphi'_{\text{e}} - \alpha) - r_{\text{u}}\frac{\mathrm{d}W}{\mathrm{d}x}\sec\alpha\sin\varphi'_{\text{e}}$$

$$+ c'_{\text{e}}\sec\alpha\cos\varphi'_{\text{e}} - \eta\frac{\mathrm{d}W}{\mathrm{d}x}\cos(\varphi'_{\text{e}} - \alpha) \tag{5.8}$$

式中，G——土条间作用力；

　　　　α——土条底倾角，（°）；

　　　　β——G 与水平线的夹角，（°）；

　　　　$\mathrm{d}W/\mathrm{d}x$——土条单位宽的重量；

r_u——孔隙水压力系数；

q——单位宽度上表面垂直荷重；

c_e'——土体有效凝聚力，kPa；

φ_e'——土的有效内摩擦角，（°）；

η——水平地震力系数。

对条块底部中点建立力矩平衡方程，可得

$$G\sin\beta = -y\frac{\mathrm{d}}{\mathrm{d}x}\left(G\cos\beta\right) + \frac{\mathrm{d}}{\mathrm{d}x}\left(y_t G\cos\beta\right) + \eta\frac{\mathrm{d}W}{\mathrm{d}x}h_t \tag{5.9}$$

式中，h_t——水平地震力作用点与条底的距离；

y_t——G 作用点的 y 坐标值。

微分方程组的边界条件如下：$G(a) = P_w$，$G(b) = P$，$h_{PH} = \kappa(b)$，$\beta(a) = 0$，$\beta(b) = \delta$，$\kappa(a) = h_w / H_w = 1/3$。其中，$P_w$ 为顶端拉力缝（$x = a$）上作用的水压力，即 $G(a)$；P 为 $x = b$ 处的条间作用力 $G(b)$，在土压力问题中，也就是待求的主动土压力；h 为土压力的作用点到土条底的距离，即在 $x = b$ 时的（$y - yt$）值；δ 为墙和土接触面作用力的倾角，即 $x = b$ 时的 β 值。

根据上述边界条件（图 5.3），可获得边坡稳定垂直条分法的力和力矩平衡方程式的积分形式，分别为

$$\int_a^b p(x)\, s(x)\mathrm{d}x = G_m \tag{5.10}$$

$$\int_a^b p(x)\, s(x)t(x)\mathrm{d}x = M_m \tag{5.11}$$

$$s(x) = \sec(\varphi_e' - \alpha + \beta)\exp\left[-\int_a^x \tan(\varphi_e' - \alpha + \beta)\frac{\mathrm{d}\beta}{\mathrm{d}\xi}\mathrm{d}\xi\right] \tag{5.12}$$

$$G = P_w - PE_b \tag{5.13}$$

$$E_b = \exp\left[-\int_a^b \tan(\varphi_e' - \alpha + \beta)\frac{\mathrm{d}\beta}{\mathrm{d}\xi}\mathrm{d}\xi\right] \tag{5.14}$$

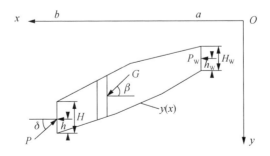

图 5.3　边坡剖面图

$$t(x) = \int_a^x (\sin\beta - \cos\beta\tan\alpha)\exp\left[-\int_a^\xi \tan(\varphi_e' - \alpha + \beta)\frac{\mathrm{d}\beta}{\mathrm{d}\xi}\mathrm{d}\xi\right] \qquad (5.15)$$

$$M_m = P_w h_w - P[h\cos\delta + t(b)E_b] + \int_a^b \eta\frac{\mathrm{d}W}{\mathrm{d}x}h_t\mathrm{d}x \qquad (5.16)$$

求解安全系数时，主动土压力 P 为零，因而简化为

$$G_n(F,\lambda) = \int_a^b p(x)\,s(x)\mathrm{d}x - P_w = 0 \qquad (5.17)$$

$$M_m(F,\lambda) = \int_a^b p(x)\,s(x)\mathrm{d}x - P_w h_w - \int_a^b \eta\frac{\mathrm{d}W}{\mathrm{d}x}h_t\mathrm{d}x = 0 \qquad (5.18)$$

不平衡推力法在我国的边坡工程中有广泛的应用。2004 年郑颖人等[91]在将不平衡推力法与其他方法的对比分析中发现在某些情况下其误差非常大，如果不加限制地使用该方法，可能会给工程带来巨大的隐患。时卫民和郑颖人[92]针对该方法存在的问题，通过理论分析和算例比较，认为折线形滑动面的计算精度与滑动面控制点处滑动面倾角的变化密切相关，通过控制该变化角度可以控制其精度，工程中建议将滑动面控制点处的倾角变化小于 10° 作为该方法的使用条件，超过该限制应对滑动面进行处理使它满足使用条件或采取其他的分析方法。

2005 年陈胜宏和万娜[93]基于剩余推力法提出了一种边坡稳定分析的三维方法。该法可用于计算具有任意形状滑动面的边坡在复杂荷载作用下三维稳定安全系数。首先将边坡用铅直面离散为柱条，然后采用剩余推力法的原理，基于 Mohr-Coulomb 强度准则，根据条柱的静力平衡条件，并考虑条柱间作用力的影响，推导出边坡稳定系数。算例验证了该方法的有效性和可行性。

在岩质边坡的失稳模式中楔形破坏占有重要位置。用极限平衡原理求解楔形体的稳定问题是静不定的，还需要引入两个假定方能使问题变得静定可解。目前广泛使用的方法是假定两个滑动面上切向力的方向均与棱线方向平行。潘家铮[94]曾对这一假定提出了质疑，指出滑坡发生时滑动面上的反力应发生调整以发挥最大的抗力，并由此提出了潘家铮最大最小原理。陈祖煜[95]提出一个可以容纳滑动面上切向力不同方向的楔体稳定分析的广义解，并且证明当楔体滑动时与滑动面夹角为内摩擦角，即采用他提出的上限解时，安全系数确实可达到极大值。

张旭辉等[96]在分析边坡稳定影响因素的基础上，提出了判别边坡稳定影响因素敏感性的正交分析法。以正交矩阵设计来安排因素水平组合，同时采用合理的计算模型对各种组合的边坡稳定安全系数进行计算机电算，然后采用极差分析和趋势分析对因素敏感性进行评价。结合 10m 高土坡分析实例，讨论了正交分析法的有效性。

3. 极限平衡分析法存在的问题

极限平衡分析法概念清晰，容易被工程人员理解和掌握，能直接给出反映边坡稳定的安全系数值及潜在滑动面形状和位置，因此一直以来在工程界被广泛运用，但是也存在一些缺陷。首先，采用极限平衡分析法计算边坡安全系数时，需事先假定滑动面的位置和形状，然后通过试算找到最小安全系数和最危险滑动面，这给计算精度和效率带来了一定影响，尽管不少专家和学者致力于这方面的研究，并取得了很多有益的成果，但并不能从根本上克服以上不足。另外，极限平衡分析法将滑坡体视为刚体，没有考虑土体的应力应变关系，不能考虑边坡岩土体的变形及开挖、填筑等施工活动对边坡的影响，因而其适用范围受到一定限制。极限平衡分析法主要用于边坡稳定性分析，在其他稳定性课题如土压力和地基承载力计算中应用较少，而且精度很低。但由于极限平衡分析法历史悠久，在工程应用中积累了丰富的经验，已被证明是分析边坡稳定相对比较可靠的方法，目前它仍是边坡稳定分析中最常用的方法之一。

5.1.4　极限分析法

极限分析方法将土体看成服从流动法则的理想塑性材料，基于这种理想土体材料性质，当外力达到某一定值时，可在外力不变的情况下发生塑性流动，此时边坡岩土体处于极限状态，所受的荷载为极限荷载。边坡岩土体的极限状态是介于静力平衡与塑性流动的临界状态，极限状态的特征如下：应力场是静力许可的；应变率场（或速度场）是机动许可的。静力许可的应力场应满足区域上的平衡条件、Mohr-Coulomb 强度准则及力边界条件；机动许可的应变率场（或速度场）应满足几何条件及速度边界条件。只有同时满足静力许可的应力场和机动许可的应变率场（或速度场）的解答才是真实解。但是由于边坡岩土材料的不连续性、各向异性和非线性的本构关系，以及结构在破坏时呈现的剪胀、软化、大变形等特性，使求解边坡稳定问题变得十分困难和复杂。在工程实践中寻找能基本反映边坡岩土体特性的简化方法，始终是人们长期探索的一条途径[49]。

Drucker[97]、Chen 和 Chameau[98]证明了两种塑性极限理论，即上限理论及下限理论。对于上限理论，如果一系列外部荷载作用在滑动面上，而且外力在位移增量上所做的功等于内部应力所做的功，那么这时的外荷载不小于真实屈服荷载。这说明外荷载不一定必须要与内部应力平衡，并且滑动面也不必就是真实的滑动面。通过考察不同的滑动面就可以找到最小的上限解，即所有与运动许可的速度场对应的荷载中，满足外功率等于边坡在塑性变形中的能量耗散的荷载最小。

下限定理表明了如果能找到与应力边界上的外荷载平衡的整个土体内均等分布的应力，并且在土体内处处服从材料的 Mohr-Coulomb 强度准则，那么这个外荷载不大于真实的外荷载。通过检验不同许可应力状态，就可以找到最大的下限解，即在所有与静力许可应力场相对应的荷载中，满足屈服条件的荷载为最大。

20 世纪 70 年代，潘家铮[94]提出了滑坡极限分析的两条基本原理——极大和极小值原理，即边坡如有可能沿许多滑动面滑动，则失稳时它将沿抵抗力最小的那一个滑动面破坏（极小值原理）；滑坡体的滑动面确定后，则滑动面上的反力及滑坡体内的内力皆能自行调整，以发挥最大的抗滑能力（极大值原理）。孙君实[99]在此基础上建立和发展起一种新型的稳定分析理论一模糊极值理论，提出了滑动机构的概念，将给定滑动机构的耗散功能定理模糊化，再将合理性要求模糊化为滑体内力状态的三项模糊状态条件，构造了模糊函数和模糊约束条件，可以求出安全系数的最小模糊集。

随着近年来计算技术软、硬件的飞速发展，上下限理论得到了较好的应用。有些学者将有限单元法与极限分析法相结合，这代表了在严格塑性理论基础上利用数值方法求解复杂稳定问题的上、下限解的一种趋势。Sloan 和 Kleeman[100]在这方面进行了卓有成效的工作。其基本思路是：利用有限单元法将岩土结构物离散，建立运动许可速度场和静力许可应力场，在满足屈服条件、流动法则、边界条件、平衡条件或虚功方程的前提下，建立目标函数，借助线性或非线性数学规划方法得到极限荷载的严格上限解和下限解。值得注意的是，结合极限分析法的有限单元法和传统的位移有限单元法不同，每一个节点仅属于唯一的一个单元。虽然相邻单元的部分节点可能具有相同的坐标，但是它仍属于不同的单元。这种方法在计算机计算能力飞速发展的条件下是可以实现的，但是由于问题归结为一个具有极大数目自由度的线性规划问题，将这一理论体系变成一个方便、实用的方法，还有很多工作要做。

王均星等[101]在 Sloan 提出的有限元塑性极限分析上限法的基础上，对速度不连续面上的约束条件加以改进，基于虚功率原理和有限元等效节点荷载的思想，建立以超载系数（极限荷载）和强度储备系数（安全系数）为目标函数的线性规划模型，借助线性规划求解边坡稳定问题。

由于岩土材料不适应关联流动法则，王敬林和陈瑜瑶[102]在极限分析理论的基础上，提出了基于非关联流动法则的广义塑性理论的极限分析上限法，编制了有限元分析程序，并引入线性规划法寻求问题的最小上界数值解。通过和经典解析解的比较可知，该方法是一种合理有效的方法。

Donald 和 Chen[103]、陈祖煜[104]从变形协调出发，建立运动许可速度场，根据外力功和内能耗散相平衡的原理确定安全系数，这种方法也称为能量法，实质上是将上限方法与传统的极限平衡分析法结合起来，应用条分法的计算模式与最优化计算手段，来求解边坡稳定性分析的上限解。同时，陈祖煜通过研究得出垂直条分法得到边坡稳定的下限解，斜条分法得到边坡稳定的上限解，真实解就在上、下限解之间。因此可以看出，工程常用的 Bishop 法、Morgenstern-Price 法等总是提供一个偏安全的解。

5.1.5　有限元法

进入 20 世纪 70 年代后，随着计算机和有限元分析方法的产生和发展，采用理论体系更为严密的应力应变分析方法分析土工建筑物的变形和稳定性已变得可能。自 1966 年美国 Clough 和 Woodward 首先用有限元法分析土坝以来，有限元法在岩土工程中的应用发展迅速，并取得了巨大进展。从近几十年的实际应用情况来看，有限元方法也存在自身的局限，主要是在确定边坡的初始应力状态、把握边坡邻近破坏时的弹塑性本构关系以及保证非线性数值分析的稳定性等方面遇到一些困难。

与传统的极限平衡分析法相比，采用有限元法进行边坡稳定分析的优势可以归纳如下。

1）可以对具有复杂的地貌、地质的边坡进行稳定性分析。

2）可以得到极限状态下的破坏形式，确定潜在滑动面的大致位置，因而不需要事先假定破坏面的形状或位置，同时可以通过有限元计算直接得到安全系数，这对于指导施工设计是很重要的。

3）由于有限元法引入变形协调的本构关系，也不必引入假定条件，可以得到不同工作状态下土体的真实受力状态，全面了解应力、变形的分布状况，使方法保持了严密的理论体系。

4）可以了解土体随强度的恶化而呈现出的渐进失稳过程，了解土体的薄弱部位，从而指导加固设计。

5）可以考虑不同的施工工序对土体稳定最终安全度的影响，天然边坡，开挖边坡、填筑边坡的安全系数往往是不同的，一次开挖和分级开挖也会不一样。

6）可以考虑影响土体稳定的某些更为复杂的因素，如模拟降雨过程、水位降低、地震等对边坡稳定的影响。

7）可以考虑土体与支挡或锚固结构的共同作用和协调变形。

8）可以及时地吸收土力学和计算力学发展的最新成果，如考虑应力路径、各向异性、应力轴旋转、土体结构性、土体渐进性破坏对土体稳定的影响。

1996 年，Duncan 对 20 世纪 80 年代以前有限元方法在边坡和堤坝稳定分析中的应用研究进行了详细的归类总结，这些属于早期传统的有限元边坡稳定分析方法[95]。早期传统的方法是对边坡做有限元分析，对计算范围内各单元或积分点的应力进行强度判别，凡其应力状态达到拉破坏或剪破坏判别标准的部位称为破坏区，根据破坏区的分布位置和范围的大小可以对边坡的稳定性做出评价，为边坡的治理、施工方法提供依据。传统方法的不足之处是它只给出了各个部位的强度校验结果，而不能给出反映工程整体稳定性的安全系数，是一种定性的方法。

随着计算机软硬件及非线性弹塑性有限元计算技术的发展，有限元边坡稳定分析方法逐渐发展成为以下两种类型：一类是将极限平衡原理与有限元计算结果相结合，本章称为基于滑动面应力分析的有限元法，简称滑动面应力分析法；另一类是直接方法，即有限元强度折减法。

1. 基于滑动面应力分析的有限元法

该方法以有限元应力分析为基础，按潜在滑动面上土体整体或局部的应力条件，应用不同的优化方法确定最危险滑动面。这种方法直接从极限平衡分析法演变而来，物理意义明确，滑动面上的应力更加真实，符合实际，可以得到确定的最危险滑动面，易于推广和工程应用。最危险滑动面分为圆弧滑动面和非圆弧滑动面（任意形状滑动面）两种。

（1）圆弧滑动面

Naylor[106]定义圆弧滑动面上的安全系数为整个滑动面上阻滑力的和与滑动力的和的比，按照条分法对滑动面分段，得到滑动面上的计算点，滑动面上点的应力由该点所处的单元有限元计算应力插值得到。用滑动面和有限元网格的交点对圆弧分段，计算这些线段可抗滑力，同时对一个单元内的线段上应力的插值进行了优化。Fredlund 和 Scoular[107]将这种方法应用于 Geo-slope 软件中。

Kim 和 Lee[108]用滑弧和单元的交点对滑弧分段，在应力插值时对一个单元内弧段上的应力进行了优化。

殷宗泽和吕擎峰[109]假定滑动面为圆弧状，有限元网格由一组同心圆作为纬线，一组竖向线为经线构成，避免了滑动面上的应力由于内插引起的误差。

圆弧滑动面的最小安全系数及其潜在危险滑动面的确定比较简单，有很多优化的数值方法可以应用，但对复杂土层必须避免陷入局部极小值。

（2）非圆弧滑动面

与圆弧滑动面比较，非圆弧滑动面及其安全系数的搜索比较复杂，是一个多自由度的约束优化问题。

Giam 和 Donald[110]提出了一种由有限元计算得到的应力场确定临界滑动面及最小安全系数的模式搜索方法，称为 CRISS 法。

Kim 和 Lee[111]采用 BFGS 方法搜索临界滑动面，根据有限元的计算结果选择一个初始滑动面，然后将初始滑动面分为 n 段（开始 n 可以很小以减少自由度），用非线性规划的单点定向移动法寻找新的滑动面；用每个线段的中点，将新的滑动面分为 $2n$ 段，重新寻优，直到滑动面光滑为止；选择新的初始滑动面重新开始，直到找到最小安全系数及其对应滑动面。

Yamagami 和 Ueta[112]较早地根据非线性有限元方法计算出应力场，按动态规划方法搜索成层土坡内的临界滑动面，动态规划法中的阶段和状态点与应力分析所采用的单元网格相同，但为了求得土体表面处单元节点间可能存在的滑动面起始点和终止点，在实际土坡范围外设置虚拟计算单元；Zhou[113]、Pham 和 Fredlund[114]在有限元分析结果基础上，通过另设阶段和状态点而不利用已有单元网格，运用动态规划法对临界滑动面进行搜索并计算相应的最小安全系数，得出了比较理想的结果；史恒通[115]在采用 Duncan-Chang 模型按总应力法对土坡进行变形与稳定性分析过程中，采用了类似的动态规划搜索过程[71]，针对多种复杂土坡情况，史恒通将按动态规划法的搜索结果与二分法搜索结果做了对比分析，证明了动态规划法有较好的适用性而二分法有较大的误差；邵龙潭等[116, 117]提出了一种以滑动面节点纵坐标为搜索变量的确定最危险潜在滑动面的方法；王成华等[118, 119]引入了遗传算法等人工智能方法来搜索临界滑动面。

2. 有限元强度折减法

有限元强度折减法最早由 Zienkiewice 等[120]于 1975 年提出，只是由于当时需要花费大量的机时而在具体应用中受到限制，并没有受到重视。随着计算机技术的发展，该方法成为有限元边坡稳定分析研究的热点。

有限元强度折减法是将强度折减概念、极限平衡原理与弹塑性有限元计算原理相结合，首先对于某一给定的强度折减系数，通过逐级加载的弹塑性有限元数值计算确定边坡内的应力场、应变场或位移场，并且对应力、应变或位移的某些分布特征以及有限元计算过程中的某些数学特征进行分析，不断增大折减系数，直至根据对这些特征的分析结果表明边坡已经发生失稳破坏，将此时的折减系数定义为边坡的稳定安全系数。

许多学者在这方面做了大量的工作。Ugai[121]假定土体为理想的弹塑性材料，采用强度折减有限元法对直立边坡、倾斜边坡、非均质边坡及存在孔隙水压力的复杂边坡的稳定性进行了较为系统的研究，指出弹塑性有限元强度折减法具有较强的适应性。Matsui 等[122]将 Duncan-Chang 双曲线非线性有限元法与强度折减技术相结合，采用剪应变作为边坡破坏评判指标，对人工填筑边坡和开挖边坡分别进行了稳定性分析，指出填筑边坡应采用总剪应变而开挖边坡应采用局部剪应变增量作为失稳破坏标准，并与极限平衡分析法进行了对比研究。Ugai 等[123]将强度折减技术引入弹塑性有限元法中进行边坡的三维稳定性分析，并与极限平衡分析法的计算结果进行了较全面的比较研究，尽管二者的理论基础、实现手段完全不同，但弹塑性有限元强度折减法仍可以得出与极限平衡分析法近乎一致的效果，从而间接说明了有限元强度折减法是可信的。宋二祥[124]采用有限元强度折减法对边坡的稳定性进行分析，并以边坡中某一部位的位移作为收敛指标，这是国内关于有限元强度折减法应用于边坡稳定性分析的较早记载。Griffiths 等[125]假定土体为 Mohr-Coulomb 材料，采用弹塑性有限元强度折减法全面分析了多个边坡的稳定性，绘制了随着土体强度的降低边坡土体单元网格的变形图及边坡土体单元中应力的变化发展情况。Dawson 等[126]将强度折减技术引入 FLAC 中进行堤坝边坡的稳定性分析。Manzari 等[127]采用有限元强度折减法，开展了土的剪胀性对边坡稳定性的研究。连镇营等[128, 129]采用基于 Mohr-Coulomb 强度准则的三维弹塑性有限元强度折减法对基坑边坡的变形与稳定性进行了深入的分析和讨论，收敛准则采用广义剪应变，认为当广义剪应变在边坡内贯通时边坡失稳，并用可视化方法表达了广义剪应变在强度折减过程中的发展与贯通状况，根据连镇营等的研究，在边坡坡脚处首先出现广义剪应变区，接着在坡顶距坡面一定距离的位置也出现了广义剪应变区，随着折减系数的增大，两处的广义剪应变区逐渐扩大，直至最后贯通，定义了贯通时的折减系数为边坡的稳定安全系数。栾茂田和武亚军[130]采用塑性应变作为失稳评判指标，根据塑性区的范围及其连通状态确定潜在滑动面及其相应的安全系数。迟世春和关立军[131]运用连续介质显式拉格朗日有限差分法，根据当土坡濒于临界失稳状态时，土坡顶点的水平位移会快速增加这一现象，提出了界定土坡破坏的坡顶位移增量标准，即坡顶位移增量与折减系数增量之比大于某一系数时为土坡破坏。此外，迟世春和关立军[132]还研究了有限元强度折减法分析土坡稳定的适应性，发现邓肯 E-B 模型的适应性较差，土坡内应变发展不均匀，不能形成明显的剪切带，而弹塑性的广义米塞斯模型则形成剪切带，剪切带两侧土体具有明显的相对滑移趋势。孙伟和龚晓南[133]对土坡发生滑动破坏前土体内应变状态的分布规律进行了研究。郑颖人等[134, 135]也开展了采用有限元强度折减法对土质和岩质边坡稳定性的研究，通过有限元强度折减，使边坡达到破坏状态时，滑动面上的位移将产生突变，产生很大的且无限制的塑性流动，有限元程序无法从有限元方程组中找到一个既能满足静力平衡又能满足应力-应变关系和强度准则的解，此时不管是从力的收敛标准，还是从位移的收敛标准来判断有限元计算都不收敛，因此郑颖人等认为采用力和位移的收敛标准作为边坡破坏的判据是合理的。郑颖人等[136]还对有限元强度折减法的计算精度和影响因素进行了详细分析，包括 Mohr-Coulomb 强度准则、流动法则、有限元模型本身及计算参数对安全系数计算精度的影响，并给出了提高计算精度的具体措施。张培文和陈阻煜[137]采用 Mohr-Coulomb 强度准则，推导了考虑材料剪胀性强度准则，并分析了材料遵循同一强度准则的条件下，参数对边坡稳定安全系数的影响及不同的强度准则对边坡稳定性的影响。郑宏等[138]分析了当前弹塑性有限元强度折减法中存在的只对强度参数折减的问题，提出了应同时考虑力学参数的影响并给出了相应的调整措施。

有限元强度折减法在边坡岩土体的稳定性分析中最早（1967 年）得到应用，也是目前最广泛使用的一种数值分析方法。目前，已经开发了多个二维及三维有限元分析程序，可以用来求解弹性、弹塑性、黏弹塑性、黏塑性等问题。有限元法的优点是部分地考虑了边坡岩体的非均质和不连续性，可以给出岩体的应力、应变大小与分布，避免了极限平衡分析法中将滑体视为刚体而过于简化的缺点，能使我们近似地从应力、应变去分析边坡的变形破坏机制，分析最先、最容易发生屈服破坏的部位和需要首先进行加固的部位等。它还不能很好地求解大变形和位移不连续等问题，对于无限域、应力集中问题等的求解还不理想。

黄中木[139]于 2000 年对高边坡锚杆加固机理进行研究时，把岩体看作层状岩体建立等效材料模型，对于锚杆采用隐式锚杆单元的计算模型进行分析。其建立的隐式锚杆弹塑性有限元分析模型，把它离散为隐式杆单元、平面四节点等参元的集合体，把岩体看成横观各向同性体进行分析，假设其为理想弹性体材料不模拟非线性性质，运用有限元的整体法进行分析。用 NDP-FORTRAN 语法编制了计算机程序，探讨隐式锚杆模型、等效材料模型的优越性，重点对加锚层状财体的塑性区发展规律情况、锚杆的约束效应和锚杆周边岩体的弹性力学参数的变化、加固机理等问题进行分析，并给出了相应的结论，从而为工程的设计提供了参考依据。

张季如[140]于 2002 年对大甘坪黏土进行卸荷路径下的三轴试验，确定用于边坡开挖稳定分析的计算参数。对边坡开挖作非线性有限元分析，探讨边坡变形的大小和分布、塑性区的扩展形态、滑移面的形成、发展直至整体破坏的演变过程，以确定合理的滑移面位置。

周翠英等[141]于 2003 年在用有限元法分析边坡稳定性时，引入计算大变形问题的更新的拉格朗日有限差分法，推导了边坡大变形弹塑性有限元分析的方程式。采用边坡某一幅值的等效塑性剪应变区，从坡脚到坡顶贯通前的折减系数作为边坡安全系数。在此基础上，采用弹塑性大变形有限元分析软件计算了均质土坡不同坡角的安全系数，将其与小变形分析的结果进行了对比分析，结果表明：用弹塑性大变形有限元分析边坡失稳破坏的过程中，既考虑了岩土材料的非线性，又考虑了边坡的几何非线性，使计算结果更趋合理。并结合东深供水改造工程 BIII2 边坡进行了大变形有限元分析，计算结果与勘查到的实际边坡的滑动面分布位置比较接近。研究表明：该方法尤其适宜于软土类边坡或基坑的稳定性分析。

赵尚毅等[142]于 2001 年把强度折减理论用于有限元法中，成功地解决了有限元在边坡稳定分析中的应用问题。有限元法不但满足力的平衡条件，而且考虑了材料的应力-应变关系，计算时不需做任何假定，使计算结果更加精确合理，而且可以很直观地得到坡体的实际滑移面。本章结合工程算例，对边坡加锚杆前后的稳定性进行了分析，并与传统的求稳定系数的方法进行了比较，表明有限元法解决边坡问题是可行的。

自适应有限元方法是在原有限元方法的基础上，通过减少前处理工作量，实现对研究对象网格离散的客观控制。在前人建立的一般弹性力学、流体力学、渗流分析等领域的平面自适应分析系统基础上，三峡课题组对水工结构和岩土工程结构进行了弹黏塑性自适应有限元分析理论的研究和软件开发，并形成了实用的二维弹黏塑性自适应有限元分析软件系统，对三峡船闸边坡进行了较好的研究，邓建辉等[143]运用该法对边坡网格加密型的自适应性进行分析，也取得了较好效果。

5.1.6　快速拉格朗日分析法

快速拉格朗日分析（fast Lagrangion analysis of continue，FLAC）采用拉格朗日差分法。拉格朗日分析法在岩土力学中的应用始于美国 ITASCA 公司（Itasca Consulting Group Inc.）开发的 FLAC 程序，该程序主要适用模拟计算地质材料和岩土工程的力学行为，特别是材料达到屈服极限后产生的塑性流动。该软件有效地克服了系统模型内的不安定因素；采用混合离散化法使塑性破坏和塑性流动得到体现；采用显式时间差分解析法，大大提高了运算速度。

拉格朗日差分法源于流体力学，在流体力学中研究质点运动的方法有两种：一种是定点观察法，也称欧拉法；另一种是随机观察法，称为拉格朗日法。欧拉法研究的是流体场内每一固定坐标点处流体的位移、速度和加速度，而拉格朗日法研究的是每个流体质点随时间而变化的状态，即研究某一流体质点在任一段时间内的运动轨迹、速度、压力等。将拉格朗日法移植到固体力学中，需要把研究的区域划分成网络，其结点相当于流体质点，然后按照时步用拉格朗日法来研究网络结点的运动，这种方法就是拉格朗日差分法。它采用按时步的动力松弛进行求解，这与离散元法相同，求解时基于显式差分法，不需形成刚度矩阵，不用求解大型方程组。因此，该方法占用内存少，求解速度快，便于用微机求解较大规模的工程问题[144, 145]。

1. FLAC 的基本工作原理

在 FLAC 程序中材料通过单元和区域表示，根据计算对象的形状构成相应的网格。每个单元在外载和边界约束条件下，按照约定的线性或非线性应力-应变关系产生力学响应。由于 FLAC 程序主要是为岩土工程应用而开发的岩石力学计算程序，程序中包括了反映岩土材料力学效应的特殊计算功能，可计算岩土类材料的高度非线性（包括应变硬化/软化）、不可逆剪切破坏和压密、黏弹（蠕变）、孔隙介质的固-流耦合、热-力耦合及动力学行为等。FLAC 程序设有多种本构模型：各向同性弹性材料模型、横观各向同性弹性材料模型、Mohr-Coulomb 弹塑性模型、空单元模型等，可用来模拟地下洞室的开挖和边坡基坑开挖。程序设有界面单元，可以模拟断层、节理与摩擦边界的滑动、张开和闭合行为。支护结构，如砌衬、锚杆、可缩性支架或板壳等，与围岩的相互作用也可以在 FLAC 中进行模拟。

2. FLAC 的基本公式

（1）有限差分方程

对于平面问题，将具体的计算对象用四边形单元划分成有限差分网格，每个单元可以再划分成两个常应变三角形单元，如图 5.4 所示。三角形单元的有限差分公式用高斯发散量定理的广义形式推导得出

$$\int_s \boldsymbol{n}_i f \mathrm{d}s = \int_A \frac{\partial f}{\partial \boldsymbol{x}_i} \mathrm{d}A \tag{5.19}$$

式中，$\displaystyle\int_s$——在封闭曲面 s 边界周围的积分；

　　　　$\boldsymbol{n}_i$——曲面 s 的单位法向量；

　　　　f——标量、向量或张量；

　　　　$\boldsymbol{x}_i$——坐标向量；

　　　　$\mathrm{d}s$——增量弧长；

　　　　$\displaystyle\int_A$——对表面积 A 的积分。

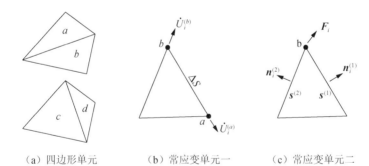

(a) 四边形单元　　　　(b) 常应变单元一　　　　(c) 常应变单元二

图 5.4　四边形单元划分为两个常应变单元

在面积 A 上，定义 f 的梯度平均值为

$$\left\langle \frac{\partial f}{\partial \boldsymbol{x}_i} \right\rangle = \frac{1}{A} \int_A \frac{\partial f}{\partial \boldsymbol{x}_i} \mathrm{d}A \tag{5.20}$$

将式（5.20）代入式（5.19）可得

$$\left\langle \frac{\partial f}{\partial \boldsymbol{x}_i} \right\rangle = \frac{1}{A} \int_s \boldsymbol{n}_i f \mathrm{d}s \tag{5.21}$$

对于一个三角形单元，式（5.21）的有限差分形式可变为

$$\left\langle \frac{\partial f}{\partial x_i} \right\rangle = \frac{1}{A} \sum (f) \boldsymbol{n}_i \Delta s \qquad （5.22）$$

式中，Δs ——三角形一边的长度；

$\sum$ ——表示对三角形的三个边求和；

(f) ——表示取一边的平均值。

（2）运动方程

在连续的固体介质中，运动方程可概括为

$$\rho \frac{\partial \dot{u}_i}{\partial t} = \frac{\partial \sigma_{ij}}{\partial x_i} + \rho g_i \qquad （5.23）$$

式中，ρ ——物体的密度；

$\dot{u}_i$ ——速度向量的分量；

t ——时间；

σ_{ij} ——应力张量的分量；

x_i ——坐标向量的分量；

g_i ——重力加速度的分量。

（3）本构关系

由速度梯度可得到应变率，即

$$\dot{e}_{ij} = \frac{1}{2} \left[\frac{\partial \dot{u}_i}{\partial x_j} + \frac{\partial \dot{u}_j}{\partial x_i} \right] \qquad （5.24）$$

$$\frac{\partial \dot{u}_i}{\partial x_j} \cong \frac{1}{2A} \sum_S (\dot{u}_i^{(a)} + \dot{u}_i^{(b)}) n_j \Delta s \qquad （5.25）$$

式中，$\dot{e}_{ij}$ ——应变率的分量；

$\dot{u}_i^{(a)}$、$\dot{u}_i^{(b)}$ ——三角形边界上两个连续结点的速度分量，若结点间的速度按
照线性变化，上式中的平均值与精确积分是一致的。

根据力学的本构关系，可由应变速率张量获得新的应力张量

$$\sigma_{ij} := M(\sigma_{ij}, \dot{e}_{ij}, k) \qquad （5.26）$$

式中，$M(\cdots)$ ——本构关系的函数形式；

k ——历史参数，依赖于特定的本构关系；

:= ——表示"由……替换"。

一般来说，非线性本构定律以增量的形式出现，因为应力和应变之间的对应
关系并非唯一。当已知单元旧的应力张量和应变速率时，可通过式（5.26）确定
新的应力张量。例如，最简单的本构定律——各向同性线弹性本构关系如下：

$$\sigma_{ij} := \sigma_{ij} + \left\{ \delta_{ij} \left(K - \frac{2}{3}G \right) \dot{e}_{kk} + 2G\dot{e}_{ij} \right\} \Delta t \qquad (5.27)$$

式中，δ_{ij}——Kronecker（克罗内克）符号；

Δt——时步。

在一个时步内，单元的有限移动（转动）对单元的应力张量有一定的影响。对于固定的参照系，此转动使得应力张量有如下的变化：

$$\sigma_{ij} := \sigma_{ij} + (\varpi_{ik}\sigma_{kj} - \sigma_{ik}\varpi_{kj})\Delta t \qquad (5.28)$$

$$\varpi_{ij} = \frac{1}{2}\left(\frac{\partial \dot{u}_i}{\partial x_j} - \frac{\partial \dot{u}_j}{\partial x_i} \right) \qquad (5.29)$$

在基坑开挖大变形计算过程中，先通过式（5.10）进行应力校正，然后利用式（5.9）或本构定律式（5.8）计算当前时步的应力张量。

计算出单元应力后，可以确定作用到每个结点上的等价力。在每个三角形子单元中的应力如同在三角形边上的作用力，每个作用力等价于作用在相应边端点上的两个相等的力。每个角点受到两个力的作用，分别来自各相邻的边，如图 5.4 所示。由此可得

$$F_i = \frac{1}{2}\sigma_{ij}(n_i^{(1)}s^{(1)} + n_i^{(2)}s^{(2)}) \qquad (5.30)$$

由于每个四边形单元有两组两个三角形，在每组中对每个角点处相遇的三角形结点力求和，然后将来自这两组的力进行平均，得到作用在该四边形结点上的力。

在每个结点处，对所有围绕该结点四边形的力求和 $\sum F_i$，得到作用于该结点的纯粹结点力矢量，该矢量包括所有施加的载荷作用及重力引起的体力 $F_i^{(g)}$ 为

$$F_i^{(g)} = m_g g_i \qquad (5.31)$$

式中，m_g——聚在结点处的重力质量，定义为联结该结点的所有三角形质量和的三分之一。

如果四边形区域不存在（如空单元），则忽略对 $\sum F_i$ 的作用；如果物体处于平衡状态，或处于稳定的流动（如塑性流动）状态，在该结点处的 $\sum F_i$ 将视为零；否则，根据牛顿定律的有限差分形式，该结点将被加速，即

$$\dot{u}_i^{(t+\Delta t)} = \dot{u}_i^{(t-\Delta t/2)} + \sum F_i^{(t)}\frac{\Delta t}{m} \qquad (5.32)$$

式中，上标均表示确定相应变量的时刻。

对于大变形问题，将式（2.14）再次积分，可确定出新的结点坐标为

$$\dot{x}_i^{(t+\Delta t)} = \dot{x}_i^{(t)} + \dot{u}_i^{(t+\Delta t/2)}\Delta t \qquad (5.33)$$

（4）显示的时程方案

图 5.5 是显式有限差分计算流程图。计算过程首先调用运动方程，由初始应力和边界力计算出新的速度和位移；然后由速度计算出应变率，进而获得新的应力或应变；每个循环为一个时步，图 5.5 中的每个图框是通过那些固定的已知值，对所有单元和结点变量进行计算更新。

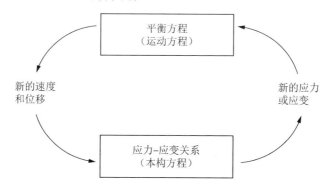

图 5.5　有限差分法计算流程图

例如，从已计算出的一组速度，计算出每个单元的新的应力。该组速度被假设为冻结在框图中，即新计算出的应力不影响这些速度。这样做似乎不尽合理，因为如果应力发生某些变化，将对相邻单元产生影响并使它们的速度发生改变。然而，如果选取的时步非常小，乃至在此时步间隔内实际信息不能从一个单元传递到另一个单元（事实上，所有材料都有传播信息的某种最大速度）。因为每个循环只占一个时步，对冻结速度的假设得到验证，即相邻单元在计算过程中的确互不影响。当然，经过几个循环后，扰动可能传播到若干单元，正如现实中产生的传播一样。

显式算法的核心概念是计算波速总是超前于实际波速。所以，在计算过程中的方程总是处在已知值为固定的状态。这样，尽管本构关系具有高度非线性，显式有限差分法在单元应变计算应力过程中无须迭代过程，这比通常用于有限元程序中的隐式算法有着明显的优越性，因为隐式有限元在一个解算步中，单元的变量信息彼此沟通，在获得相对平衡状态前，需要若干迭代循环。显式算法的缺点是时步很小，这就意味着要有大量的时步。因此，对于病态系统——高度非线性问题、大变形、物理不稳定等，显式算法是最好的。在模拟线性、小变形问题时，效率不高。

由于显式有限差分法无须形成总体刚度矩阵，可在每个时步通过更新结点坐标的方式，将位移增量加到结点坐标上，以材料网格的移动和变形模拟大变形。这种处理方式称为拉格朗日算法，即在每步计算过程中，本构方程仍是小变形理论模式，但在经过许多步计算后，网格移动和变形结果等价于大变形模式。

3. FLAC 的使用步骤

拉格朗日分析法（FLAC）的基本特点与求解思想，可概括为以下几个主要方面：①连续介质离散为拉格朗日元网格，介质质量集中于单元节点，连续介质转化为多质点体系。②质点体系在质点不平衡力作用下运动，首先基于牛顿运动定律确定质点加速度，基于对时间的差分确定质点运动速度、位移，进而确定单元应变与应力，而质点不平衡力是作用于质点上的外荷载和单元应力、单元体力产生的等效节点力的合力。③体系的平衡状态通过质点运动达到，在平衡状态下，所有质点的不平衡力为零，质点不再运动。在具体问题中，最大不平衡力一般很少为零，根据需要的精度，一般当平衡比率达到 1%或 0.1%时，就可以认为模型达到平衡状态了。④体系在运动过程中加入充分的阻尼，使质点振动逐渐衰减，并最终停留在平衡位置。

与现有的数值方法相比，FLAC 具有以下几方面的优点：①求解过程中，采用迭代法求解，不需要存储较大的刚度矩阵，大大地节省了内存；②采用混合离散化技术，可以更为准确和有效地模拟计算材料的塑性破坏和塑性流动；③采用显示差分求解，大大地节约了时间，提高了解决问题的速度；④采用全动力学方程，可以很好地分析和计算物理非稳定过程；⑤可以比较接近实际地模拟岩土工程中的施工过程，在计算过程中可以根据施工过程对计算模型和参数取值等进行实时的调整，达到对施工过程进行实时的仿真目的。

在使用 FLAC 程序进行分析计算时，可分为如下几个步骤：①生成网格；②输入材料模型；③施加边界条件与初始条件；④求解；⑤变更模型并求解；⑥结果分析。

黄润秋等将 FLAC 用于边坡稳定性分析中，取得较好效果。该法适用于求解非线性大变形，但节点的位移连续，本质上仍属于求解连续介质范畴的方法。该方法较有限元方法能更好地考虑岩土体的不连续性和大变形特征，求解速度较快。其缺点是同有限元方法一样，计算边界、单元网格的划分带有很大的随意性。

2004 年迟世春运用连续介质显式拉格朗日有限差分方法，通过逐步折减土体的抗剪强度，来分析土坡稳定的安全系数。实例计算表明，强度折减系数达到某一数值时，土坡顶点的水平位移会快速增加。根据这一现象，迟世春提出了界定土坡破坏的坡顶位移增量标准。即坡顶位移增量与折减系数增量之比大于安全系数 sc 为土坡破坏，并建议了 sc 的取值。这样可避免强度采用折减方法分析土坡稳定时，以不收敛等模糊概念作为土坡破坏状态的判别标准，具有物理意义明确、客观具体、便于数值计算等特点。与瑞典圆弧法、简化 Bishop 法及 Spencer 法比较，这些方法的潜在滑动面形状相似、位置十分接近，说明本章方法及破坏状态的判别标准是合适的。本章中对剪胀角的影响进行了讨论，得到不考虑剪胀性的关联流动法则会高估土坡稳定安全系数的结论。

5.1.7　可靠性分析法

影响岩质边坡工程稳定性的诸多因素常常都具有一定的随机性，它们多是具有一定概率分布的随机变量。20 世纪 70 年代中后期，加拿大能源与矿业中心和美国亚利桑那大学等开始把概率统计理论引用到边坡岩体的稳定性分析中来。该方法的原理是先通过现场调查，获得影响边坡稳性影响因素的多个样本，然后进行统计分析，求出它们各自的概率分布及其特征参数，再利用某种可靠性分析方法，如蒙特卡洛法（Monte Carlo method）、可靠指标法、统计矩法、随机有限元法等来求解边坡岩体的破坏概率即可靠度。1993 年祝学玉[146]把在规定的条件下和规定的实用期限内，安全系数或安全储备大于或等于某一规定值的概率，即边坡保持稳定的概率定义为可靠度。可见，用可靠度比用安全系数在一定程度上更能客观、定量地反映边坡的安全性。只要求出的可靠度足够大，即破坏概率足够小（小到人们可以接受的程度），我们就认为边坡工程的设计是可靠的。近年来，该方法在岩土工程中的研究与应用发展很快，为边坡稳定性评价指明了一个新的方向。但该方法的缺点是：计算前所需的大量统计资料难于获取，各因素的概率模型及其数字特征等的合理选取问题还没有得到很好的解决。另外，其计算通常也较一般的极限平衡分析法显得困难和复杂。

可靠性工程是一门正在迅速发展的新学科，它首先在电子工业、航天和航空工业等行业得到充分的认识。无论从经济方面为了减少总费用，或者从安全角度避免人身事故和财产损失，或者从推销商品来说提高企业信誉，可靠性研究都起到了非常重要的作用，并逐渐被推广到机械工程、土木工程、道路工程、水利工程、矿山工程等。自 20 世纪 70 年代后期应用于边坡工程以来，由于世界范围内岩土工程技术界的重视，可靠性理论得以完善，并在更多的领域应用实践，许多国家已用可靠性理论作为修改规范、指导设计的基础。

土木工程结构的可靠性研究是从 20 世纪 40 年代末开始的。1946 年，美国学者 Freudenthal 发表了题为《结构安全度》的论文，开始较为集中的讨论可靠度在结构设计中的应用；研究了传统设计法中的安全系数和结构破坏概率之间的内在关系，建立了结构可靠性分析的理想数学模型。由于他的全概率分析方法只是在理论上合理，很难应用于实际工程。通常情况下，我们仅能够得到关于结构参数均值和方差的比较准确的估计结果，因此以随机变量的均值和方差为基础的二阶矩方法在工程界受到了普遍的欢迎。

1969 年，美国学者 Cornell 提出了与结构失效概率有直接关系的可靠指标 β，定义为结构安全裕量方程的均值和标准差之比，作为衡量结构可靠度的一种统一数量指标，并建立了结构安全度的一次二阶矩模式。

1971 年，加拿大学者 Lind、美国伊利诺伊大学的学者 Ang、美国学者 Rockwitz 都为可靠度设计进入实际应用阶段做出了贡献。

1971 年，在欧洲国际混凝土委员会（Comité Euro_International Béton，CEB）的倡议下，与欧洲钢结构协会（European Convention for Constructional Steelwork，EECM）、国际建筑与建设研究创新理事会（International Council for Reasearch and Innovation in Building and Construction，CIB）、国际预应力混凝土协会（Fédération Internationale de la Précontrainte，FIP）、国际桥梁与结构工程协会（International Association for Bridge and Structural Engineering，IABSE）、国际材料与结构研究所联合会（International Union of Laboratories and Experts in Construction Materials，Systems and Structures，RILEM）共同成立了"国际结构安全度联合委员会"（Joint Committee on Structural Safety，JCSS）。在总结当时研究成果的基础上，编制了《结构统一标准规范的国际体系》，共六卷。国际标准化协会（ISO）于 1973 年提出了《检验结构安全度总则（ISO2394）》。

1976 年，JCSS 推荐了 Rockwitz 和 Fiessler 等人提出的通过"当量正态化"方法以考虑随机变量实际分布的二阶矩模式。至此，结构可靠性理论开始进入实用阶段。

岩土工程也是可靠性理论应用的重要领域。早在 1956 年，Casagrande 提出了土木和基础工程中计算风险问题。在第十一届国际土力学和基础工程学术会议上，还设专门小组讨论这一课题。日本和苏联在岩土和地下工程可靠度方面也有较多成果。松尾稔于 1984 年出版的《地基工学》对边坡稳定、挡土墙、板桩、地下埋管等阐述了以概率论为基础的设计和计算方法。其中对新奥法支护系统设计提出了"动态可靠度设计"的概念。日本还就岩土性能参数的试验方法做出统一规定。1986 年，美国的 Smith 在《土木工程中的概率统计学（导论）》一书中的可靠度理论涉及岩土结构的计算问题，二阶矩可靠度方法在岩土工程中得到应用。由国际标准化组织岩土工程技术委员会（ISO/TC182）主持编制的国际标准（草案）中，规定采用极限状态设计原则和分项系数方法，并对各级岩土工程提出了可靠指标 β 的建议值，这是岩土工程中可靠性研究进入实用阶段的标志。许多成果也表明，岩土工程中，可靠性理论有着广泛的应用前景。

由于市场激烈竞争的需要和人类对安全性的更高要求，可靠性理论和可靠性工程研究成为当今世界各国工业领域的热门课题之一。仅在美国，从事这方面工作的工程技术人员就有 50 多万人。

1. 可靠性分析法研究进展

在我国，结构可靠性研究工作起步较晚，从 20 世纪 50 年代开始开展了极限状态设计方法的研究工作：大连工学院（现大连理工大学）、清华大学、同济大学等高校和原中科院土木建筑研究所、原冶金部建筑科学研究院等科研单位开展了极限状态设计法的讨论和研究，并用数理统计学确定超载系数和材料强度系数。50 年代中期，采用了苏联提出的极限状态设计方法。1954 年，大连工学院（现大连理工大学）赵国藩提出用数理统计学中的误差传递公式，计算各种荷载组合的总超载系数 n_S 及构件总匀质系数 K_R，以代替各分项系数。

20 世纪 60 年代，土木工程界广泛开展了结构安全度问题的研究与讨论。20 世纪 70 年代，我国开始在建筑结构领域开展结构可靠度理论和应用研究工作，部分规范采用半经验半概率的极限状态设计法以应用到工业与民用建筑、水利水电工程、港口工程、公路桥梁和铁路桥梁等六种有关结构设计中，但在安全度的表达形式及材料强度的取值原则上，各设计规范并未统一。为了提高结构设计理论和设计规范的先进性，1976 年国家基本建设委员会首先在建工部门组织开展"建筑结构安全度与荷载组合"研究。1984 年由国家计委批准试行《建筑结构可靠度统一标准》（GBJ 68—1984）。2008 年，将其进行修订，发布了《工程结构可靠度设计统一标准》（GB 50513—2008）。现批准《建筑结构可靠性设计统一标准》（GB 50068—2018），自 2019 年 4 月 1 日起实施。与此同时，各部门相关工程结构的可靠度设计统一标准也先后着手编制，在我国工程结构领域已形成一个互相配套的完整体系。

我国从 20 世纪 70 年代末才开展土力学中可靠性问题的研究。1983 年在上海举行了"概率论与统计学在岩土工程中的应用"专题学术座谈会，1986 年在长春召开的岩土力学参数的分析与解释讨论会，都推动了这项研究的发展。以后十多年对沉降概率分析、地基承载力概率分析、岩土参数概率模型、岩土参数统计规律等方面都有研究成果发表。近年来，随机有限元和 Monte-Carlo 模拟在岩土工程中的应用日益受到重视。特别需要提及的是关于土性参数的概率分析研究，我国学者较早就认识到在岩土工程可靠度研究中，对土性参数变异性的研究要比对计算模型的精度研究更为迫切和重要。这是岩土可靠度与结构可靠度的重要区别之一。土的空间特性和土的相关性问题引起我国学者的重视。在岩土参数随机场和相关距离的研究、测试和资料收集整理方面，我国有关部委和高校联合组成的岩土可靠度可行性研究攻关组做过不少工作，已使相关距离的计算进入了实用阶段。

2．边坡可靠性理论的发展

许多学者对边坡可靠性研究做出卓有成效的贡献：Kraft、Matsuo 和 Kuroda、Morla-Catalan 和 Cornell、Alonson 及 Harr 曾对土质边坡做过典型研究；McMahon、Pitean 和 Martin、Marek 和 Savaly、Beacher 和 Einstein、Morriss 和 Stotter、Kim、Major 和 Brown、Herget 论述了概率方法在岩质边坡中的应用；Nguyen 和 Chowdhury 报告了矿山排土场的可靠性分析；A-Grivas 对累进破坏的概率分析方法，Vanmarcke、Yucemen 对三维效应的概率分析方法均作了有益的探索；Asaoka、Glass 等对其他附加荷载的概率分析予以很大注意；Cambou 等人根据线性一次逼近理论，采用随机有限元分析方法进行可靠性分析。

在我国，边坡可靠性研究工作开展较晚。1983 年"攀钢石灰石矿边坡可靠性分析与经济分析研究"课题才作为这个领域的第一个研究成果通过冶金部级鉴定。近年来，边坡可靠性研究和应用得到一定的发展，对可靠性分析作了全面、深入的探讨。可以预计，可靠性分析方法的推广和应用必将进一步推动我国边坡工程技术的进步。

目前，边坡可靠性分析所常用的方法如下：

1）Monte-Carlo 方法，亦称随机模拟方法。

2）可靠指标法，包括中心点法和验算点法。

3）统计矩近似法，也称 Rosenblueth 统计矩法。

4）随机有限元法，是可靠指标法与数值法相耦合的方法，包括一次线性逼近法和迭代验算法。

3．传统方法与可靠性分析方法的比较

边坡稳定问题是土木工程中十分重要的问题，在房屋建筑、水利、公路、铁路等工程中都会遇到。目前在工程设计中常用的边坡稳定分析方法是定值法，它将作用在滑弧上的抗滑力（矩）R 与滑动力（矩）S 的比值定义为边坡稳定的安全系数 F_S，并以其作为度量指标。目前，对于 R、S 的求解还是以极限平衡分析法为原理的条分法及其各种简化方法；简要的概括，定值分析方法主要包括瑞典圆弧法、简化 Bishop 法、Janbu 法、Morgenstern-Price 法及 Spencer 法等。定值法是经过长期工程实践证明的基于强度储备概念的一种有效设计方法，其中条分法的精确程度与条块数目密切相关，条块数目的增加无疑会对计算时间产生影响，加之该方法建立在对土条间作用力的种种假设基础上，其精度也是不能保证切合实际；更为重要的，定值方法最大的缺点是没有考虑岩土工程中普遍存在的各种不确定性因素和土体力学参数的离散性等的影响（如岩土参数的天然变异性、测量误差和模型的不确定性等），它把土看成具有某种"平均"性质的"均质"材料，其结果只能反映边坡稳定的总体情况，而不能反映其概率分布情况。在实际工程中，有的边坡按定值法计算的边坡稳定安全系数虽然满足要求，但是边坡却发生失稳。也就是说，边坡失稳破坏时的安全系数值并不正好等于 1，也不是其他任何的定值，这已经被国内外许多破坏实例所证实，并成为众所周知的实践经验。

在实际工程问题中，每一环节都是在大量不确定的情况下进行的，若能在设计中定量地考虑这些不确定性，并在此基础上进行分析，这从概念上更切合实际。这种建立在概率统计的基础上，考虑了各种变量的内在变化及其分布规律和随机变异性的方法就是可靠度分析方法，它能够更加客观地分析边坡的失稳现象。对边坡稳定进行可靠度分析，可以有助于通过失稳概率来反映边坡的稳定水平，对于提高对边坡稳定的定量把握水平，安全合理地设计边坡有着重要作用，为边坡的稳定性评价开辟了一条新的、有意义的途径。近十年来，国内外工程界已把可靠度分析方法应用到边坡稳定性评价中，对岩土体滑动过程的安全性进行了研究。

对于涉及安全或风险决策等的工程项目，在定值分析法的基础上进行可靠度复核，可以提高边坡稳定性评价的精度。

4. 边坡工程可靠性分析方法简述

（1）基于 MATLAB 优化工具箱的可靠度分析的响应面法

MATLAB 是由 Mathworks 公司开发，集数值计算、符号运算及图形处理等功能于一体的可跨操作系统平台的科学计算软件，同时又是一种更高级，更自由的计算机语言，几乎能满足所有的计算需求。MATLAB 软件包是当今国际认可的较好的科学计算工具，其拥有功能强、效率高、便于进行科学和工程计算的交互式软件包。MATLAB 有 20 多个工具箱，如统计工具箱、偏微分工具箱、优化工具箱、神经网络工具箱、模糊逻辑工具箱等，汇集了大量数学、统计、科学和工程所需的函数。

在 MATLAB 语言中基本元素是矩阵，它提供了各种矩阵的运算和操作，且其中包含科研和工程设计中常用的各种数值计算方法的计算程序。由于 MATLAB 的强大功能，它日益受到广大科技工作者的青睐。

其中与可靠度分析最直接相关的便是统计工具箱，包含了 20 多种随机变量分布类型的概率分布、参数估计与假设检验、线性模型与非线性模型分析、多元统计分析、试验设计及统计工序管理的相关函数。MATLAB 软件包具有的最优化工具箱，可以方便地实现约束优化及无约束优化问题的求解。

响应面法是试验设计和分析中的一种基本方法，用以处理多个变量与一个体系响应间作用关系不能直接用简单明确的表达式描述的问题。响应面函数形式的选取应满足以下两个方面的要求：首先，其函数的数学表达式在基本能够描述真实函数的前提下应尽可能简单；其次，应尽可能地减少响应面函数中的待定系数以减少结构分析的工作量。通常，响应面函数为多项式形式。

文献[147]提出了迭代序列响应面法，其采用的响应面函数形式如下：

$$Z = a + \sum_{i=1}^{n} b_i X_i + \sum_{i=1}^{n} c_i X_i^2 \qquad (5.34)$$

具体步骤如下。

1）假定初始验算点 $\bar{x}^{(1)} = \left(x_1^{(1)}, \cdots, x_i^{(1)}, \cdots, x_n^{(1)}\right)$，一般取各个随机变量的平均值。

2）计算功能函数 $g\left(x_1^{(1)}, \cdots, x_i^{(1)}, \cdots, x_n^{(1)}\right)$ 及 $g\left(x_1^{(1)}, \cdots, x_i^{(1)} \pm f\sigma_i, \cdots, x_n^{(1)}\right)$ 的值，得到 $2n+1$ 个点估计值，其中 f 为任意值，根据文献[148]，这里取用 1。

3）根据上一步的点估计值插值求解式（5.34）中的待定系数 a、b_i、c_i（$i=1,2,\cdots,n$），得到当前迭代点处功能函数的近似极限状态方程。

4）由一般可靠度的求解方法求解验算点 $\bar{x}^{*(k)}$ 及可靠指标 $\beta^{(k)}$，上标 k 表示第 k 次迭代。

5）计算 $\left|\beta^{(k)} - \beta^{(k-1)}\right|$，判断是否满足计算精度要求。如果满足则计算中止，此时的可靠指标和失效概率即结果；如果不满足条件，则插值求得新的展开点

$$\bar{x}_M^{(k)} = \bar{x}^{(k-1)} + \left(\bar{x}^{*(k)} - \bar{x}^{(k-1)}\right) \frac{g\left(\bar{x}^{(k-1)}\right)}{g\left(\bar{x}^{(k-1)}\right) - g\left(\bar{x}^{*(k)}\right)} \qquad (5.35)$$

再转第 2）步进行下一次迭代。

本章研究将土性参数，即黏聚力 c、内摩擦角 φ、容重 γ 视为随机变量，根据文献[149]和文献[150]，假定三者相互独立，且服从正态分布。

土性参数的变异系数取值，根据文献[151]的建议：土的容重为 0.02～0.10kN/m³，内摩擦角为 0.10°～0.25°，黏聚力为 0.05～0.75kPa，以及文献[152]的建议：土的容重为 0.01～0.03kN/m³，内摩擦角为 0.05°～0.20°，黏聚力为 0.1～0.8kPa，分别选取变异系数较小和较大两种情况研究。

（2）Monte-Carlo 方法

在结构工程可靠度的计算中，由于以一次二阶矩理论为基础的可靠度计算方法对于非正态分布的随机变量和非线性表示的极限状态函数等问题的处理上还存在着相当的近似性，而这类问题却是可靠度分析中经常要遇到的，所以寻找一种有效而精确的结构可靠度计算方法是必需的。于是，基于 Monte-Carlo 方法的结构可靠度数值模拟方法得到了人们的重视。

Monte-Carlo 方法模拟的收敛速度与基本随机变量的维数无关，极限状态函数的复杂程度与模拟过程无关，更无须将状态函数线性化和随机变量"当量正态化"，具有直接解决问题的能力[146]。

失效概率可以描述为使极限状态方程不大于零（失效）的模拟次数占总模拟次数的百分比。由此，根据它与可靠指标的关系求解可靠指标。模拟步骤如下：

1）产生符合各随机变量参数特征的 N 个样本 $X(X_1 \sim X_N)$，方法同上。

2）代入极限状态方程，统计所有使极限状态方程不大于零的模拟次数 J。

3）计算失效概率 $P_f = J / N$。

4）根据 $P_f = \Phi(-\beta)$ 求解可靠指标 β。

5.2 边坡锚固的设计计算方法

5.2.1 锚索的承载力

在目前的单根锚索设计中，广泛采用的是基于黏结应力沿锚固段全长均匀分布的假设所建立的公式来计算锚索的极限承载力，即

$$P = \pi D L$$

式中，P——锚索的极限承载力，kN；

τ——地层与注浆体界面上的黏结强度，kPa；

D——钻孔直径，m；

L——锚固段长度，m。

在本项目的设计中，在初步设计时先用工程类比方法确定单根锚索承载力，再通过现场的锚索抗拔试验确定单根锚索承载力。

5.2.2 锚索的倾角

锚索的确定方向有两种方法，具体如下。

（1）由外锚头确定最优锚索方向角

由外锚头确定最优锚索方向角为

$$\theta = 45° + \frac{\varphi}{2} \qquad (5.36)$$

式（5.36）为目前常用的求锚索方向角的计算式。由式（5.36）可知，θ只与φ有关，而与坡面倾角α和滑动面倾角β没有关系，即不考虑α和β对最优锚索方向角的影响。

（2）由内锚根确定最优锚索方向角

对于上述方法的存在不足，改进的由内锚根确定最优锚索方向角θ的计算方法为

$$\theta = 45° + \frac{\varphi}{2} - \frac{\alpha - \beta}{2} \qquad (5.37)$$

　　锚索方向角除了满足力学支护条件以外，还应满足施工要求。锚索的倾角 θ（以倾向坡内，即外锚头高于内锚根为正）对施工有很大的影响。当 θ 为负（即内锚根高于外锚头）时，由于反倾，内锚根施工，水泥砂浆不便于填筑，而且内锚根空腔内的空气也不容易排出，其后果是砂浆与岩壁不易紧密黏结，甚至可能产生砂浆与岩壁脱离的现象。因此，要求 θ 大于某一给定的值以便于施工。

5.2.3　锚墩

　　预应力张拉将作用在锚墩上，因此锚墩设计是否合理关系到锚固体系的有效性。在本章方案中，锚具作用在钢垫板上，钢垫板再把压力传给混凝土锚墩，在混凝土内设置 8 层钢筋网，锚墩配筋图如图 5.6 所示。

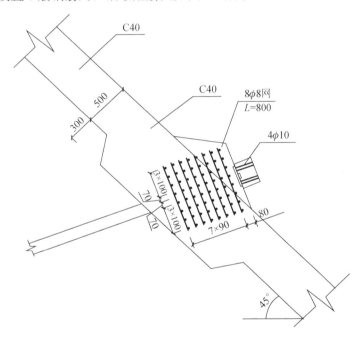

图 5.6　锚墩配筋图（单位：mm）

5.2.4　封锚结构

　　作为永久锚固工程，锚索体系的防腐非常重要。锚索张拉完毕后，要即时切断多余的钢绞线，然后进行封锚保护。封锚结构如图 5.7 所示。

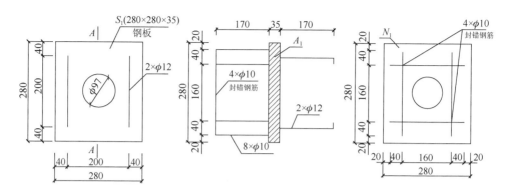

图 5.7　封锚结构构造图（单位：mm）

5.2.5　承载体及定位支架

压力分散型锚索的各个单元是整根锚索的组成部分，在承受荷载时，相互之间势必会产生影响，在进行优化时，应考虑以下因素。

1）对锚固段位于非均质地层中的锚索，应根据各单元锚固段所处的不同地层情况来确定其锚固长度。如果上部地层较弱，则位于其中的单元锚索锚固长度应大于位于较深部地层的锚固长度，以使每个单元锚索承受相同的荷载，调动相同比例的极限黏结强度，并使锚索在可能破坏时，各个单元锚索能够同时出现破坏。

2）如果遇到地层强度随埋置深度而降低或强度沿整个锚固段出现变化，甚至在某些深度处有软弱夹层的情况，设计的单元锚索数目应能容许其中的 1~2 个单元锚索出现潜在的破坏，而其余的锚索单元仍能维持总的工作荷载，并有足够的安全储备。

3）在确定单元锚索的锚固长度时，还应使各个承载体保持合理的间距。如果间距过小，位于钻孔近端的锚固段上就会出现较大的黏结应力重叠区域，从而影响锚索的整体承载力；但如果间距过大，会使地层与注浆体界面的黏结应力分布不连续，不能充分发挥土体强度；较为合理的间距是使黏结应力沿整个锚固段上分布相对比较均匀，这样既能充分调动土体强度，又能保证锚索的整体承载力。

5.3　宛坪高速公路高陡边坡支护案例

5.3.1　地质条件

宛坪高速公路为上海至武威国家重点公路南阳至豫陕界。研究项目的试验段在土建 B 段 No.6 标合同段，位于河南省南阳市西峡县境内，地处豫西南山地，跨南阳盆地西北边缘，属秦岭山系东段，局部路段为山间盆地，形成山川相间的地貌格局，沿线地形起伏较大，总体地势为西北高东南低。

　　本章研究的试验段位于宛平高速公路 B6 标段 K40+280～K40+420。边坡岩体由砂岩及泥岩组成，右侧岩层倾向路侧，岩层的倾角在 20°～30° 范围内，倾角小于设计边坡坡度（45°），加之岩层层理面有薄层泥岩，如果遇水则泥岩软化，其抗剪强度大幅降低，容易造成塌方。试验段的边坡如图 5.8 所示，从图 5.8 中可以看出边坡表面风化严重。

　　在试验段的前后不足两公里处已发生多处滑坡，如图 5.9～图 5.12 所示。图 5.10 所示的滑坡是离试验段最近的滑坡，表面基本是风化的砂质岩，经雨水冲刷后产生顺层滑坡；图 5.11 为 K38+757～K39+040 段塌方情况。K38+757～K39+040 段塌方情况为局部滑动、坍塌。经分析，产生滑坡的原因有以下几个。

图 5.8　K40+280-K40+420 边坡

图 5.9　K40+50 滑坡

图 5.10　K41+080 滑坡

图 5.11　K38+757～K39+040 滑坡

　　1）滑坡体地段全部属于风化泥质岩，多为顺层坡，同时路基设计边坡夹角为 45°，大于岩层倾角（路线与岩层走向夹角为 20°～30°），形成不稳定因素，易产生滑坡。

　　2）大气降水影响，在 2008 年 9 月 15 日和 9 月 21 两次降雨，短时间内的雨水渗入滑坡体内，增加了滑坡体的总重量，即下滑力增大。

　　3）在修筑路基时，大量的切削前缘土体，产生临空面，加上滑坡体表面构造被破坏，被扰动的土体孔隙率与渗透系数增大，在大量降雨时，地表水渗入软化土层，增加滑坡体的重力和渗透压力，减小了土体的抗滑系数，降低摩阻力，促使滑坡。

图 5.12 所示的滑坡与 K40+50 滑坡形态基本一样，产生顺层滑坡；K40+880～K40+980 段发生塌方，塌方情况为整座山体滑动。

（a）正面图　　　　　　　　　　　　　　　　　　（b）侧面图

图 5.12　K40+880～K40+980 滑坡

5.3.2　支护方案

1. 方案选择

在山区修筑高等级公路时，在已确定的边坡设计上所采用的边坡几何参数不能满足稳定时，往往需要采取有关的工程措施来改善边坡岩体的稳定性。因此，对高边坡加固技术的研究，在近几年来越来越受到整个工程界的重视和关注。

边坡加固的本质在于改变滑动体滑动面上的平衡条件，而平衡条件的改变可以通过改变滑坡体的抗滑力和下滑力来实现。采取工程措施必须根据边坡的岩体特性、不稳定的主要原因，经济效果及施工技术的可能性等进行选择，尽可能采用综合治理的方法。

边坡加固是挖方边坡稳定性研究的重要内容，目前用于挖方边坡加固的方法主要有 3 类：①直接加固法，包括挡墙及护坡、抗滑桩、滑动面混凝土栓塞、锚杆及钢绳锚索；②间接加固法，包括边坡中用巷道及钻孔梳干、地面截水排水、削坡减载卸荷；③特殊加固法，包括麻面爆破、压力灌浆。对路堑边坡的加固，国内外应用较多的是直接加固法和间接加固法。在这些加固方法中，锚杆、锚索加固技术被认为是最有发展前途的方法，国际上普遍认为锚杆、锚索在边坡工程中的应用，使边坡加固技术发展到一个新的高度，且使边坡加固及边坡设计得到了重要性的发展。锚杆最早用于地下工程围岩加固，20 世纪 60 年代才开始用于公路路堑边坡的加固，与国外及国内冶金、矿山等部门相比，存在着很大的差异。

　　岩体的锚固是一种把受拉杆件埋入岩体的技术。岩土锚固能充分发挥岩土的能量，调用和提高岩土体的自身强度和自稳能力，大大减轻结构物自重，节约工程材料，并确保施工安全与工程稳定，具有显著的经济效益和社会效益，因而世界各国都在大力开发这门技术。1911 年美国首先用岩石锚杆支护矿山巷道，1918年西利西安矿山开采使用锚索支护，1934 年阿尔及利亚的舍尔法坝加高工程使用预应力锚杆，1957 年德国 Bauer 公司在深基坑中使用土层锚杆。目前，国外各类岩石锚杆已达 600 余种，每年使用的锚杆量达 2.5 亿根。德国奥地利的地下开挖工程已把锚杆作为施工安全的重要手段。我国应用岩石锚杆始于 20 世纪 50 年代后期，进入 60 年代，我国矿山巷道、铁路隧道和各类地下工程中大量采用普通黏结型锚杆与喷射混凝土支护。1964 年梅山水库的坝基加固采用了预应力锚索。随后，北京王府井饭店、京城大厦、新侨饭店等一大批深基坑工程及云南漫湾电站边坡整治，吉林丰满电站大坝加固和上海龙华污水处理厂沉淀池抗浮工程等相继大规模地采用预应力锚杆。岩土锚固工程几乎遍及土木建筑领域的各个方面，如边坡、基坑，隧洞、地下工程、坝体、码头、海岸、干船坞、坑涯结构、桥梁及建筑的拉力型基础等。

　　锚索加固在原理上和加固机理上与锚杆相同，但和锚杆相比具有一些突出的优点：①锚索可施加很高的锚固预应力；②锚索加固深度比锚杆大，且可在很大范围内变化，从而既可加固边坡的局部稳定，又可加固大型深层滑坡；③锚索对各种岩体结构及岩体介质都可适用且效果良好；④锚索的埋设及施工方便。随着锚杆、锚索加固技术的应用，给边坡加固设计及加固赋予了新的内容。

　　目前国际上边坡加固有两个明显的态势和特点：①边坡加固已经由单一的加固措施发展到综合治理；②加固措施从指导思想上，已由单纯的被动防治转到主动加固，提高边坡稳定坡角，以便获得更好的技术经济指标和良好的经济效益。这种新的思想，在边坡加固及边坡设计中越来越受到重视，已成为衡量和评价边坡设计合理性的一个重要性标准。有鉴以此，目前国际上对边坡加固技术的研究重点在于以下两个方面：①各种加固方法的综合应用的系统设计；②锚杆、锚索加固机理，设计方法及锚杆、锚索群合理布置形式。可以预见，随着研究的深入，边坡加固技术将发展到一个新的高度。

　　根据试验段的地质情况及前后边坡滑坡分析，决定在试验段采用预应力锚索和梁格联合支护。

　　2. 预应力锚索和梁格联合支护法的优点

　　预应力锚索和梁格联合支护法的优点如下。
　　1）坡度较陡，减少占地。

2）减小土石方的开挖量。

3）由大吨位组成的预应力锚索体系，施加预应力可以提高边坡的稳定性。

4）外荷干扰时具有良好的延性，可以减小边坡的变形。

5）充分利用岩石体自身强度和自承能力，可以减轻结构白重，节省工程材料。

6）在经济上能节省工程造价。

7）坡面梁格中绿化，改善环境。

3．压力分散型锚杆的工作原理与特点

压力分散型锚杆的工作原理与特点如下。

（1）工作原理

压力分散型锚杆（图 5.13）克服了拉力型锚杆承载力与锚固段长度非正比增加、黏结应力峰值突出、防腐性能较差、杆体无法拆除等性能缺陷，形成了具有独特传力机制和良好工作性能的单孔复合锚固体系。

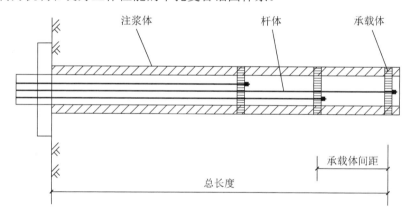

图 5.13　压力分散型锚杆示意图

压力分散型锚杆杆体采用可全长自由滑动的无黏结预应力钢绞线，再加上锚杆底端与钢绞线连接的传力锚具（又称承载体），使杆体受力时，拉力直接由无黏结钢绞线传至底端传力锚具，通过传力锚具对注浆体施加压应力，并使注浆体与周围岩土体产生剪切摩阻力，以此提供锚杆所需的承载力。正因为锚固注浆体为受压状态，所以称为压力分散型锚杆。根据摩阻力分散情况，又可进一步分为压力集中型与压力分散型锚杆，压力集中型只有一个承载体，而压力分散型锚杆有多个承载体，如图 5.14 所示。

下面通过理论分析研究其加固机理。

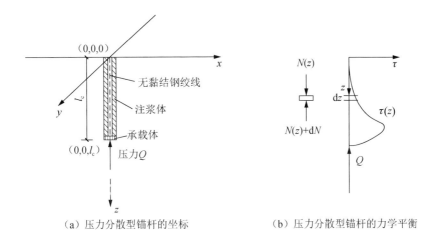

（a）压力分散型锚杆的坐标   （b）压力分散型锚杆的力学平衡

图 5.14 压力分散型锚杆应力分布示意图

由微段平衡方程可得

$$dN = 2\pi a\tau(z) \tag{5.38}$$

沿（0，z）积分，得到锚杆任一位置的轴力表达式为

$$N(z) = 2\pi a\int_0^z \tau(z)dz \tag{5.39}$$

由弹性力学中的胡克定律，可以得到锚杆的伸长量为

$$\Delta = \frac{1}{E_a A}\int_0^{l_c}\left[2\pi a\int_0^z \tau(z)dz\right]dz \tag{5.40}$$

式中，E_a——注浆体的弹性模量。当土体弹模较大时（如坚硬的岩体），这时黏聚力主要分布在锚杆末端小范围内，从而可以假设锚杆长度为无限长，即 $l_c = \infty$。

由假设土体在锚头处的位移为零

$$\omega_0 = 0 \tag{5.41}$$

土体在锚杆锚固段末端的位移

$$\omega_1 = \int_0^{l_c}\frac{a(1+\mu)\tau(z)}{4E(1-\mu)}\left[\frac{4-4\mu}{l_c-z}+\frac{8(1-\mu)^2}{l_c+z}+\frac{4zl_c}{(l_c+z)^3}\right]dz \tag{5.42}$$

由位移协调条件可得

$$\Delta = \omega_1 \tag{5.43}$$

为使式（5.42）简化，令

$$f(z) = \frac{a(1+\mu)}{E}\left(\frac{1}{l_c-z}\right) \tag{5.44}$$

又令 $f'(z)$ 为 $f(z)$ 的导数，即

$$f'(z) = \frac{a(1+\mu)}{E} \frac{1}{(l_c - z)^2} \tag{5.45}$$

$$\frac{2\pi a}{E_a A} \int_0^{l_c} \left[\int_0^z \tau(z) dz \right] dz = \int_0^{l_c} f(z)\tau(z) dz \tag{5.46}$$

等式两边求导，整理后可以得到关于 $\tau(z)$ 的微分方程

$$\tau'(z) + \left[\frac{1}{(l_c - z)} - \frac{2\pi E(l_c - z)}{E_a A(1+\mu)} \right] \tau(z) = 0 \tag{5.47}$$

解得 $\tau(z)$ 的表达式为

$$\tau(z) = \frac{Qk_c}{2\pi a}(l_c - z) e^{-\frac{1}{2}k_c(l_c - z)^2} \tag{5.48}$$

这是压力集中型的锚杆剪应力表达式，压力分散型的锚杆剪应力可以由各个单元锚杆的剪应力叠加，如图 5.15 所示。

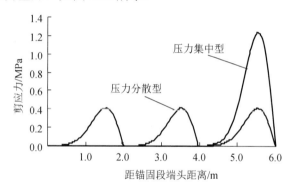

图 5.15　压力分散型锚杆与压力集中型锚杆剪应力分布的比较

从图 5.15 看出，压力分散型锚杆的剪应力被均匀地分到各个承载体之间，其剪应力的峰值比压力集中型的剪应力峰值要小，基本与承载体的个数成反比关系，也就是说，所设置的承载体个数越多，其剪应力的峰值就越小。在砂岩、粉质土、黏性土中的锚杆与土体之间的黏结强度较小，在这些地质中应优先考虑使用压力分散型锚杆。

压力分散型锚杆其杆体采用独特的结构构造和施工工艺，将锚杆受到的集中拉力分散为几个较小的压力，分部段作用于较短的锚固体上，使锚固体与周围土体的黏结应力峰值大幅降低并较均匀地分散到整个锚固段长度上，从根本上充分调用了土体的抗剪强度，显著地提高了锚杆的承载能力。

（2）特点

从压力分散型锚杆的结构构造可以看出，当锚杆受拉时，锚杆的拉力通过钢绞线传至不同位置的承载体上，每个承载体上钢绞线承受锚杆拉力的 n（n 为承载

体个数）分之一，而承载体所受的拉力以压力形式传递给锚固体，这就使锚杆轴力和锚固体与周围土体黏结应力峰值降到较低程度并分散作用到整个锚固段长度上，显著改善了锚固体与周围土体黏结应力分布状态，充分调用了土体的抗剪强度和锚杆单位长度上的承载能力，大大提高了锚杆的承载能力。

2004 年张四平在研究压力分散型锚杆（图 5.16）时得到两个结论[153]。

1）压力分散型锚杆（以 3 个承载体的为例）的剪应力分布有 3 个峰值，分别为 3 个承载体上外荷载的作用位置，其中在锚杆尾部的剪应力峰值比前两个承载体处的峰值更大一些；而对于拉力型锚杆，其最大的剪应力峰值在锚杆的端头部位，锚杆沿轴线的剪应力分布主要集中在锚头近端约 1 m 的范围内，存在着严重的应力集中现象。由此可见，一个大的外荷载被分散，使压力分散型锚杆的剪应力峰值大为降低，其剪应力在整个锚杆轴线方向上的分布更为均匀，受力更为合理，可以推断压力分散型锚杆在同等条件下具有比拉力型锚杆更高的承载能力。

2）两种锚杆的轴向位移分布规律与其剪应力的分布规律十分相似。压力分散型锚杆的轴向位移峰值与拉力型锚杆相比大为降低，位移的总量也减小了相当比例。由此可知，在相同的条件下压力分散型锚杆控制岩土层变形的能力比拉力型锚杆更强，其更适用于对控制变形要求严格的锚固支护工程。

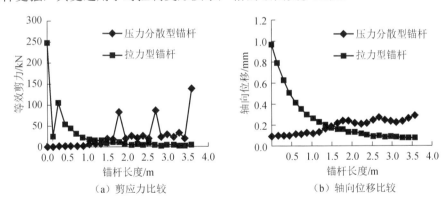

（a）剪应力比较　　　　　　　　　　（b）轴向位移比较

图 5.16　压力分散性锚杆与拉力型锚杆比较

5.3.3　稳定性分析

1. 分析软件介绍

根据该试验段的地质资料，使用从加拿大引进的边坡分析软件 GeoStudio 进行分析设计。专业的边坡稳定性分析软件 SLOPE/W 是 GEOSLOPE 公司 GeoStudio 系列软件之一。SLOPE/W 用于边坡稳定性分析、计算土质、岩石边坡的安全因子，使用 SLOPE/W 可以同时用 8 种方法分析简单或复杂的问题，限制平衡方法不同的滑动表面形状，含水孔压力条件、砂的性质及集中负荷，SLOPE/W 也可做随机稳定性分析。

SLOPE/W 软件采用极限平衡理论去计算土质和石质边坡（含路堤）的安全性。SLOPE/W 软件对于综合问题公式化的特征使得它很容易计算简单的或复杂的边坡稳定问题。此软件的主要特色如下。

1）建模容易、操作简便。

2）可以直接使用 AutoCAD 底图建模，计算结果可以采用多种格式输出，供打印和汇报使用。

3）对一个问题可采用不同的计算方法，与 SIGMA/W 模块结合，可以按有限元应力法计算边坡的稳定度；与 QUAKE/W 模块相结合，可以分析在地震荷载作用下的边坡问题；还可以采用 Monte-Carlo 可靠度法来对边坡问题进行分析计算。

4）可以分析计算有孔隙水压问题的对象。

5）加固措施可以直接施加在计算断面上，甚至可以根据输入参数分析锚固段所需长度的问题。

6）对于均质土可以十分完美地搜索出最不利滑裂圆弧，对于其他问题也可以搜索最不利滑动面。

7）在中国已应用多年，而在北美已应用了几十年，积累了大量的应用经验。

2. 分析模型及稳定系数

根据对宛坪高速公路滑坡的破坏模式分析，得出在试验段的边坡可能产生的破坏方式有直线破坏、折线破坏和圆弧破坏三种。

（1）直线破坏

直线破坏是直接从坡脚到坡顶面连成一条线破坏的，图 5.17 为宛坪高速边坡直线破坏。

图 5.17　宛坪高速边坡直线破坏

当边坡无支护时，直线破坏的稳定系数如下：滑裂面角度为 20°时，稳定系数为 1.311；滑裂面角度为 22°时，稳定系数为 1.234；滑裂面角度为 25°时，稳定系数为 1.191；滑裂面角度为 30°时，稳定系数为 1.329。具体如图 5.18 所示。

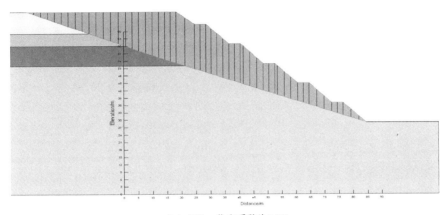

（a）20°，稳定系数为1.311

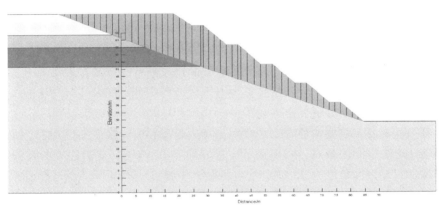

（b）22°，稳定系数为1.234

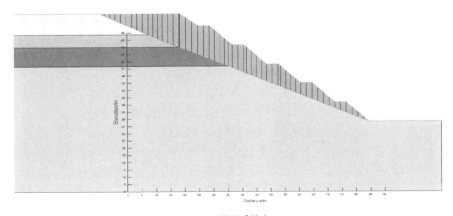

（c）25°，稳定系数为1.191

图 5.18　K40+320 直线破坏滑裂面角度为 20°、22°、25°、30°时的稳定系数

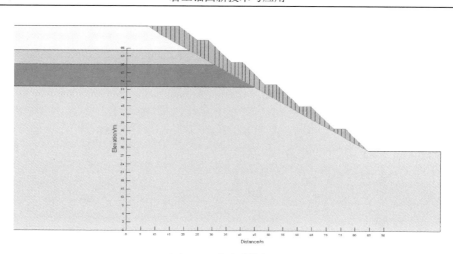

（d）30°，稳定系数为1.329

图 5.18（续）

　　无支护时，直线破坏的稳定系数与滑裂面角度的变化并没有规律可循。这是因为随着滑裂面角度增大，下滑体重力沿下滑方向的分量增大，但同时下滑体的体积也减小，也就是下滑体重力也减少。

　　在高速公路中需要边坡稳定系数为1.30，当滑裂面与水平夹角为25°时，稳定系数1.191不满足要求。需要进行支护，计算11排锚杆支护边坡的直线破坏稳定系数：滑裂面角度为20°时，稳定系数1.762；滑裂面角度为22°时，稳定系数为1.882；滑裂面角度为25°时，稳定系数为2.006；滑裂面角度为30°时，稳定系数为3.859。具体如图5.19所示。

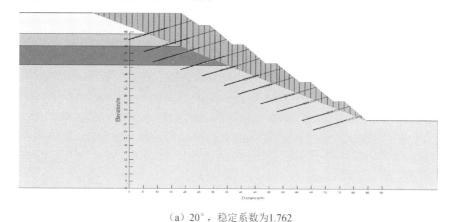

（a）20°，稳定系数为1.762

图 5.19　K40+320 直线破坏滑裂面角度为 20°、22°、25°、30° 时的稳定系数

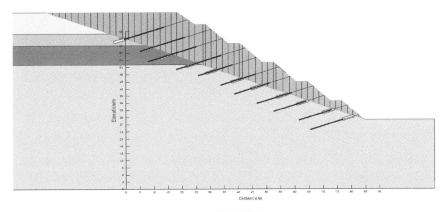

（b）22°，稳定系数为1.882

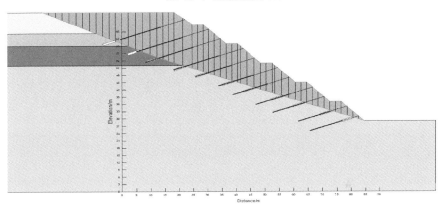

（c）25°，稳定系数为2.006

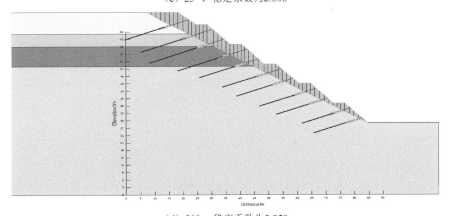

（d）30°，稳定系数为3.859

图 5.19（续）

可以看出，使用锚索支护后其稳定系数会有很大的提高，满足要求，其安全系数储备较大，可保证边坡安全。锚索支护时，稳定系数与滑裂面角度的变化呈现出规律来。随着滑裂面角度增大，稳定系数也随之增大。

（2）折线破坏

折线破坏是从坡脚到坡内部再到坡顶面形成折线形。根据旁边的滑坡破坏模式，本试验段的边坡也可能发生折线破坏，滑移线角度在 20°～30° 范围内。折线破坏实例如图 5.20 所示。

图 5.20　宛坪高速边坡折线破坏

当边坡无支护时，折线破坏的稳定系数如下：滑裂面角度为 20° 时，稳定系数为 1.237；滑裂面角度为 22° 时，稳定系数为 1.184；滑裂面角度为 25° 时，稳定系数为 1.147；滑裂面角度为 30° 时，稳定系数为 1.297。具体如图 5.21 所示。

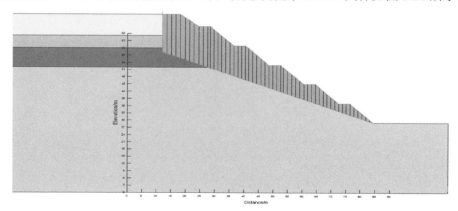

（a）20°，稳定系数为1.237

图 5.21　K40+320 滑裂面角度为 20°、22°、25°、30° 时的稳定系数

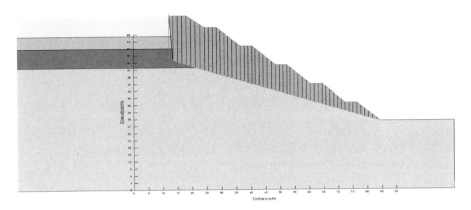

（b）22°，稳定系数为1.184

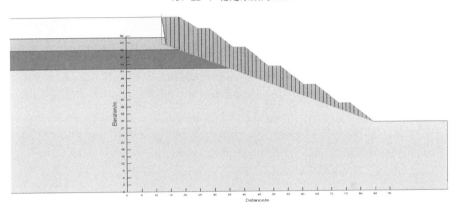

（c）25°，稳定系数为1.147

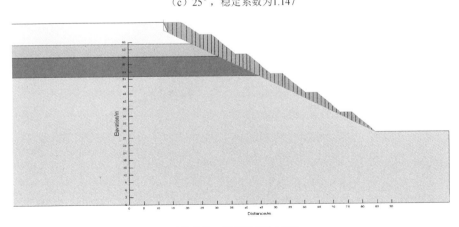

（d）30°，稳定系数为1.297

图 5.21（续）

在高速公路中需要边坡稳定系数为 1.30，又考虑到泥叶岩雨水后其强度会大幅度减小，这样上述的稳定系数会下降很多，可能开挖后来不及支护就发生滑坡。同直线破坏相同，无支护时折线破坏的稳定系数与滑裂面角度的变化并没有简单的规律可循。

锚索支护后，其稳定系数如下：滑裂面角度为 20° 时，稳定系数为 1.611；滑裂面角度为 22° 时，稳定系数为 1.662；滑裂面角度为 25° 时，稳定系数为 1.835；滑裂面角度为 30° 时，稳定系数为 3.665。具体如图 5.22 所示。

可以看出，使用锚索支护后其稳定系数会有很大的提高，其安全系数储备较大，可保证边坡安全。同直线破坏相同，锚索支护时折线破坏的稳定系数与滑裂面角度的变化呈现出规律来。随着滑裂面角度增大，稳定系数也随之增大。

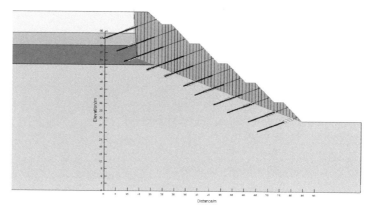

（a）20°，锚索支护稳定系数为1.611

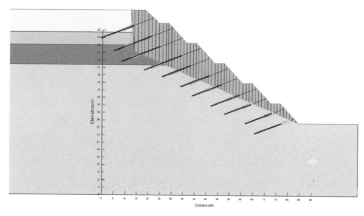

（b）22°，锚索支护稳定系数为1.662

图 5.22　K40+320 滑裂面角度为 20°、22°、25°、30° 时的锚索支护稳定系数

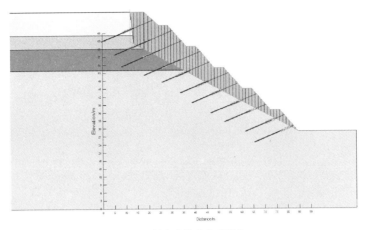

（c）25°，锚索支护稳定系数为1.835

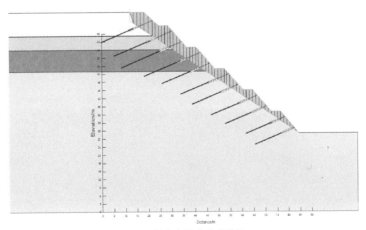

（d）30°，锚索支护稳定系数为3.665

图 5.22（续）

（3）圆弧破坏

圆弧破坏是滑动面形成圆弧形。只要发生于土质边坡及强风化岩质边坡表层。圆弧破坏实例如图 5.23 所示，模型计算如图 5.24 所示。可见采用锚索支护后，即使产生圆弧破坏，其稳定系数也可以达到要求。

2005 年李忠的研究表明，在考虑支护结构、锚杆对土体边坡稳定性影响的情况下，最危险滑移面随设计参数动态变化[154]。因此，通常凭借经验公式确定最危险滑移面有一定的盲目性，由计算机搜索法动态的确定最危险滑移面，并进行稳定性分析更加合理。本项目的稳定计算结果也有类似的结论。从上面计算模型中的滑裂面可以看出，无支护和锚索支护后的边坡滑移面有所变化。

图 5.23 宛坪高速边坡圆弧破坏

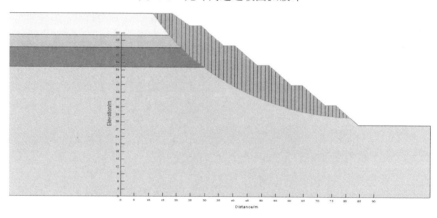

（a）无支护时，稳定系数为0.962

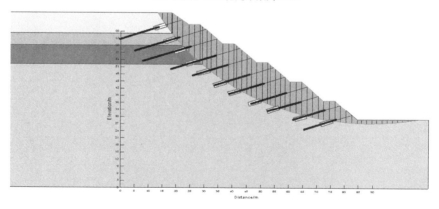

（b）锚杆支护时，稳定系数为1.357

图 5.24 K40+320 圆弧破坏无支护和锚杆支护的稳定系数

5.3.4 设计方案

1. 设计方案

边坡设计中考虑以下几个问题：边坡的稳定性；边坡支护的工程造价；边坡的植被绿化；节约用地；支护体系的防腐。在本设计方案中，采用压力分散型无黏结预应力锚索+混凝土格构梁联合支护体系。强大的预应力保证了边坡的稳定性，多个承载体将预应力以压力形式分散作用于不同深度的岩石中，使锚孔中浆体处于均匀受压状态，避免了传统拉力型锚索中浆体的拉伸开裂，再加上无黏结塑料管的保护提高了防腐效果；梁格构造也使边坡的植被绿化能够实现。

2. 设计参数

设计参数具体如下。

1）锚索采用高强度、低松弛、无黏结钢绞线为 $6\times7\phi5$，标准强度为 1860MPa。

2）锚孔直径为 $\phi130$，倾角为 20°，间距为 4m×4m。

3）注浆采用水灰比 0.45～0.50 的纯水泥浆，水泥强度等级为 42.5MPa，常压注浆，必要时加入一定量的减水剂。注浆体抗压强度不得低于 40MPa。

4）格构梁混凝土、锚下承压体混凝土采用 C40。

5）设计方案结构面力学参数为 $\gamma = 20.0$kN/m，$c = 25$kPa，$\varphi = 20°$。

3. 边坡支护的立面与剖面图

锚索平面布置：边坡立面长为 140m，最高点距路面垂直高度为 45m，如图 5.25 所示。锚墩间距为 4m×4m，中间用钢筋混凝土梁格连接。

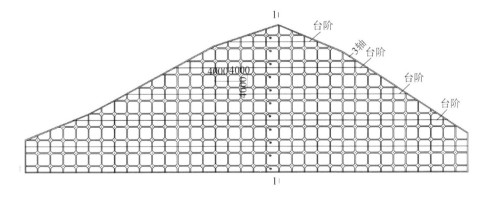

图 5.25　边坡支护立面图（单位：mm）

边坡设有 5 个台阶平台、6 个坡面，坡面斜率 1∶1。图 5.26 中 a 为自由段长度，b 为锚固段长度，T 为施加预应力值。

综合以上因素，本边坡工程中把锚索方向确定为与水平夹角为 20°。

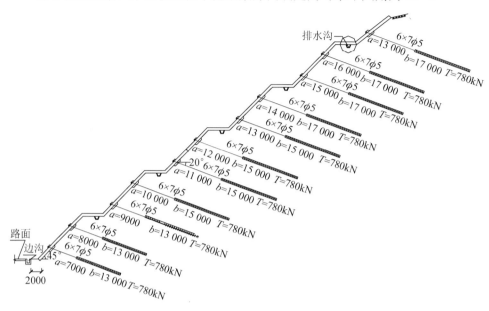

图 5.26　边坡支护剖面图（单位：mm）

4. 边坡的排水体系

排水体系是边坡支护设计的重要组成部分，排水是保持边坡稳定的一个重要措施。我国每年所发生的滑坡事故，大部分都与水有关。

在本支护方案中，每个台阶平台上设水平方向的排水沟，排水沟沟底斜率为0.004，排水沟到边坡两边与集水沟连接，集水沟把水送到道路边沟。边坡每根锚索使用 3 个承载体，承载体之间距离为 4～7m，如图 5.27 所示。

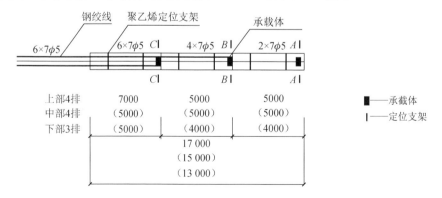

图 5.27　承载体及定位支架布置图（单位：mm）

根据地层条件、设计锚固力、钻孔参数等确定承载体尺寸，确保承载体能充分发挥作用。承载体的最大外径一定要与设计的钻孔直径相匹配，并且在较软的地层中要加大与孔壁的接触面积（图 5.28）。

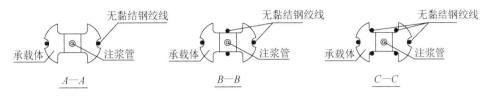

图 5.28   钢绞线在承载体中的位置

本工程的承载体参数如下：弯曲强度大于等于 85MPa，冲击强度大于等于 23kJ/m³，压缩强度大于等于 110MPa，吸水率小于等于 0.10%。

定位支架起定位对中作用，其尺寸满足本设计方案的孔径即可，对其形状及长度可依实际情况确定。注浆管如果无法从承载体中间穿过，可以从承载体旁边过（图 5.29）。

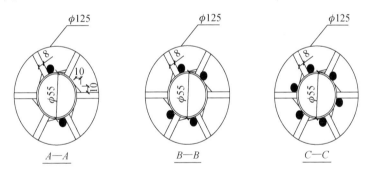

图 5.29   钢绞线在定位支架中的位置（单位：mm）

5.3.5   监测结果与分析

本工程中为永久边坡，所以对锚杆的预应力值进行长期监测。需要对锚索测力计观测一年，每天观测一次，记录观测时的温度、测力计的压力值及频率。

1）锚索测力计观测数据分析。锚索测力计安装之后，每天测量一次。根据近两个月的观测资料，绘制成锚杆内力随时间的变化曲线。

2）各排锚索内力随时间变化的特点。根据已观测的 12 个月（从 2007 年 1 月 1 日开始）的锚索内力数据，绘出内力随时间变化的曲线图如图 5.30 所示。

图 5.30（a）为第 1 排（也是最下面的那排）锚杆的内力随时间变化曲线。第 1 排锚杆开始观测时的内力为 795.54kN，最小值降到 738.15kN，比初始值减少 7.2%；最大值升到 967.85kN，比初始值增加 21.6%；内力基本在小范围内波动。

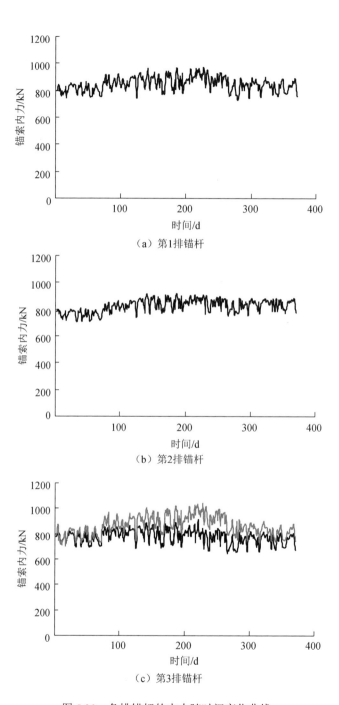

（a）第1排锚杆

（b）第2排锚杆

（c）第3排锚杆

图 5.30　各排锚杆的内力随时间变化曲线

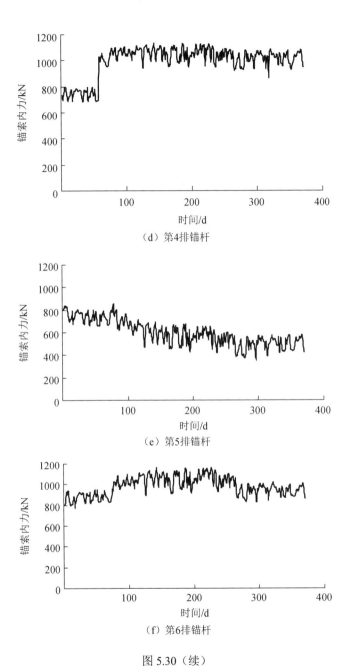

（d）第4排锚杆

（e）第5排锚杆

（f）第6排锚杆

图 5.30（续）

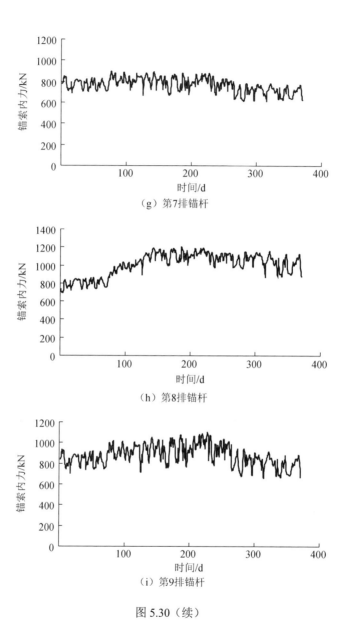

（g）第7排锚杆

（h）第8排锚杆

（i）第9排锚杆

图 5.30（续）

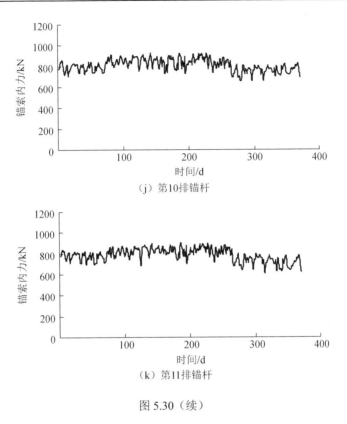

（j）第10排锚杆

（k）第11排锚杆

图 5.30（续）

　　图 5.30（b）为第 2 排锚杆的内力随时间变化曲线。第 2 排锚杆开始观测时的内力为 784.04kN，最小值降到 709.34kN，比初始值减少 9.5%；最大值升到 920.97kN，比初始值增加 17.5%；第 2 排锚杆内力也基本在张拉值左右小范围波动，与第 1 排锚杆内力差不多，可见边坡下部土体较为稳定。

　　图 5.30（c）为第 3 排锚杆的内力随时间变化曲线。第 3 排在相邻的两个锚墩上各安装一个测力计，用来对比检验测力计的性能。观测数据表明，两个测力计数据的变化曲线是一致的，这样可知测力计的质量是可靠的，其观测结果是有效的资料。但随着时间推移，两者在数值上还是有明显的差别，因为毕竟是安装在不同的锚墩上。在接近 250d 的时候，水平间距为 4m 的两个锚杆的内力相差达到 19.8%。300d 之后的曲线显示出两者的数值有接近的趋势。

　　图 5.30（d）为第 4 排锚杆的内力随时间变化曲线。第 4 排的锚杆内力在第 58d 后突然有很大的增幅，从 688.96kN 增加到 1032.79kN，增幅达 49.9%。我们查阅观测记录的天气情况，发现在监测的这几天有大量的降雨。本边坡的地质情况非常复杂，第 4 排锚杆位置有破碎的岩层，夹有一层泥叶岩，遇水之后局部会产生滑移，这时支护在边坡上的锚杆提供了锚固力，限制了边坡的位移，这样边坡就把下滑力传递一部分给锚杆，所以第 4 排锚杆内力增加很大。而泥叶岩和膨

胀土的特性还不一样，泥叶岩产生变形后，即使含水率降低，也不会使锚杆内力明显的减小。这点可以从图 5.30（d）看出来，图中曲线显示，锚杆内力增大后居高不下，没有明显的回落。

图 5.30（e）为第 5 排锚杆的内力随时间变化曲线。第 5 排的锚杆内力有明显的持续下降趋势，这点与其他所观测的锚杆内力变化规律明显不同。这可能是孔底有局部的坍塌，导致注浆时无法在孔底浇注密实。压力型锚杆施加预应力后，钢绞线把预应力传递到孔底的承载体，承载体对浆体产生压力，这时如果浆体不密实将有较大的压缩量，表现在锚杆内力有所降低。从图 5.30（e）中可以看出，在 125d 之后，锚杆内力虽然也有较大的波动，但其平均值基本保持在 500kN 左右。在 250d 之后，基本保持在 480kN 左右波动。

图 5.30（f）为第 6 排锚杆的内力随时间变化曲线。第 6 排锚杆开始观测时的内力为 800.31kN，开始观测后的 100d 内，锚杆内力基本在持续上升。第 100～270d 内，其平均值就稳定了，平均值为 1020kN，比初始值增加 27.5 %。可以认为是泥质岩遇水之后局部产生滑移，导致第 6 排锚杆内力有所增大。270d 之后有所下降，在 920kN 左右波动。

图 5.30（g）为第 7 排锚杆的内力随时间变化曲线。第 7 排锚杆开始观测时的内力为 779.61kN，最小值降到 665.96kN，比初始值减少 14.6%；最大值升到 895.44kN，比初始值增加 14.9 %；第 7 排锚杆内力基本在张拉锁定值两边波动，变化较为平稳。250d 后有所下降，下降后的锚杆内力平均值约为 700kN。

图 5.30（h）为第 8 排锚杆的内力随时间变化曲线。第 8 排锚杆开始观测时的内力为 740.94kN，内力变化明显的分为 3 个阶段。开始观测后的 72d 内，锚杆内力基本在 780kN 左右波动；从第 73～130d，这是内力上升期，从平均值 780kN 升到 1100kN，升幅达 41%；从第 131d 之后基本在 1100kN 左右波动；从第 300d 之后有所下降，基本在 1000kN 左右波动。第 8 排锚杆内力变化和第 6 排锚杆很相似，可以认为是泥质岩遇水之后局部产生滑移导致第 8 排锚杆内力增大。

图 5.30（i）为第 9 排锚杆的内力随时间变化曲线。第 9 排锚杆开始观测时的内力为 836.83kN，相比于其他所观测的锚杆，这根锚杆内力波动幅度最大。最大值升到 1107.23kN，比初始值增加 32.3%。从第 270d 之后有所下降，基本在 800kN 左右波动。

图 5.30（j）为第 10 排锚杆的内力随时间变化曲线。第 10 排锚杆开始观测时的内力为 772.45kN，最小值降到 653.06kN，比初始值减少 15.5%；最大值升到 933.86kN，比初始值增加 20.9 %。从整体上看，第 10 排锚杆内力变化较为平稳。

图 5.30（k）为第 11 排（最高处）锚杆的内力随时间变化曲线。第 11 排锚杆开始观测时的内力为 775.30kN，最小值降到 604.81kN，比初始值减少 22.1%；最大值升到 902.67kN，比初始值增加 16.4%。从第 10 排和第 11 排锚杆内力变化可以看出，边坡最上部土体也较为稳定。

　　由上面各根锚杆的内力曲线图可知，锚杆内力变化范围在极限承载力之内，说明用这种类型的锚杆来支护边坡是可行的。降水对锚索内力的影响如图 5.31 所示。图 5.31 为测力计安装两个月后大量降雨前后的锚索内力变化值。从图 5.31 中可以看出，雨水对锚杆内力有很大的影响，内力变化为 10%～20%。第 4 排锚索的内力变化特别大，达到 50%。

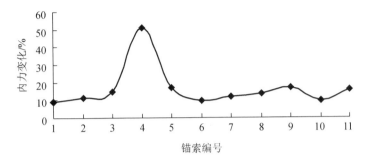

图 5.31　雨水对各排锚杆内力的影响

　　第 4 排锚索内力增加特别大的原因，这是由于本边坡的地质情况非常复杂，在边坡中部位置（也就是 4 号锚索位置）有破碎的岩层，夹有一层砂质岩，遇水之后局部会产生滑移，这时支护在边坡上的锚索提供了锚固力，限制了边坡的位移，这样边坡就把下滑力传递一部分给锚索，所以 4 号锚索内力增加最大。可见本工程的支护很及时，如果没有锚索支护，极有可能产生滑坡事故。边坡支护之前就有局部的塌方，如图 5.32 所示。

图 5.32　边坡支护前的局部塌方

　　虽然 4 号锚索的内力增长很大，但由于各个锚头之间都用钢筋混凝土梁连接起来，形成一个支护整体，所以边坡还是稳定的。这也正是本支护方案的优点之一。如果没有钢筋混凝土梁连接，则单根锚杆内力增大这么多就可能这根锚杆发生破坏了。

从监测结果可看出，本章中研究的边坡锚杆内力变化与长江三峡船闸边坡的锚杆内力变化有所不同。长江三峡船闸边坡的锚杆内力在张拉后 5 年内预应力锚杆总荷载损失率平均为 14.45%，其中，前 6 个月的荷载损失率占 40%左右。而本章中研究的边坡锚杆内力并无明显的荷载损失，反而有小幅度的内力增长，这表明本边坡的岩土较为破碎，边坡在雨水作用下产生一定的变形。

现在的边坡锚杆支护，除了边坡整体稳定要满足要求外，单根锚杆的安全系数也要达到要求。我国的《岩土锚杆与喷射混凝土支护技术规范》（GB 50086—2015）对锚杆锚固段注浆体与地层间的黏结抗拔安全系数的要求如表 5.3 所示。

表 5.3　锚杆锚固段注浆体与地层间的黏结抗拔安全系数

锚固工程安全等级	破坏后果	安全系数	
		临时锚杆	永久锚杆
		≤2 年	>2 年
I	危害大，会构成公共安全问题	1.8	2.2
II	危害较大，但不致出现公共安全问题	1.6	2.0
III	危害较轻，不构成公共安全问题	1.5	2.0

本章根据实测的锚杆内力资料，除以锚杆的极限承载力，得到各层锚杆的安全系数如图 5.33 所示。

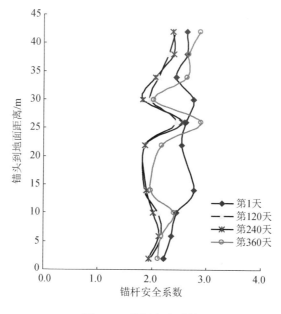

图 5.33　锚杆安全系数

从图 5.33 中可以看出，各排锚杆的安全系数大多在 2.0～2.7 范围内，基本满足《岩土锚杆与喷射混凝土支护技术规范》（GB 50086—2015）要求。锚杆安全系数沿高度方向分布比较均匀，也印证了本工程中的锚杆设计参数取值比较科学合理。张拉结束锁定时，各层锚杆的安全系数较大，随着锚杆内力增大，相应的安全系数也在减小，但到一定时间后基本稳定下来。

5.4　大连星海湾高边坡支护案例

5.4.1　地质条件

目前很多城市的高陡边坡支护大多采用放坡及喷锚支护这一较为传统的做法，这种形式的喷锚支护只能解决边坡的局部坍塌及防止雨水侵蚀，边坡稳定性靠放坡解决。这样的做法存在以下缺点：①放坡的坡度缓，占用较多土地；②土石方开挖量大；③边坡稳定性差，边坡的稳定完全依赖于放坡，如果边坡中存在着软弱结构面或破坏带，当受到外界扰动，如振动、地震等因素影响时，边坡有可能失稳；④喷射混凝土面层对公路周边环境产生一些不利影响，尤其是破坏了城市的绿化，影响了局部的生态环境。

大连的城区分布在辽东半岛的南端，为千山山脉余脉南延的丘陵区，濒临黄海，毗连陆地，形成依山傍水的自然地理环境。由于受地质构造、风化剥蚀及水流侵蚀等内、外地质营力作用形成了复杂的地形地貌，其基底地层主要由震旦纪石英岩、板岩及石英岩夹薄层板岩组成，局部有灰岩、泥灰岩及辉绿岩等出露。上覆松散第四系堆积物。山顶海拔标高一般为 100～200m，地形坡度随地面标高提升而变陡，山麓下部为 5°～10°，中部为 10°～20°，上部为 25°～70°。临海地势形成陡崖峭壁，高度为 20～70m。

近年来，随着城市经济建设的发展和需要，尽可能利用了宝贵的土地资源，但受丘陵地势条件限制，大连城市区的斜坡岩土体在降水作用下，不断发生地质灾害，并具有突发性，危及人身和财产安全。

大连古城堡所在的地层主要为青白口系桥头组与震旦系长岭子岭，前者由石英岩、变质石英砂岩与板岩组成。青白口系主要为一套陆源碎屑岩建造，其岩石类型以石英砂岩为主，次为长石石英砂岩、砂板岩、千枚岩。岩石普遍遭受低绿片岩相变质。震旦系为碳酸盐岩建造，其岩石类型以灰岩、白云岩为主，有少量泥灰岩，底部长岭子组为一套板岩、千枚岩，并遭受低绿片岩相变质作用。侵入岩在区内不发育，仅在旅顺老铁山西侧出露一岩浆杂岩体（变质辉长岩和闪长岩），除此之外，区内还可见一些顺层侵入的辉绿岩脉，并与地层一同遭受褶皱变形。场区共发现断层 36 条，按生成先后分为近东西向、近南北向、北东向和北西向四组。

古城堡边坡支护的主要困难在于以下两点：

1）复杂的地质条件。古城堡边坡地段多为顺层坡，同时边坡面与水平面夹角为 40° 左右，大于岩层倾角，形成不稳定因素，易产生滑坡。对这种地质情况，根据国内外的研究成果，最好采用锚杆（索）支护，因为锚杆可以提供深层的锚固力，尤其适用于边坡的永久支护。

2）建筑物对边坡稳定性影响。古城堡要建筑在半山腰，对于下部边坡而言，相当于在坡顶面附加了荷载。

5.4.2　设计方案

根据对古城堡边坡破坏模式分析，得出边坡可能产生的破坏方式有以下几种。

1. 典型剖面 1 的稳定分析

典型剖面 1 计算模型如图 5.34 所示。

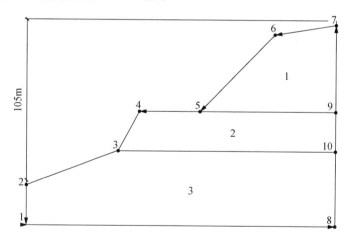

图 5.34　典型剖面 1 计算模型

无支护时典型剖面 1 上部边坡，圆弧滑动的稳定系数为 0.744 和 0.807，如图 5.35 所示。

无支护时典型剖面 1 上部边坡，直线滑动的稳定系数为 0.961 和 0.931，如图 5.36 所示。

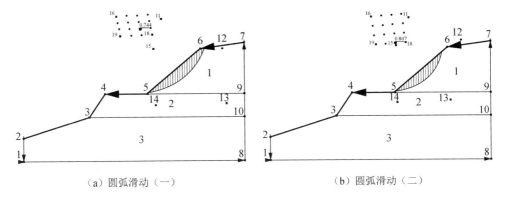

（a）圆弧滑动（一）　　　　　　　　　　　（b）圆弧滑动（二）

图 5.35　典型剖面 1 上部边坡圆弧滑动的稳定分析

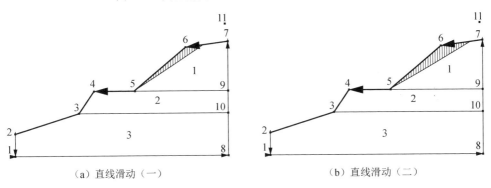

（a）直线滑动（一）　　　　　　　　　　　（b）直线滑动（二）

图 5.36　典型剖面 1 上部边坡直线滑动的稳定分析

无支护时典型剖面 1 上部边坡，折线滑动的稳定系数为 0.883 和 0.909，如图 5.37 所示。

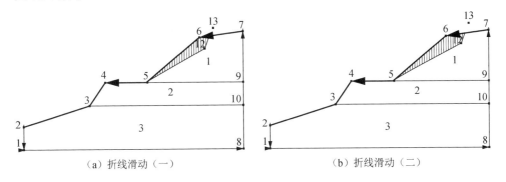

（a）折线滑动（一）　　　　　　　　　　　（b）折线滑动（二）

图 5.37　典型剖面 1 上部边坡折线滑动的稳定分析

锚杆支护时典型剖面 1 上部边坡，圆弧滑动的稳定系数为 1.031，如图 5.38 所示。

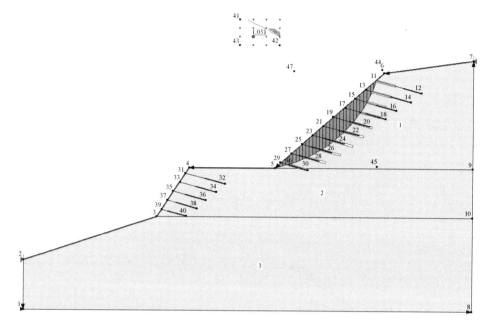

图 5.38　典型剖面 1 上部边坡锚杆支护圆弧滑动的稳定分析之一

　　锚杆支护时典型剖面 1 上部边坡，直线滑动的稳定系数为 1.362 和 1.514，如图 5.39 所示。

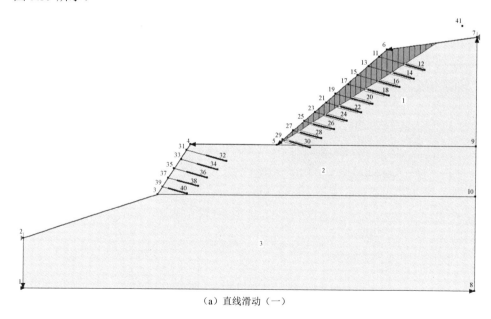

（a）直线滑动（一）

图 5.39　典型剖面 1 上部边坡锚杆支护直线滑动的稳定分析

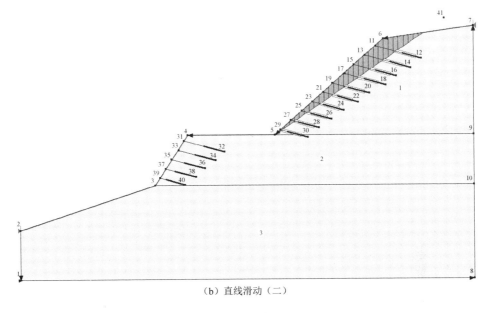

（b）直线滑动（二）

图 5.39（续）

锚杆支护时典型剖面 1 上部边坡，折线滑动的稳定系数为 1.324 和 1.325，如图 5.40 所示。

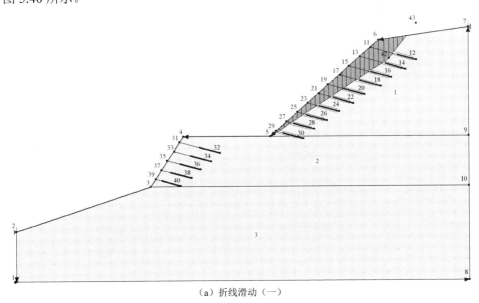

（a）折线滑动（一）

图 5.40　典型剖面 1 上部边坡锚杆支护折线滑动的稳定分析

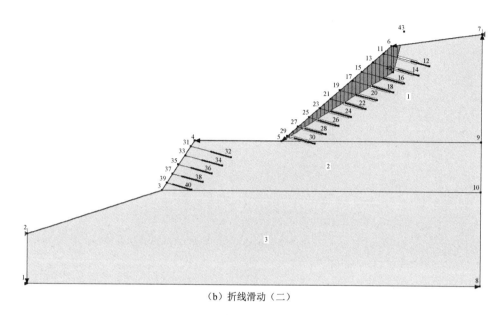

（b）折线滑动（二）

图 5.40（续）

无支护时典型剖面 1 下部边坡，圆弧滑动的稳定系数为 0.724，如图 5.41 所示。

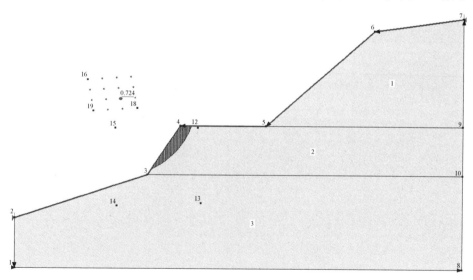

图 5.41 典型剖面 1 下部边坡无支护圆弧滑动的稳定分析

无支护时典型剖面 1 下部边坡，直线滑动的稳定系数为 0.838 和 0.851，如图 5.42 所示。

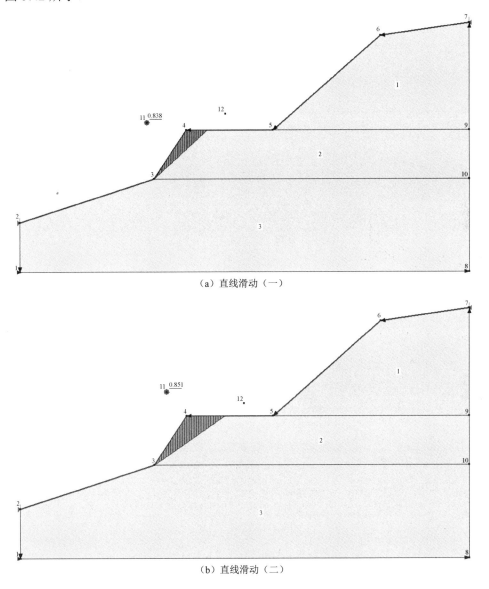

（a）直线滑动（一）

（b）直线滑动（二）

图 5.42　典型剖面 1 下部边坡无支护直线滑动的稳定分析

无支护时典型剖面 1 下部边坡，折线滑动的稳定系数为 0.855 和 0.779，如图 5.43 所示。

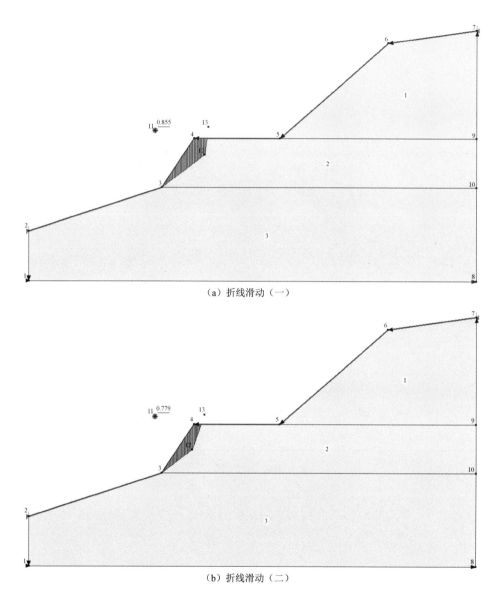

（a）折线滑动（一）

（b）折线滑动（二）

图 5.43 典型剖面 1 下部边坡无支护折线滑动的稳定分析

锚杆支护时典型剖面 1 下部边坡，圆弧滑动的稳定系数为 0.926，如图 5.44 所示。

锚杆支护时典型剖面 1 下部边坡，直线滑动的稳定系数为 1.822 和 1.216，如图 5.45 所示。

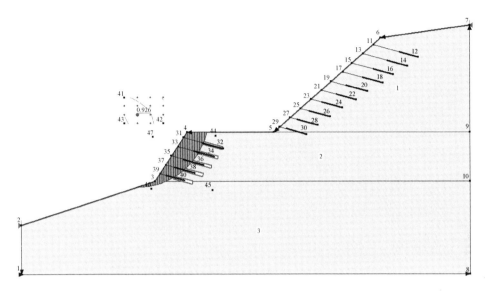

图 5.44　典型剖面 1 下部边坡锚杆支护圆弧滑动的稳定分析

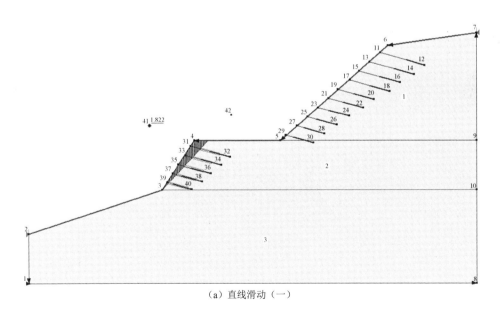

（a）直线滑动（一）

图 5.45　典型剖面 1 下部边坡锚杆支护 1 直线滑动的稳定分析

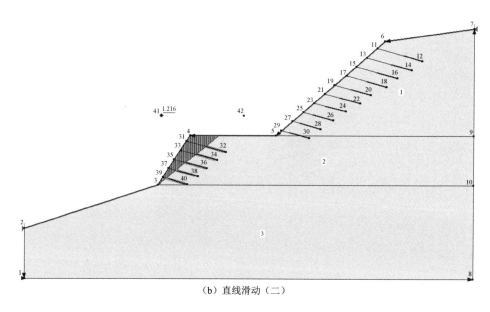

（b）直线滑动（二）

图 5.45（续）

锚杆支护时典型剖面 1 下部边坡，折线滑动的稳定系数为 1.272 和 1.269，如图 5.46 所示。

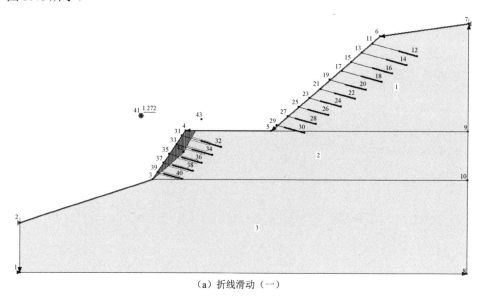

（a）折线滑动（一）

图 5.46 典型剖面 1 下部边坡锚杆支护 1 折线滑动的稳定分析

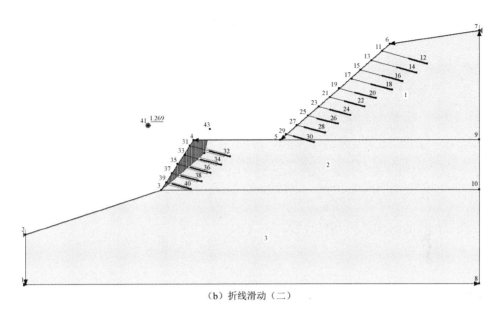

（b）折线滑动（二）

图 5.46（续）

锚杆支护时典型剖面 1 下部边坡,考虑外荷载,圆弧滑动的稳定系数为 0.751,如图 5.47 所示。

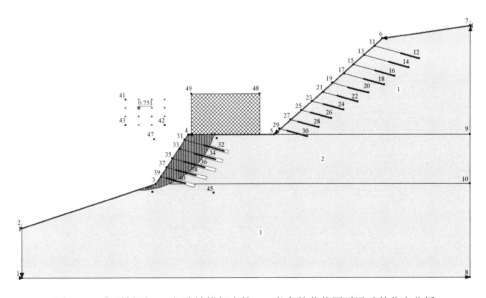

图 5.47　典型剖面 1 下部边坡锚杆支护 1,考虑外荷载圆弧滑动的稳定分析

　　锚杆支护时典型剖面 1 下部边坡，考虑外荷载，直线滑动的稳定系数为 1.402
和 0.927，如图 5.48 所示。

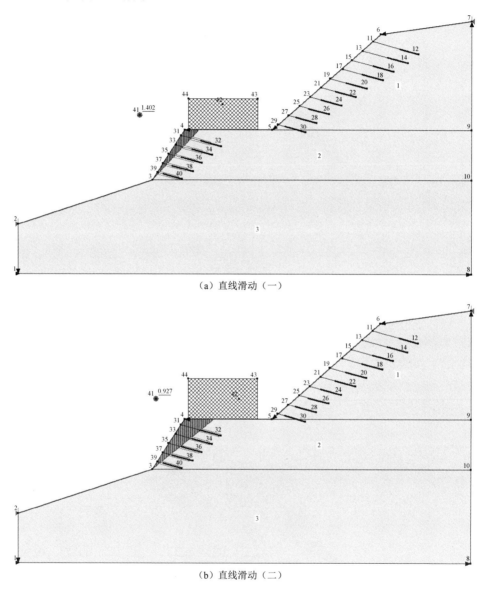

（a）直线滑动（一）

（b）直线滑动（二）

图 5.48　典型剖面 1 下部边坡锚杆支护 1，考虑外荷载直线滑动的稳定分析

　　锚杆支护时下部边坡，考虑外荷载，折线滑动的稳定系数为 1.030 和 0.980，
如图 5.49 所示。

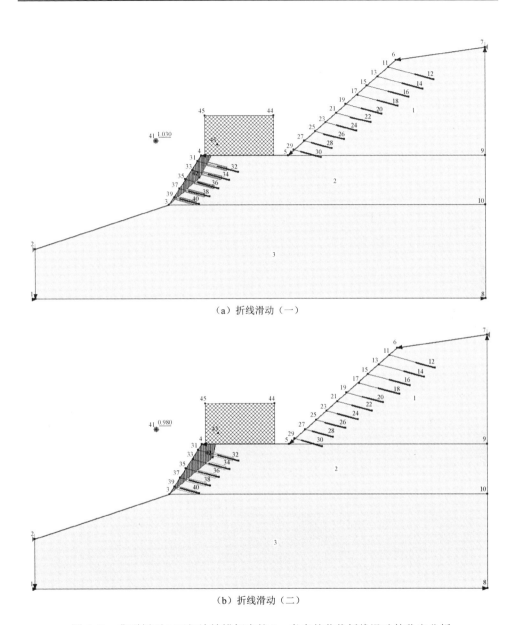

（a）折线滑动（一）

（b）折线滑动（二）

图 5.49　典型剖面 1 下部边坡锚杆支护 1，考虑外荷载折线滑动的稳定分析

下面对下部边坡的锚杆间距加密，竖直间距改为 4m，水平间距改为 4m。

锚杆支护时下部边坡，无外荷载，圆弧滑动的稳定系数为 1.036，如图 5.50 所示。

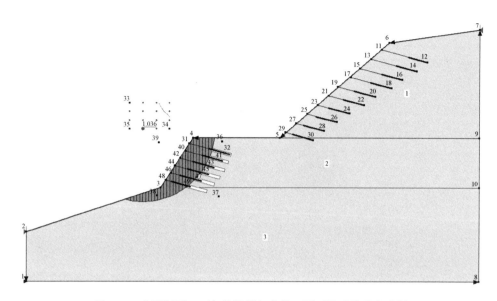

图 5.50　典型剖面 1 下部边坡锚杆支护 2 圆弧滑动的稳定分析

锚杆支护时下部边坡，无外荷载，直线滑动的稳定系数为 1.853，如图 5.51 所示。

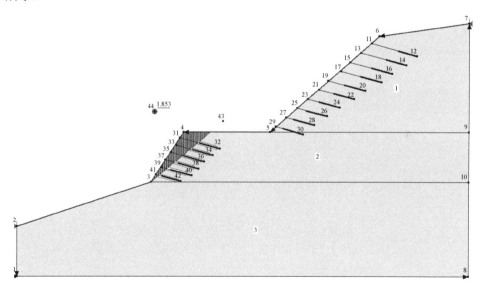

图 5.51　典型剖面 1 下部边坡锚杆支护 2 直线滑动的稳定分析

锚杆支护时下部边坡，无外荷载，折线滑动的稳定系数为 1.831 和 1.971，如图 5.52 所示。

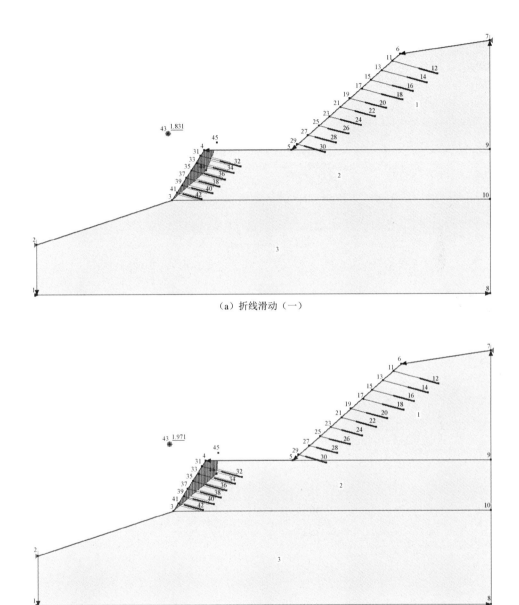

（a）折线滑动（一）

（b）折线滑动（二）

图 5.52　典型剖面 1 下部边坡锚杆支护 2 折线滑动的稳定分析

　　锚杆支护时下部边坡，考虑外荷载，圆弧滑动的稳定系数为 0.835，如图 5.53 所示。

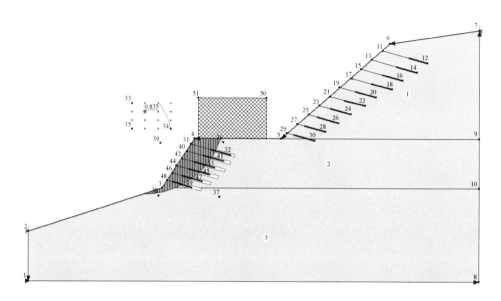

图 5.53 典型剖面 1 下部边坡锚杆支护 2，考虑外荷载圆弧滑动的稳定分析

锚杆支护时下部边坡，考虑外荷载，直线滑动的稳定系数为 1.212，如图 5.54 所示。

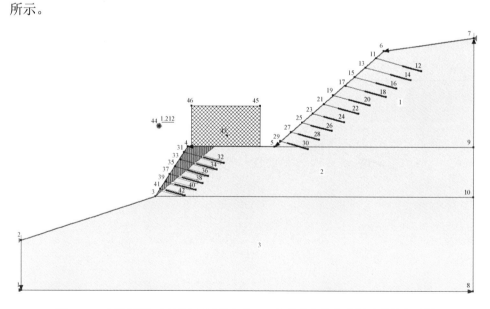

图 5.54 典型剖面 1 下部边坡锚杆支护 2，考虑外荷载直线滑动的稳定分析

锚杆支护时下部边坡，考虑外荷载，折线滑动的稳定系数为 1.299 和 1.426，如图 5.55 所示。

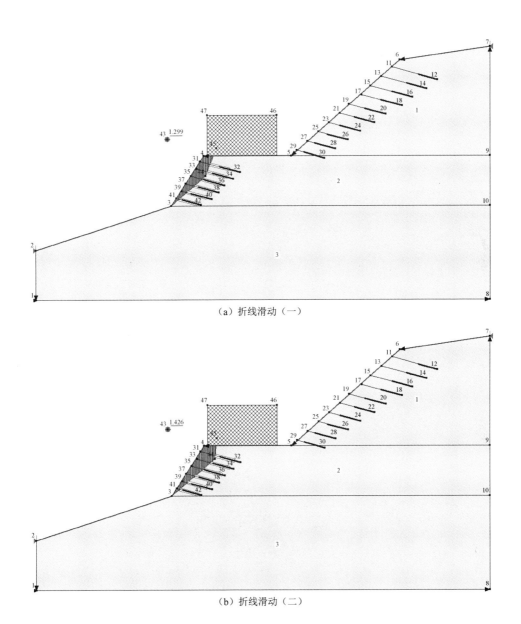

（a）折线滑动（一）

（b）折线滑动（二）

图 5.55 典型剖面 1 下部边坡锚杆支护 2，考虑外荷载折线滑动的稳定分析

2. 典型剖面 2 的稳定分析

典型剖面 2 的计算模型如图 5.56 所示。

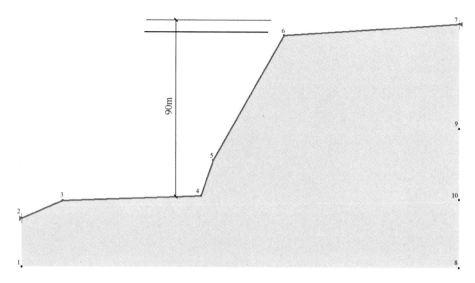

图 5.56　典型剖面 2 的计算模型

锚杆支护边坡，折线滑动的稳定系数为 0.590，如图 5.57（a）所示。土体参数太小，修改如下：内摩擦角为 25°，黏聚力为 50kPa；折线滑动稳定系数为 0.868，修改如下：内摩擦角为 30°，黏聚力为 80kPa，折线滑动稳定系数为 1.169，如图 5.57（b）所示。

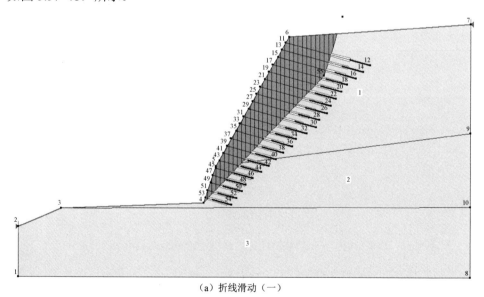

（a）折线滑动（一）

图 5.57　典型剖面 2 边坡锚杆支护折线滑动的稳定分析

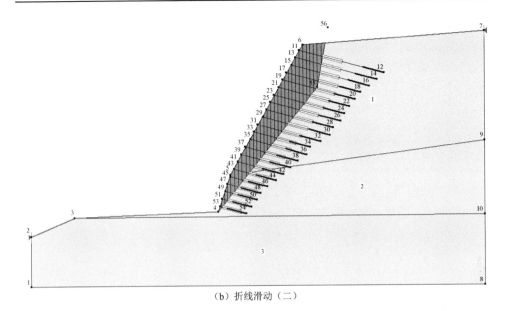

（b）折线滑动（二）

图 5.57（续）

土体内摩擦角为 30°，黏聚力为 80kPa，锚杆支护边坡，折线滑动的稳定系数为 1.305。

土体内摩擦角为 30°，黏聚力为 80kPa，锚杆支护边坡，直线滑动稳定系数为 1.475 和 1.183，如图 5.58 所示。

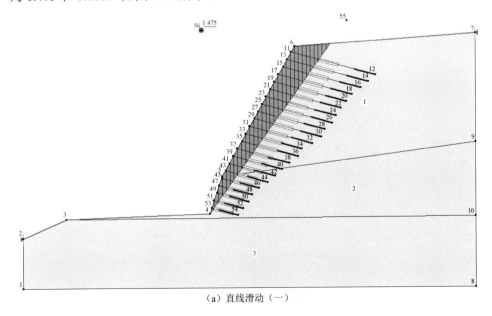

（a）直线滑动（一）

图 5.58　典型剖面 2 边坡锚杆支护直线滑动的稳定分析

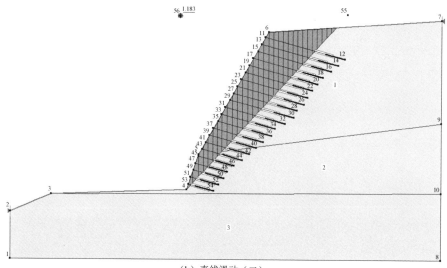

（b）直线滑动（二）

图 5.58（续）

　　根据《建筑边坡工程技术规范》（GB 50330—2013）要求，对本工程测定 7
根索的锚固性能，确定锚索的抗拔力。试验使用的设备仪器包括 ZB-06/63 型电动
油泵、YC-20/D 型千斤顶、BLR-1 拉压式荷载传感器、指示表、YJ-26 型电阻应
变仪。

　　试验方法采用分级循环加卸荷载法。每一级荷载读数三次，等上一级荷载稳
定后再进行下一级荷载，试验锚杆 1～7 的荷载-位移曲线如图 5.59 所示。

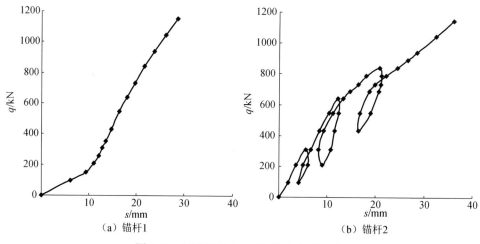

（a）锚杆1　　　　　　　　　　　　　（b）锚杆2

图 5.59　试验锚杆 1～7 的荷载-位移曲线

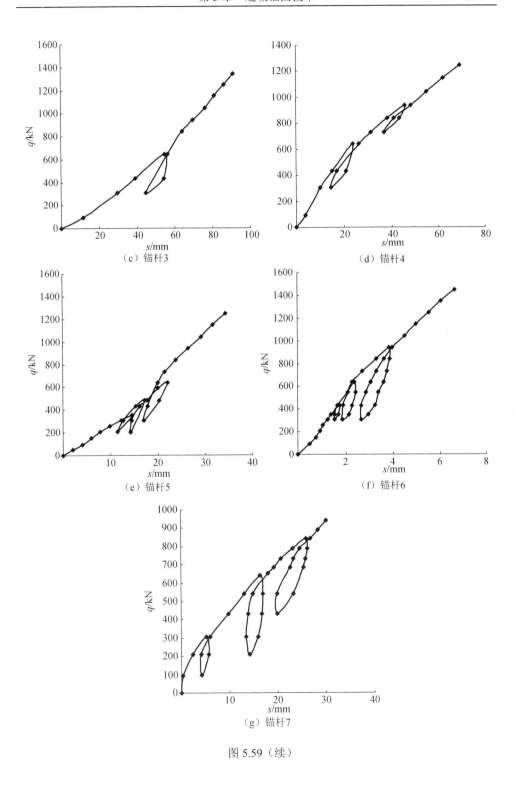

（c）锚杆3

（d）锚杆4

（e）锚杆5

（f）锚杆6

（g）锚杆7

图 5.59（续）

5.4.3　监测结果与分析

　　本项目所使用的监测仪器是丹东三达公司生产的 GMS 型锚索测力计。GMS 型锚索测力计是国家专利产品。其合理的设计及安装工艺，保证了测量精度且稳定性好，抗干扰能力强，密封可靠。仪器高度小，便于现场安装操作，对后续施工影响小。单传感元件测试及数据处理简便快捷，适用于加固坝体、边坡、隧道、预应力斜拉桥、地下工程、采矿工作面和巷道、深基坑支护、结构抗浮抗倾、山体滑坡治理等预应力锚索拉力 P 的测定。

$$P = K(f_0^2 - f_i^2 - b) \tag{5.49}$$

式中，K、b——传感器常数；

　　　　f_0——初始频率（$P=0$ 时的频率）；

　　　　f_i——力为 P 时的输出频率。

　　振弦传感器之所以能将力、液压转换为频率信号输出，是因其内部装有激发电路。

　　1）其性能特点如下。①进程精度高，进程系统误差一般都在 0.5%FS（full scale，满量程）以下；回程由于有滞后，精度有所降低，综合误差一般不超过 2.5%FS。②新设计的振弦液压传感器采取特殊设计，具有良好的抗震能力，并经过多种老化处理，故在大载荷作用下具有良好的长期稳定性，优于一般振弦传感器。③实践证明，当温度不同于标定温度时，只要将传感器放在现场 2h，待热平衡后，测定现场温度的初频作为 f_0 输入式（5.49），则由 f 计算 P 仍然准确。对于长期埋设的传感器，若要求精度较高，可事先实测出初始频率 f_0 与温度 t 的关系曲线，检测时测定传感器的温度 t，找出对应的 f_0 输入式（5.49），即可完成温漂修正，获得比较准确的结果。④新产品液压传感器已经实现温度补偿，其温度系数可做到 0.1Hz/FS/℃，温度对精度的影响系数一般小于 0.025%FS/℃，工程上若允许误差在 2% 以内，不需进行温漂修正。

　　2）其主要技术参数如下：①测量范围为 0～250kN、300kN、500kN、600kN、750kN、1000kN、1200kN、1500kN、2000kN、2700kN、3000kN、3500kN、4000kN、4500kN、5000kN（按用户要求）；②分辨率小于 0.2%FS；③不重复度小于 0.5%FS；④综合误差小于 2.5%FS；⑤长期稳定性小于 1%FS；⑥密封性能为 1MPa 水压下不泄漏；⑦超范围限小于等于 5%FS；⑧穿心孔直径为可与各种型号和规格的锚具匹配（用户也可自定尺寸）；⑨工作温度为-30～+70℃；⑩外形尺寸为（ϕ150～ϕ370）×（65～100）mm；⑪质量为 4.5～45kg。

　　根据监测要求，共进行了 11 根锚杆的内力进行跟踪监测，监测期限为一年，其中边坡上部 5 根（编号分别为 1 号、2 号、3 号、4 号、5 号），边坡下部 6 根（编号分别为 6 号、7 号、8 号、9 号、10 号、11 号）。由于在边坡下部位置处受到具体状况影响，仅进行了 6 个月的试验监测，具体监测结果如图 5.60 所示。

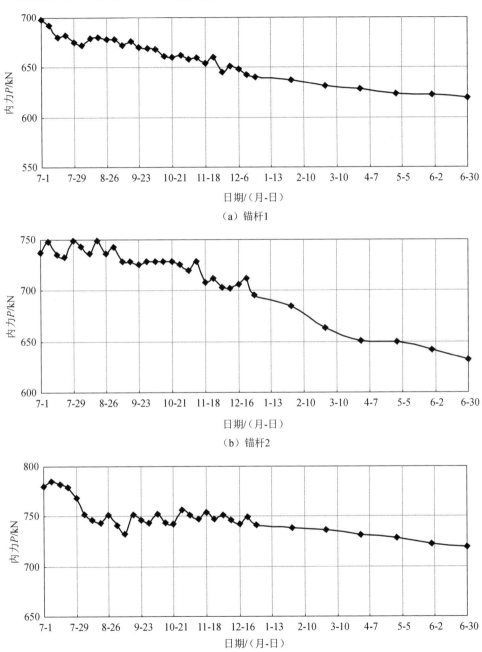

（a）锚杆1

（b）锚杆2

（c）锚杆3

图 5.60　锚杆 1～11 的内力随时间变化曲线

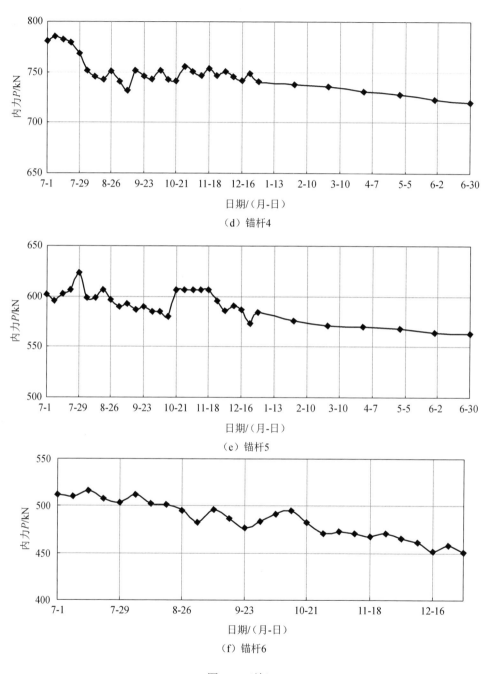

（d）锚杆4

（e）锚杆5

（f）锚杆6

图 5.60（续）

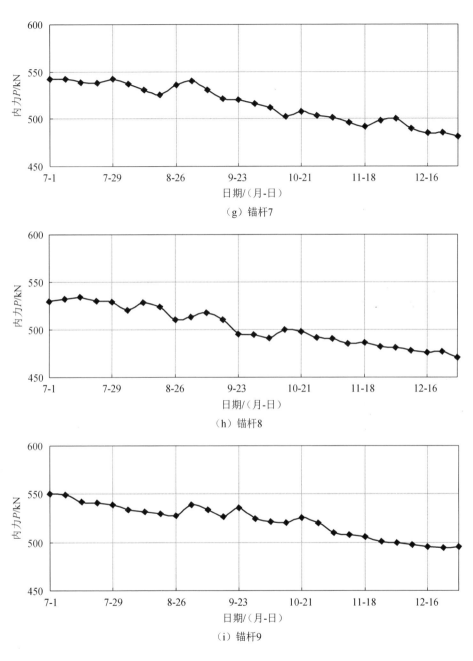

（g）锚杆7

（h）锚杆8

（i）锚杆9

图 5.60（续）

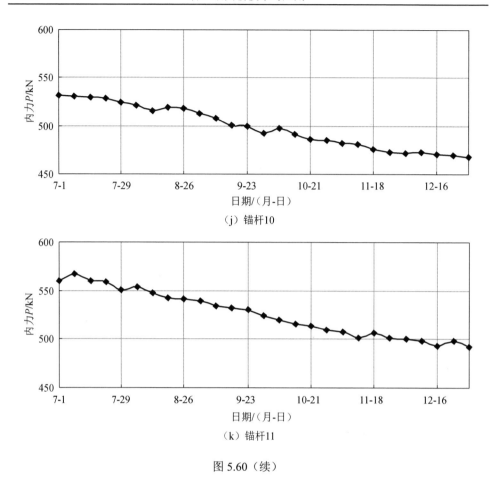

（j）锚杆10

（k）锚杆11

图 5.60（续）

　　由上面各根锚杆的内力曲线图可知，锚杆的内力随时间有部分损失，锚杆内力变化范围在极限承载力之内，说明用这种类型的锚杆来支护边坡是可行的，如大连贝壳博物馆旁边坡加固现场照片如图 5.61 所示。

图 5.61　大连贝壳博物馆旁边坡加固现场照片

5.5　大连黄泥川供暖中心高边坡支护案例

5.5.1　工程概况

大连市黄泥川供暖中心高边坡工程位于大连市高新园区黄泥川境内北侧丘陵地段，四周与群山毗邻环抱。

该边坡工程场地呈北高南低之势，经人工开山凿岩形成拟建场地设计标高为+86.00m，沿场区外边线西北、北侧及东北、东侧、东南、南侧将分别形成半圆形走向的人工岩质高边坡，边坡长约为 0.9km，边坡高度为 10～70m，平均坡高 50m以上。

1. 地形地貌

场地地貌受长期内外力地质作用演变的结果，形成了低丘类型残山的地貌特征，具有成层分异的特征，并展现了复杂多样的山地与丘间谷地地貌。

根据地貌成因类型与形态类型，勘区可分为 A 区剥蚀堆积地形、B 区构造剥蚀地形两个形态。

1）A 区分布于勘区西侧所处的低丘陵，表层岩性为冲洪积碎石土，基岩由板岩组成，最高处达 50m，山体呈东西走向，山脊线呈平缓的波浪状，山顶呈尖顶状。山体坡度为 40°～50°，高程为+86～+140m，上部基岩多裸露，植被较好。

2）B 区分布于勘区北、东及东南侧为低丘陵，由板岩组成，标高一般为+86m～+160m，山体坡度一般为 50°～60°。沿沟坡发育有数条冲沟，沟面宽为 3～8m，深为 2～5m。

2. 气象条件

场地属于北温带季风气候区，并具有海洋性气候特点，主要气象要素如下：年平均温度为 10.2℃，极端最高温度为 35.3℃，极端最低温度为-21.1℃；平均年总降水量为 671.1mm；日最大降雨量为 171.1mm；年平均风速为 5.2m/s；30 年一遇最大风速为 31.0m/s；年最多风向为 N，频率占 15%；最大积雪厚度为 37cm。基本风压：0.65kN/m^2（n=50）、0.75kN/m^2（n=100）；基本雪压：0.40kN/m^2（n=50）、0.45kN/m^2（n=100），最大积雪厚度为 37cm。土壤标准冻结深度为 0.70m，最大冻结深度为 0.93m。

3. 水文地质条件

场地位于渤海湾所濒临陆域附近，地表发育有第四纪沉积层较薄，下部基岩顶板的埋置深度小，山体大部裸露。地下水主要为季节性孔隙潜水和基岩裂隙水，主要分布于丘陵顶部碎石层中，并随之流失，与地表水水力联系较密切，勘察期间钻孔深度内均未见地下水。

4. 区域地质构造

本区是阴山纬向构造与新华夏系第二巨型隆起的复合部位，属中朝准地台辽东台隆起，复州——大连台陷区。东西、北东和北西向构造发育，形迹多样。其褶皱多为紧密线形单斜、倒转皱曲，断裂多为逆掩断层和逆断层。该区长期以来处于间歇性差异抬升的新构造运动，一直处于抬升剥蚀侵蚀状态，第四系地层堆积不连续，大部分地层缺失。勘察场地构造特征总体呈单斜构造，岩层产状为 NE30°～90°∠11°～34°。

5.5.2 工程地质条件

1. 地层岩性

在勘探控制深度范围内，场地地层自上而下分布如下。

1）碎石：黄褐色，主要是石英质碎石混黏性土而成，棱角状，碎石直径为 20～60mm，含量为 60%～80%，黏性土呈硬塑状，该土层仅分布于场地西侧 A 区范围内，不连续，分布厚度为 1.5～3.0m。地基承载力特征值 f_{ak}=260kPa。

2）强风化板岩：褐黄色，混黄褐色条纹，裂隙发育，岩芯呈碎块状。该层分布于场地低丘陵顶部，第四系土层之下，揭露厚度为 4.0～18.0m，地基承载力特征值 f_{ak}=400kPa。

3）中风化板岩：黄褐色，泥质结构，层状构造，节理裂隙发育，局部夹石英砂岩，岩芯呈柱状，短柱状，风化呈块状。该层为较软岩，遇水易软化，是场地边坡稳定性控制的主要岩层，分布连续，厚度为 10.0～30.0m。地基承载力特征值 f_a=1200kPa。

4）微风化板岩：青灰色，灰黑色，泥质结构，层状构造，节理裂隙比较发育，裂面呈褐色，局部夹石英砂岩，岩芯呈块状，短柱状，属于软岩。岩体基本质量等级为Ⅳ级，为边坡稳定性控制的主要岩层。揭露厚度为 10.0～30.0m 地基承载力特征值 f_a=2000kPa。

2. 岩土体结构面

该边坡岩层以板岩为主，地层连续沉积，厚度大，层面大体呈平直状，局部稍有起伏弯曲，面较粗糙。经地调查明，厚层板岩有泥质结构及砂质结构，板理构造，一般呈薄层状，局部呈中厚层状。岩层中主要发育一组裂隙岩层产状为 NE210°～270°∠20°～28°，延伸长，一般较光滑、平直，局部有弯曲，半张开状，为 2～4 条/m²。

以上裂隙在本高边坡岩体中均较发育，延伸较长，互相切割导致坡体呈碎裂结构，裂隙面均较平直光滑，裂隙间未见明显张开和夹泥现象，基本上属结合差的硬性结构面，导致山体有较严重的掉块及崩塌现象。A 区西侧开挖边坡为南北走向，倾向东，岩层倾向北东，山体开挖形成顺向坡，加之山体岩体内所夹薄层板岩浸水易软化，形成软弱夹层，因此岩体极易发生滑动、崩塌等破坏型式，对山体开挖后形成不稳定性严重；B 区北、东及东南侧拟开线为南北走向，板岩层理较厚，岩层为切向边坡，但垂向裂隙发育，也易引起崩塌及碎落，尤其高度较大，开挖坡度又较陡，极易引起边坡失稳。是护坡设计与施工的重中之重。

该场地是以板岩分布的丘陵区，属边坡不稳定区。褶皱、断裂构造发育，岩层层面和板岩遇水极易软化等特性在坡高陡崖，岩体易滑动、坍落、掉块，尤其降水更加剧山体沿层面滑移，地调表明山体多处有节理裂隙发育。

总之，岩层面总体为泥质胶结，局部钙硅质胶结，层面一般稍有起伏，局部平直，面较粗糙，结合程度属于结合一般～局部结合差。

3. 不良地质现象

勘区未发现大的不良地质现象，仅局部冲沟见第四系沟壁松散堆积物发生的小规模坍塌。经人工开挖，在自然营力作用下沿垂向裂隙发生的崩塌及碎落。

5.5.3　设计方案

1. 岩土设计参数

根据部分土工试验及地区经验，提出边坡稳定性验算指标的推荐值，如表 5.4 和表 5.5 所示。

表 5.4　边坡稳定性验算指标推荐值（土类及全、强风化岩类）

单元土体名称及编号	天然重度 γ（kN/m³）	快剪		固结快剪	
		c/kPa	φ/(°)	c'/kPa	φ'/(°)
①-1 碎石	22.0	30.0	35.0	—	35
②-1 强风化板岩	24.7	35.0	29.0	—	29
②-2 中风化板岩	26.3	45.0	35.0	—	35
②-3 微风化板岩	26.8	60.0	40.0	—	40

表 5.5　边坡稳定性验算指标推荐值（中风化岩类结构面）

结构面	两侧岩体坚硬程度	结构面结合程度	抗剪强度（层面）	
			c/kPa	φ/（°）
中风化板岩至微风化板层面	较软岩/较坚硬岩	结合一般~结合差	70	27
强风化板岩至中风化板层面	较软岩/较软岩	结合一般~结合差	80	28

2. 典型剖面的设计计算

典型剖面图如图 5.62 所示。

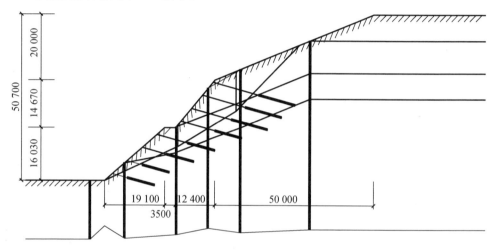

图 5.62　典型剖面图（单位：mm）

设计计算的基本参数包括边坡高度为 50 700mm；地震加速度系数为 0.100；地震作用综合系数为 0.250；抗震重要性系数为 1.000，并且不考虑水的作用影响。

整体分为 4 个坡线段数，分别如表 5.6 所示。

表 5.6　坡线段数

序号	水平投影/m	竖向投影/m	倾角/（°）
1	19.100	16.030	40.0
2	3.500	0.000	0.0
3	12.400	14.670	49.8
4	50.000	20.000	21.8

各层的岩体参数如表 5.7 所示。

表 5.7　岩体参数

序号	控制点 Y 坐标/m	容重/（kN/m³）	锚杆和岩石黏结强度 f_{rb}/kPa
1	28.400	22.0	200.0
2	16.400	24.7	200.0
3	5.400	26.3	200.0
4	−14.000	26.8	200.0

结构面参数如表 5.8 所示。

表 5.8　结构面参数

序号	水平投影/m	竖向投影/m	黏聚力/kPa	内摩擦角/（°）	水压力调整系数
1	23.300	10.400	56.0	36.0	—
2	18.400	10.800	40.0	34.0	—
3	20.000	20.180	32.0	27.0	—

锚杆（索）的控制参数包括边坡工程重要性系数为 1.1；锚固体与地层黏结工作条件系数为 1.00；锚杆钢筋抗拉工作条件系数为 0.69；钢筋与砂浆黏结强度工作条件系数为 0.60；锚杆（索）配筋荷载分项系数为 1.30。

共设置 8 层锚杆，各层锚杆的具体参数如表 5.9 所示。

表 5.9　锚杆参数

序号	支护类型	水平间距/m	竖向间距/m	入射角/（°）	锚固体直径/mm	自由段长度/m	锚固段长度/m	配筋	锚筋 f_y/MPa	钢筋与砂浆 f_b/kPa
1	锚索	4.000	20.700	15.0	130	15.000	12.000	6s15.2	1260.0	2700.0
2	锚索	4.000	4.000	15.0	130	14.000	12.000	6s15.2	1260.0	2700.0
3	锚索	4.000	4.000	15.0	130	13.000	12.000	6s15.2	1260.0	2700.0
4	锚索	4.000	4.000	15.0	130	11.000	9.000	6s15.2	1260.0	2700.0
5	锚索	4.000	4.000	15.0	130	10.000	9.000	6s15.2	1260.0	2700.0
6	锚索	4.000	4.000	15.0	130	8.000	9.000	6s15.2	1260.0	2700.0
7	锚索	4.000	4.000	15.0	130	5.000	9.000	6s15.2	1260.0	2700.0
8	锚索	4.000	4.000	15.0	130	5.000	9.000	6s15.2	1260.0	2700.0

根据上述所有设计参数，通过计算得出的安全系数为 1.787，满足设计需要。

第6章　压力型锚杆锚固技术

如第 5 章所述，在边坡锚固工程中，由于土层侧摩阻力有限，也开始采用单孔复合锚，对于永久性边坡工程，一般采用压力型单孔复合锚。考虑到拉力型锚杆的相关研究已经较为成熟，而压力锚杆的成果相对较少，尤其是压力型单孔复合锚的研究相对更少。因此，本章主要对压力型锚杆及压力型单孔复合锚进行分析。

本章在对压力型锚杆作用机理的基础上，研究了不同参数对压力型锚杆作用机理的影响，得出了压力型锚杆锚固段轴力和剪应力分布的计算方法；提出了压力型锚杆锚固长度的计算方法，并与室内模型试验进行了对比验证；在单元压力型锚杆机理研究的基础上，分析了压力型单孔复合锚杆的作用机理，研究了不同锚固体及岩土体参数对单孔复合锚杆作用机理的影响，得出了压力型单孔复合锚杆锚固段的轴力和剪应力分布计算方法。

6.1　压力型锚杆的锚固机理

尽管压力型锚杆在工程中的应用越来越广泛，但是相对于拉力型锚杆而言，关于压力型锚杆的锚固机理的理论解析研究相对较少，其中备受国内学者引用的为山东科技大学尤春安关于压力型锚索锚固段受力分析的研究成果。其得出压力型锚杆锚固段上剪应力和轴力分布的理论解析式分别为

$$\tau = \frac{P}{\pi a^2 t} \exp\left(-\frac{2}{at}z\right) \tag{6.1}$$

$$N = P \exp\left(-\frac{2}{at}z\right) \tag{6.2}$$

式中，τ——锚固体与岩土体界面上的剪应力，MPa；

P——锚索的拉力，kN；

a——钻孔半径，m；

z——距离承载体的距离，m；

N——锚固体截面上的轴力，kN；

t——参数，取值如下：

$$t = \frac{1}{\mu \tan \varphi} \left[\left(1 + \mu_s\right) \frac{E}{E'} + \left(1 - \mu_c\right) \right] \quad\quad (6.3)$$

式中，E'、E——锚固体的弹性模量，MPa；

　　　μ_s、μ_c——岩体和锚固体的泊松比；

　　　φ——界面上的内摩擦角，（°）。

锚固体与岩土体之间的界面上剪应力和正应力满足库仑条件，即

$$\tau = \sigma \tan \varphi \quad\quad (6.4)$$

从式（6.4）中可以看出，在分析锚固体与岩土体界面上的侧摩阻力时，该解忽略了锚固体与岩土体之间的界面黏聚力，与实际情况略有不符。因此，本章主要针对锚固体与岩土体界面的抗剪特性考虑锚固体与岩土体界面黏聚力，建立了压力型锚杆锚固机理的分析模型，并引入了岩土体界面黏聚力工作条件系数的概念，求解了压力型锚杆锚固段上的剪应力分布和轴力分布。采用该模型及计算结果应用分析时，只要测得岩土体和锚固体的常规参数，便可以快速便捷地计算锚固段上的剪应力和轴力分布，并预估设计荷载作用下的锚固段荷载传递长度。

6.1.1　基本假定

为便于计算分析，本章所做的基本假设如下。

1）锚固体和周围岩土体均为理想的弹塑性材料。

2）锚固体与岩土体交界面上满足 Mohr-Coulomb 强度准则，当剪应力达到最大值时，锚杆的抗拔力达到最大值。

3）锚固体截面上的轴向应力均匀分布。

6.1.2　理论推导

以承载体为坐标原点建立一维直角坐标系，即压力型锚杆示意图如图 6.1 所示，沿锚固体轴线方向取一微段进行受力分析，锚固段微元体受力图如图 6.2 所示。

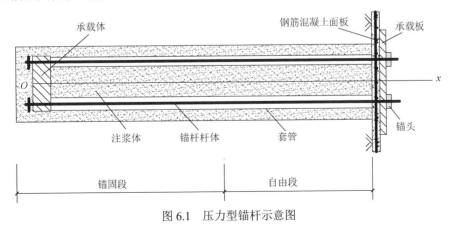

图 6.1　压力型锚杆示意图

根据图6.2中所示微单元的水平受力平衡，建立微单元体的平衡微分方程，即

$$(\sigma_x + \mathrm{d}\sigma_x)\pi R^2 + \tau_x 2\pi R\mathrm{d}x - \sigma_x\pi R^2 = 0 \tag{6.5}$$

式中，σ_x——锚固体截面上的正应力，MPa；

R——锚固体半径，m；

τ_x——锚固体与岩土体交界面上的剪应力，MPa。

式（6.5）化简可得

$$R\mathrm{d}\sigma_x + 2\tau_x\mathrm{d}x = 0 \tag{6.6}$$

考虑锚固体与岩土体交界面内摩擦角的影响，建立图6.3所示的Mohr圆关系示意图，则锚固体与岩土体交界面上剪应力为

$$\tau_x = (\sigma_R + c_w\cot\varphi)\tan\delta \tag{6.7}$$

式中，σ_R——锚固体与岩土体交界面上的正应力，kPa；

c_w——锚固体与岩土体间的黏聚力，kPa；

φ——岩土体内摩擦角，(°)；

δ——锚固体与岩土体交界面上的外摩擦角。

由于压力型锚杆的锚固段受压，会对钻孔孔壁产生径向挤压效应（与拉力型锚杆不同），锚固体与岩土体界面上的外摩擦角有可能会大于岩土体内摩擦角。因此，考虑到岩土体黏聚力和实际锚固体与岩土体间黏聚力的差异，建议取 $c_w = \xi c$，ξ 为岩土体界面黏聚力工作条件系数，取 $0.7\sim1.0$，c 为岩土体黏聚力。

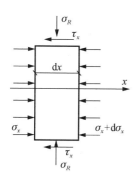

图6.2 锚固段微元体受力图

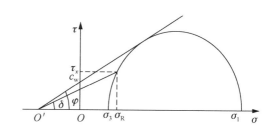

图6.3 锚固体与岩土体交界面上的应力Mohr圆

由弹性力学空间问题柱坐标下的物理方程为

$$\varepsilon_\rho = \frac{1}{E_c}[\sigma_\rho - \mu_c(\sigma_\varphi + \sigma_x)] \tag{6.8}$$

式中，ε_ρ——锚固体径向应变；

E_c——锚固体弹性模量，MPa；

μ_c——锚固体泊松比;

σ_φ——锚固体截面的环向应力,kPa。

根据第 3 条假设有 $\sigma_\varphi = \sigma_\rho = \sigma_R$,代入式(6.8),则有

$$\varepsilon_\rho = \frac{\mu_c \sigma_x - (1 - \mu_c)\sigma_R}{E_c} \tag{6.9}$$

根据弹性力学中无穷平面上圆孔受均布内压力 σ_R 作用,有

$$u_\rho = \frac{(1 + \mu_s)R^2 \sigma_R}{E_s \rho} \tag{6.10}$$

式中,u_ρ——锚固体径向位移;

E_s——岩土体弹性模量;

μ_s——岩土体泊松比;

ρ——圆孔外任一点到圆孔圆心的距离。

在锚固体与土体交界面上,即 $\rho = R$ 处,根据变形协调,联立式(6.9)和式(6.10)可得

$$\int_0^R \frac{\mu_c \sigma_x - (1 - \mu_c)\sigma_R}{E_c} \mathrm{d}\rho = \frac{(1 + \mu_s)R\sigma_R}{E_s} \tag{6.11}$$

整理得

$$\sigma_R = \frac{E_s \mu_c}{E_s(1 - \mu_c) + E_c(1 + \mu_s)} \sigma_x \tag{6.12}$$

将式(6.12)和式(6.7)代入式(6.6),则有

$$R\mathrm{d}\sigma_x + 2(k_1 \sigma_x + \xi c_w \cot\varphi)\tan\delta \mathrm{d}x = 0 \tag{6.13}$$

式中,$k_1 = \dfrac{E_s \mu_c \tan\delta}{E_s(1 - \mu_c) + E_c(1 + \mu_s)}$。

代入边界条件 $x = 0$ 时,$\sigma_x = \sigma_0 = P/\pi R^2$ 解得

$$\sigma_x = \left(\frac{P}{\pi R^2} + \frac{\xi c_w}{k_2}\right)\exp\left(-\frac{2k_1}{R}x\right) - \frac{\xi c_w}{k_2} \tag{6.14}$$

式中,$k_2 = \dfrac{E_s \mu_c \tan\varphi}{E_s(1 - \mu_c) + E_c(1 + \mu_s)}$;

P——锚杆受到的外荷载。

联立式(6.7)、式(6.12)、式(6.14)可得,锚固体与岩土体界面上任一点的剪力为

$$\tau_x = \left(k_2 \frac{P}{\pi R^2} + \xi c_w\right)\exp\left(\frac{-2k_1 x}{R}\right) \tag{6.15}$$

由式(6.14)得,锚固体内距离底部 x 处的任一点的轴力为

$$N_x = \left(P + \frac{\xi c_w \pi R^2}{k_2} \right) \exp\left(-\frac{2k_1 x}{R} \right) - \frac{\xi c_w \pi R^2}{k_2} \tag{6.16}$$

式（6.15）和式（6.16）即为锚固段的剪力和轴力分布公式，可以看出，解析式中完整地包含了锚固体与岩土体界面间的黏聚力和外摩擦角；岩土体的弹性模量、泊松比和内摩擦角；锚固体的弹性模量、泊松比、半径及外荷载对锚固体上剪应力和轴力分布的影响。

6.2 压力型锚杆的锚固长度

6.2.1 理论计算

当假定岩土体与锚固体界面的剪应力和对应的相对变形关系为理想的弹塑性关系时，即在承载体截面处的剪应力达到极限侧摩阻力之前，实际发挥作用的锚固段长度会随锚杆所受拉力的增大而增加，锚固体与岩土体界面上相应的剪应力也不断增加，并且逐渐向锚固段的远端传递，直到剪应力达到侧摩阻力的极限值而破坏。也就是说，锚杆的锚固力在一定长度范围内随锚固段长度的增加而增加，但是当锚固段长度超过一定长度后，锚杆的锚固力基本不再随锚固段长度的增加而增加，或者增加很小。

从式（6.16）可以看出，压力型锚杆锚固段中任一点 x 处的轴力随锚固段长度的增加呈指数衰减，达到某一点后轴力为零，轴力零点与承载体间的锚固段长度即为荷载所对应的实际发挥作用的锚固段长度（l_a）。因此，令式（6.16）等于零，得

$$l_a = \frac{R}{2k_1} \ln \frac{k_2 P + \xi c_w \pi R^2}{\xi c_w \pi R^2} \tag{6.17}$$

式（6.17）为锚杆锚固段最大的荷载传递长度，也就是对应于锚杆体系实际发挥作用的锚固段长度。实际工程中锚固段的设计长度宜略大于由式（6.17）计算得到的锚固长度值。

对于一个的锚杆体系，其极限承载力是体系中诸多结构极限承载力的综合反映，因此，锚杆体系的极限承载力取决于这些极限承载力中的最小值。若需要提高锚杆体系的极限承载力，只需提高锚杆体系中极限承载力最小的结构极限承载力即可。

锚杆体系的极限承载力主要由以下极限承载力综合决定：①锚下承载结构极限承载力 P_{u1}；②锚下岩土体极限承载力 P_{u2}；③锚杆杆体的极限承载力 P_{u3}；④锚固体的极限抗压承载力 P_{u4}；⑤锚固体极限侧摩阻力 P_{u5}，且体系的极限承载力取

决于其中的最小值, 即

$$P_u = \min(P_{u1}, P_{u2}, P_{u3}, P_{u4}, P_{u5}) \qquad (6.18)$$

则锚杆体系对应的锚固段长度为

$$l_u = \frac{R}{2k_2}\ln\frac{k_1 P_u + \xi c_w \pi R^2}{\xi c_w \pi R^2} \qquad (6.19)$$

根据本章侧摩阻力非线性分布的假设, 当按假定锚固体与岩土体界面侧摩阻力均匀分布设计得到锚固段长度大于式 (6.19) 计算得到的锚固段长度时, 超出的锚固长度侧摩阻力实际发挥作用很小或基本不发挥作用, 有可能会导致实际总抗拔力达不到设计要求。此时, 应采用压力型单孔复合锚杆的多级承载体单元来降低锚固段侧摩阻力峰值, 使锚固体与岩土体界面上的侧摩阻力趋于均匀分布, 并使其充分发挥。

6.2.2 参数分析

为研究岩土体的弹性模量、泊松比、黏聚力、内摩擦角及外荷载对压力型锚杆锚固段长度的影响, 选取了典型的岩土体和锚固体参数进行分析, 其中锚固体与岩土体界面外摩擦角取岩土体内摩擦角, 具体参数如表 6.1 所示。其中锚固体与岩土体间界面上的黏聚力取岩土体的黏聚力, 岩土体界面黏聚力工作条件系数取 1.0。在对其中一个参数的影响进行分析时, 其余参数保持不变。

表 6.1 岩土体和锚固体参数

名称	泊松比	弹性模量/MPa	内摩擦角/(°)	黏聚力/kPa	半径/m
岩土体	0.35	2000	20	40	
锚固体	0.25	20 000			0.075

1. 岩土体弹性模量的影响

图 6.4 为在不同岩土体弹性模量下得到的锚固段长度分布图。从图 6.4 中可以明显看出, 岩土体弹性模量越大, 即岩土体相对越坚硬时, 则对应的锚固段长度越小。对一般土体而言, 弹性模量为 10～1000MPa 时, 对应的锚固段长度介于 10.5～7.5m。对一般岩体而言, 弹性模量 1000～6000MPa 时, 则对应的锚固段长度介于 7.5～3.7m。

2. 岩土体泊松比的影响

图 6.5 为不同岩土体泊松比得到的锚固段长度分布图。从图 6.5 中可以明显看出, 锚固体的锚固段长度随着泊松比的增大而增大, 且具有明显的线性关系。但是, 当泊松比从 0.1 增加到 0.4 时, 锚固段长度仅从 5.6m 增加到 6.1m, 增幅仅为

9%左右，可见岩土体泊松比几乎对锚固段长度没有影响，可以忽略不计。因此，在用式（6.17）和式（6.19）对压力型锚杆的锚固段长度进行预估计算和工程设计时，可以忽略岩土体泊松比的变化对锚杆锚固段长度求解结果的影响。

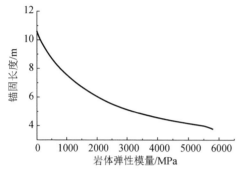 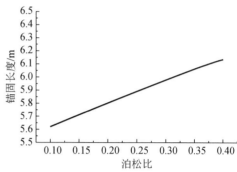

图 6.4　不同岩土体弹性模量下的锚固段长度　　图 6.5　不同岩土体泊松比下的锚固段长度

3. 岩土体黏聚力的影响

图 6.6 为在不同的岩土体黏聚力下得到的锚固段长度分布图。从图 6.6 可以看出，岩土体黏聚力越大，则锚固段长度越小。对于一般土体而言，黏聚力为 10～40kPa 时，对应的锚固段长度为 12.4～6.1m，且锚固段长度随着黏聚力的增大而急剧减小。对于一般岩体而言，黏聚力大于 40kPa 时，锚固段长度小于 6.1m。当黏聚力超过 150kPa 时，锚固段长度小于 2.3m，且变化十分缓慢，基本不在随黏聚力增大而减小。

4. 岩土体内摩擦角的影响

图 6.7 为在不同岩土体内摩擦角下得到的锚固体的锚固段长度分布图。从图 6.7 可以看出，锚固段长度整体上随内摩擦角的增大而减小。对于一般土体而言，内摩擦角小于 30°，锚固段长度为 5.0～10.2m；对于一般岩体而言，内摩擦角大于 30°，锚固段长度小于 5.0m。

5. 外荷载的影响

图 6.8 是压力型锚杆在不同外荷载作用下的锚固段长度分布图。从图 6.8 可以看出，当外荷载较小时，锚固体上荷载的传递范围较小，即实际发挥作用的锚固体长度较小；当外荷载增大时，锚固体上的荷载向更深处传递，即实际发挥作用的锚固体长度随荷载的增大而增大，但非线性规律明显，且荷载越大，曲线切线斜率越小。从图 6.8 中可以看出预应力从 20kN 增加到 500kN 时，锚固段长度从 1.0m 增加到 10.0m（假设岩土体与锚固体界面的剪应力没有超过界面侧摩阻力的极限值）。

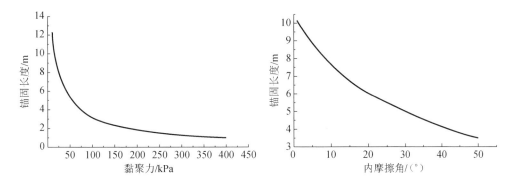

图 6.6　不同岩土体黏聚力下的锚固段长度　　图 6.7　不同岩土体内摩擦角下的锚固段长度

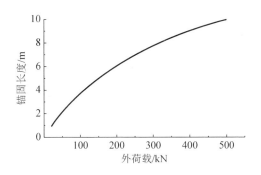

图 6.8　不同外荷载下的锚固段长度

6.2.3　分析讨论

通过图 6.4～图 6.8 研究不同岩土体参数对锚固段长度的影响分析可以看出，6.2 节求解的结果与《建筑边坡工程技术规范》（GB 50330—2013）（以下简称《边坡规范》）建议的锚固段长度取值范围比较吻合，表明《边坡规范》对锚固段长度的建议值是合理的。但是，由于《边坡规范》假定锚固段侧摩阻力为均匀分布，当按照《边坡规范》计算的锚固段长度小于《边坡规范》建议值时，按《边坡规范》侧阻力均匀分布假设计算的总侧摩阻力要小于实际发挥的总侧摩阻力，计算结果偏安全；而当按照《边坡规范》计算得到的锚固段长度大于《边坡规范》建议值时，由于在超出《边坡规范》建议值或采用本节方法计算的锚固段长度以外的锚固段的实际侧摩阻力发挥作用很小，甚至不发挥，按照《边坡规范》的侧摩阻力均匀分布假设计算的总侧摩阻力要大于实际发挥的总侧摩阻力，计算结果偏于不安全，并有可能会导致在承载体处因锚固体与岩土体界面上的剪应力超过极限侧摩阻力强度而发生破坏，界面发生破坏后导致界面间的侧摩阻力丧失，进而向远离承载体处极限发展，最终锚杆失效。因此，当计算得到的锚固段长度过长时，建议采取单孔复合锚技术，通过多个承载单元体共同受力来减小单个承载单元体承受的荷载，以此来降低单元锚固段范围内的侧摩阻力，尤其是侧摩阻力峰值，使侧摩阻力强度得到充分发挥，从而保证锚固体的总锚固力满足设计要求。

6.3　压力型单孔复合锚的锚固机理

传统的压力锚杆主要通过锚杆杆体将拉力全部传递给锚固段底部的承载体，通过承载体挤压锚固浆体进而将拉力以剪应力的形式传递至锚固体与岩土体的界面，依靠界面的侧摩阻力平衡锚杆所受到的拉力。从整体来说，压力型锚杆锚固段注浆体由于处于受压状态，防腐性能比较好，充分发挥了浆体的抗压强度，且注浆体受压膨胀时，锚固体与岩土体界面的侧摩阻力还有所增加。但是，当荷载过大时，锚固段的剪应力发挥很不均匀，可能会导致承载体附件的锚固段剪应力接近甚至达到极限值，而在远离承载体的地方侧摩阻力发挥作用很小甚至不发挥作用，从而导致锚固段上的侧摩阻力发挥水平很不充分。压力型单孔复合锚在同一个钻孔内设置多个单元承载体来共同受力，能大大降低单个承载体单元所受到的荷载，单元锚固段上承载体附件的剪应力峰值也大大降低。由于单元锚固段受到的荷载相对较小，其长度也相应较小，单元锚固段范围内的侧摩阻力相对都发挥较为充分。因此，整个锚固段上的侧摩阻力都得到充分发挥，且剪应力相对比较均匀，受力更为合理。所以，压力型单孔复合锚在锚固力要求很高或永久性工程中应用十分广泛。

6.3.1　理论计算

对于压力型单孔复合锚，根据第 6.1 节中推导得到的单元压力型锚杆剪应力式（6.15）和轴力计算式（6.16），并假定各承载体之间无相互影响，通过将各个单元承载体作用下的剪应力和轴力进行叠加，可以得到压力型单孔复合锚的锚固段上的剪应力和轴力分布，即

$$\tau = \sum_{i=1}^{n} \alpha \left(\frac{k_2 P_i}{\pi R^2} + \xi c_w \right) \exp \left[\frac{-2k_1(x - l_i)}{R} \right] \tag{6.20}$$

$$N_x = \sum_{i=1}^{n} \alpha \left(P_i + \frac{\xi c_w \pi R^2}{k_2} \right) \exp \left[\frac{-2k_1(x - l_i)}{R} \right] - \frac{n \xi c_w \pi R^2}{k_2} \tag{6.21}$$

式中，n ——承载体总个数。

l_i ——第 i 个承载体的坐标。

α ——修正系数，当 $l_i \le x \le l_i + l_a$ 时，取 1.0；当 $x > l_i + l_a$ 时，取 0。

P_i ——对第 i 个承载体所承受的荷载，且 $P_i = P/n$，P 为锚杆受到的总荷载。

6.3.2　受力分析

对压力型单孔复合锚设置 3 个承载体单元（锚杆末端为坐标原点），承载体间距为 4m，锚固段总长为 12m，单个承载体受拉荷载取 200kN，总受拉荷载为 600kN。压力型锚杆承载体受拉荷载直接取 600kN。选取表 6.1 所示的岩土体和锚固体参数，锚固体与岩土体间界面上的黏聚力取岩土体的黏聚力，岩土体界面黏聚力工作条件系数取 1.0。按照式（6.15）、式（6.16）、式（6.20）和式（6.21）分别计算压力型锚杆和压力型单孔复合锚的锚固段上的剪应力和轴力分布图如图 6.9 和图 6.10 所示。

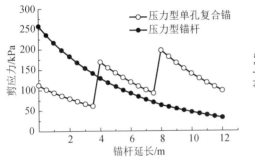
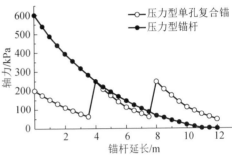

图 6.9　锚固体剪应力分布曲线　　　　　图 6.10　锚固体轴力分布曲线

从图 6.10 中可以看出，在锚杆端部，压力型单孔复合锚的剪应力约只有压力型锚杆的 43.7%，并且在 4m 范围内的剪应力要远远小于压力型锚杆，避免了压力型锚杆由于剪应力过度集中而引起的锚固体和岩土体界面发生破坏。另外，压力型单孔复合锚的剪应力在锚固段 4～8m 时要高于压力型锚杆，而在锚固段 8～12m 时，更显著高于压力型锚杆的剪应力，整体上锚固段全长范围内剪应力分布更加均匀，锚固体与岩土体间的侧摩阻力得到充分发挥，受力更加合理。从图 6.10 可以看出，压力型锚杆在承载体处的轴力为 600kN，而在距离承载体约 12.0m 处的轴力基本为 0，整个锚固段所受到的轴力很不均匀；而压力型单孔复合锚由于有 3 个承载体单元共同受力，每个承载体处的锚杆轴力只有 200kN，即为压力型锚杆最大轴力的 1/3，在锚固段 0～4m 时，其轴力显著低于压力型锚杆，且在锚固段 8～12m 时要明显高于压力型锚杆，锚固段全长范围整体轴力相对比较均匀，受力比较合理。

6.3.3　参数分析

本节主要采用推导得到的式（6.20）和式（6.21）研究分析岩土体和锚固体不同参数对压力型单孔复合锚内力传递规律的影响，重点分析岩土体和锚固体弹性模量、泊松比，岩土体黏聚力和内摩擦角，以及外荷载对压力型单孔复合锚内力传递规律的影响。岩土体和锚固体参数选取如表 6.1 所示，锚固体与岩土体间界面上的黏聚力取岩土体的黏聚力，岩土体界面黏聚力工作条件系数取 1.0。对其中一个参数进行影响分析时，其余参数保持表 6.1 中数值不变。

1. 岩土体和锚固体弹性模量的影响

从式（6.20）和式（6.21）可以看出，锚固体上剪应力和轴力分布主要受相对弹性模量（即锚固体弹性模量与岩土体弹性模量之比）影响。图 6.11 和图 6.12 分别是不同锚固体与岩土体弹性模量比对锚固体与岩土体界面上剪应力和锚固体截面上轴力的分布规律的影响分析。从图 6.11 和图 6.12 中可以看出，E_c / E_s 越大，即岩土体的弹性模量相对越小，岩土体越软，则单元锚固段上的最大剪应力越小，且分布越均匀；单元锚固段上的轴力衰减越慢，轴力越大，注浆体材料的抗压强度发挥越充分。反之，E_c / E_s 越小，即岩土体越硬，单元锚固段上的剪应力和轴力衰减相对较快，应力集中现象越明显。当 $E_c / E_s = 2.5$ 时，剪应力和轴力的分布主要集中距离单元承载体约 3.5 m 范围内的锚固体上。

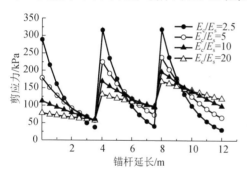 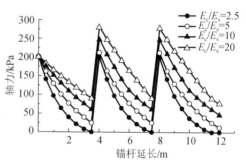

图 6.11　不同 E_c / E_s 的剪应力分布曲线　　　图 6.12　不同 E_c / E_s 的轴力分布曲线

2. 岩土体泊松比的影响

图 6.13 和图 6.14 分别为不同岩土体泊松比（锚固体泊松比不变，取 0.25）对锚固体与岩土体界面上剪应力和锚固体截面上轴力的分布规律的影响分析。从图中可以看出，泊松比越大，即岩土体越软，界面上的剪应力数值相对越小（在第一、二、三单元承载体处，泊松比为 0.4 时的剪应力分别为泊松比为 0.1 时的 86%、91% 和 94%），各单元锚固段上的剪应力整体分布越均匀；而截面上的轴力越大，各单元锚固段上的轴力整体分布越均匀。整体而言，岩土体泊松比对压力型单孔复合锚的锚固体与岩土体界面上剪应力和锚固体截面上轴力分布的影响非常小，几乎可以忽略。

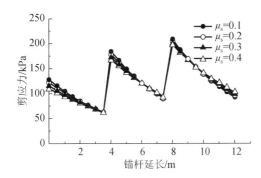
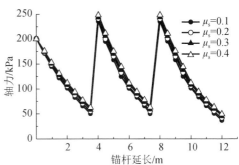

图 6.13　不同岩土体泊松比的剪应力分布曲线　　图 6.14　不同岩土体泊松比的轴力分布曲线

3. 岩土体黏聚力的影响

图 6.15 和图 6.16 分别是在不同岩土体黏聚力下得到的锚固体与岩土体界面上剪应力和锚固体截面上轴力的分布曲线。从图 6.15 和图 6.16 中可以看出，在黏聚力从 10kPa 增加到 50kPa 的过程中，3 个单元承载体处的峰值剪应力平均增加约 8%、16% 和 32%，增幅比较均匀，大概为黏聚力每增加 10 kPa，峰值剪应力增加 8%；相反，3 个单元承载体处的轴力平均下降约 5.5%、10% 和 19%，降幅较均匀，即黏聚力每增加 10kPa，轴力下降 4.5%。整体而言，岩土体黏聚力越小，各单元锚固段上的剪应力越小，分布越均匀；而轴力越大，分布越均匀。

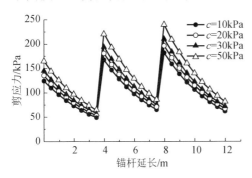
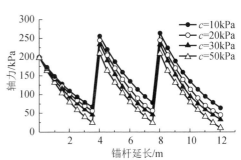

图 6.15　不同岩土体黏聚力的剪应力分布曲线　　图 6.16　不同岩土体黏聚力的轴力分布曲线

4. 岩土体内摩擦角的影响

图 6.17 和图 6.18 分别是在不同岩土体内摩擦角的情况下得到的锚固体与岩土体界面上剪应力和锚固体截面上轴力的分布曲线。从图 6.17 和图 6.18 中可以看出，岩土体内摩擦角越小，各单元承载体处的峰值剪应力越小，且各单元锚固段上的剪应力衰减较慢，其分布越均匀；而锚固段上的轴力越大，衰减越慢，其分布越

均匀。相反，岩土体内摩擦角越大，单元锚固段上的剪应力峰值越大，衰减越快，集中现象越明显；轴力衰减越快，受力越集中。当 $\varphi = 50°$ 时，剪应力和轴力主要分布在距离单元承载体约 3.5m 范围内。

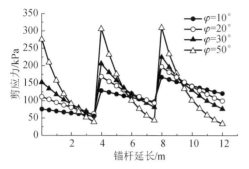 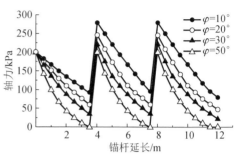

　　图 6.17　不同内摩擦角的剪应力分布曲线　　　　图 6.18　不同内摩擦角的轴力分布曲线

第三篇　地下工程抗浮

第7章 地下结构工程中的抗浮技术

7.1 地下工程抗浮概述

7.1.1 抗浮工程简介

随着城市经济建设高速发展及大中城市人口密度不断增大，在有限的可利用土地资源情况下，人们对地下空间的开发利用越来越重视，投入的资金比例也大幅度增加，地下室正朝着多层及超深的方向发展。在地下土层含水丰富的沿海城市，如大连、深圳、上海和厦门等，地下土体的空隙及岩体的裂隙赋存有大量的地下水，地下水对埋置于岩土体之中或之上的地下结构或洼式结构会产生浮托力，若结构的自重小于浮托力时将发生上拱或上浮失稳破坏。因地下水浮力所造成的建筑物、构筑物等上部结构发生倾斜、倒塌的事故屡屡发生。表7.1列举了一部分建（构）筑物因对地下水浮力未考虑或考虑不周全而发生破坏的工程实例，由于地下水浮力致使建（构）物发生破坏而造成的经济损失很大，使得工程界对地下水所产生的浮力对建筑物的影响引起重视，对地下水所产生的水浮力的处理也提上日程。

表7.1 因地下水浮力而破坏的工程实例

工程名称	破坏现象
顺德区某大厦地下室某人防工事	地下水渗入，出现裂缝并不断扩展。该工事整体上浮，初步将地板加厚500mm，并在附近开凿一降水井排水后仍然出现上浮，上浮量为200～570mm。伴随工事上浮，地面出现大范围隆起，花坛、栏杆拉裂，工事内墙可见裂缝
佛山市某大厦地下室	在构件交接处出现裂缝，并在内庭范围内出现上拱等现象
某污水处理厂的事故排放池	整个排放池被顶起并发生倾斜
海口市"梦幻园"	地下室基础上浮，上浮量为4.5m
深圳市布吉镇某花园三期游泳池	池底底板发生不同程度的上浮，产生倾斜和纵横交错的裂缝
深圳市某水厂三期	在所设置的施工缝两侧产生上拱，并出现一系列的裂缝
江苏利港电厂废水处理滞留池	在池底底板出现14条裂缝，最大裂缝宽达44mm，裂缝上宽下窄，并出现一定程度的上浮

　　由地下水浮力造成的地下室破坏大致有两类：一类是地下建筑物整体浮起，导致梁柱结点处开裂，同时底板也破坏，这种破坏多发生在整个建筑物均在地下的情况；另一类是地下室底板隆起，导致底板破坏迅速，这种破坏多发生在高层建筑的地下室中。

　　在工程上，对地下水浮力进行处理的传统措施包括压载混凝土法、抗浮灌注桩（人工挖孔灌注桩、机械转孔桩或预应力管桩）法和系统性盲沟排水法。

　　采用压载混凝土法对浮力进行处理的原理是依靠混凝土本身的自重来平衡浮力，这就需要增大地下室底板的厚度来提供足够的自重，而在地下室底板的顶标高不变原则下就加深了室内与室外的水位差，所需要底板的厚度也随之加大，直至两者达到平衡为止。如果该场地的地质土层很差，压载荷重会使该场地的地基变形增大，各部位的变形差异也将增大，这就需要较大的上部结构的整体刚度来平衡地基所产生的不均匀沉降，所以用压载混凝土处理浮力的措施既不实用也不经济。另外，由于浇注厚底板是大体积混凝土，对温度的影响比较敏感，养护起来比较困难，易出现裂缝，地下室底板防水难度增大。鉴于以上几种缺点，在工程界很少采用压载混凝土法。

　　采用抗浮灌注桩法对地下水浮力进行抗浮处理，一般工程上都是采用人工挖孔灌注桩、机械钻孔灌注桩和预应力管桩三种形式。这三种桩直径均较大，并与上部建筑的柱子一一对应，而上部结构的柱距一般不小于4m，因此抗浮桩的桩间距也很大，使得地下水产生的浮力对底板的弯矩和剪力都很大。这就需要较厚的底板和较大的钢筋配筋率来平衡弯矩和剪力，而且每根灌注桩所分担的浮力较大，即承受很大的（地下水所产生的）上拔力。如果某一根抗拔桩发生破坏，势必会发生连锁反应，而使其他抗拔桩也相继发生破坏，致使地下室的抗浮遭到整体性破坏。因此，采用抗浮灌注桩的造价很高，对施工工艺的要求也很高。

　　采用系统性盲沟排水法进行地下水浮力的处理是通过布置系统性的盲沟及降排水设备使场地地下水位维持在某一高度，即对该工程产生很小的浮托力或不产生浮托力，从而达到抗浮目的。采用该法时需要长期进行降排截水，存在很多不可预见的因素，经济上也不是很合理，所以在工程上很少采用。由于地下水浮力造成的上浮、上拱事故常采用系统性盲沟排水法进行临时性处理。

　　鉴于上述几种处理地下水浮力措施的一些优缺点，研究者们对抗浮灌注桩进行了一些改进，把大直径桩改为小直径桩，间距变小，并采用机械成孔的小直径抗浮桩来处理地下水浮力。由于孔径小（一般为100～300mm），与基坑支护及边坡处理所采用的锚杆很相似，在工程上称这种小直径抗浮桩为抗浮锚杆。采用抗浮锚杆处理地下水浮力具有以下优点。

　　1）由于抗浮锚杆间距小，底板所需要平衡的弯矩和剪力也随之变小，底板的厚度就可变薄，造价也大幅降低，又是采用钻机的单一工艺成孔，工期也大幅度缩短。同时，抗浮锚杆一般都是均匀布置，能够很好地解决在浮力或其他外力作用下产生的弯矩和剪力。一般将抗浮锚杆与底板的交接处认为是一个固定节点。若将底板的某一方向（Y 轴）上的两根相邻的抗浮锚杆之间的距离作为梁宽进行分析，则另一方向（X 轴）上的抗浮锚杆将原多跨且跨度大的梁分化成跨距小的多跨的连续梁。又由于抗浮锚杆与底板的交接处是固定节点，该梁被抗浮锚杆处理后变为超高次静定结构，具有多超静定结构的特点：①跨度减小，正负弯矩也相应地减小；②在一定程度上可调节各跨跨中及各个端结点处正负弯矩，起到协调作用；③该结构是超高次静定结构，能够在一定要求下形成多个塑性铰，这样就能够很好地将弯矩等内力进行重分布，使内力达到很好的调节，受力也进一步合理。

2）同时，采用抗浮锚杆除了平衡地下水浮力作用外，还可起到加固地基的作用，从而减小地基变形及不均匀沉降。

3）另外，由于抗浮锚杆之间的间距小，相对于大直径的抗拔桩，抗浮锚杆的数量很多，分担到每根抗浮锚杆上的浮力很小，即使其中一根或几根抗浮锚杆发生破坏也不会引起整体抗浮失效，安全性得到提高。

由于上述诸多优点，这种新型的抗浮锚杆在工程上得以广泛应用。

目前，这种新型的抗浮锚杆的设计和施工还处在探索和研究阶段，还没有现成的规范可依，大多数凭借以往的工程经验进行设计和施工，对抗浮锚杆理论上的研究远远不及工程方面的应用，这无疑成了工程界广泛应用抗浮锚杆来处理地下水浮力的"绊脚石"。因此有必要对抗浮锚杆进行系统、全方位的研究，为今后广泛应用抗浮锚杆来处理地下水浮力提供科学依据和理论指导。

7.1.2　抗浮锚杆的设计现状

在地下水位的确定及浮力计算方面，国内外学者虽然对地下水进行了一些研究，但在抗浮锚杆进行抗浮的设计中没有给出一个明确的计算式。而采用静水压力 $F = \gamma h_z$（其中 h_z 表示地下室内外水位差）进行水浮力计算是不准确的，需不需要进行折减计算也没有相关的资料可以参考。另外，h_z 的确定对浮力的大小起着决定性的作用，地下室外水位标高的确定很关键，但是水位的确定及水浮力的计算涉及岩土工程地质、水文地质等各个方面，而且基底的实际地下水浮力与静水压力计算公式所计算出来的水压力也存在很大的差别。从大量的实测资料表明，地下水压力在竖直方向随着深度的增加呈非线性增加；同时地下水可分为潜水型地下水和滞水型地下水，这两种不同形式的地下水所产生的地下水浮力也存在一定的差别；再则地下水压力值为动态变化，要正确确定最大地下水浮力，是很复杂，也是难以达到的。

每根抗浮锚杆所分担的净浮力，由上部建筑物的荷载通过柱及剪力墙传至基础，再由基础传到地基。分布在柱和剪力墙下的抗浮锚杆所受的自重很大，而分布在柱和剪力墙之外的部分所受的自重比较小。即使采用厚度很大的伐板基础，两部分的抗浮锚杆受到的由上部传下来的荷载也存在差别。在设计时抗浮锚杆所分担的净浮力为

$$F_净 = (\gamma_水 h_z - G)A \qquad (7.1)$$

式中，h_z——该场地最高设防水位与地下室基底水位高差，m；

A——每根抗浮锚杆所分担的面积，m^2；

G——平均分配到单位面积的自重，kN/m。

实际上每根抗浮锚杆所分担的上部建筑物自重 G 是不同的，所以式（7.1）得出的净浮力 $F_净$ 也有所不同。

1）土体对抗浮锚杆的单位面积摩阻力 τ 的计算。由于地下土层的复杂性，而对抗浮锚杆在不同土体中所受到力的研究很少。目前在设计时，一般认为土体对抗浮锚杆的摩擦力 τ 在每层上是均匀分布的，以此为理想模式来计算所能提供抗拔力的大小。但实际上，土体中的摩擦力沿深度分布是极不均匀的。根据《混凝土结构设计规范（2015 年版）》（GB 50010—2010），钢筋与混凝土之间能够共同变形受力是通过两者之间的黏结应力传递的。当初在没有对两者之间的受力机理进行研究之前，工程界曾认为钢筋与混凝土之间的黏聚力是均匀分布的，但通过试验研究证实两者之间的黏聚力是不均匀的，钢筋端部小、中部大、尾部小，呈鱼腹式分布。抗浮锚杆在土体中的受拉力与钢筋在混凝土中的受拉力的性质很相似，由此可以简易推断出抗浮锚杆所受摩擦力的分布是不均匀的。但土层中的抗浮锚杆所受摩擦力是以何种形式分配，在工程界还没有明确的规定。

2）抗浮锚杆竖向位移的控制标准。抗浮锚杆是通过钻机成孔，然后下钢筋束并注水泥浆而成。当抗浮锚杆受拉时，杆体必然会在竖向产生一定的弹性和塑性位移，并随力的增大而增大。通过对抗浮锚杆的基本试验：当试验加载到该杆体的极限荷载时，杆体的位移量很大，如深圳市游泳跳水馆的抗拔试验加载到极限荷载时，杆体位移达到 50mm，此时抗浮锚杆的抗浮能力也基本丧失。在抗拔桩充分受力时，桩顶的位移一般为 10~20mm。英国对小直径（不大于 178mm）的钻孔灌注桩的规定：加载达到极限荷载时桩顶的位移量为 25mm 左右（现场土层为含砾黏土）。在深圳地区，锚固地层为砾黏性土、砂砾混黏土和砾质黏土中的土层锚杆，锚固体直径小于 180mm，认为设计极限抗拔力所对应的锚头位移应小于 25mm。

3）抗浮锚杆与地下室底板搭接处的防腐处理。国内外锚杆因腐蚀破坏现象时有发生，如法国朱克斯坝有几根承载力为 1300kN 的锚杆预应力钢筋只使用几个月就发生断裂。抗浮锚杆同其他锚杆的组成相同，其杆体也是由钢筋束（1~3 根钢筋）及纯水泥浆（水灰比为 0.4~0.5）凝固后形成整体共同受力，通过杆体钢

筋束中的主筋伸入地下室底板与锚固成受力整体。由于地下水浮力是通过作用在底板上而对抗浮锚杆有向上的拉力，抗浮锚杆中的锚筋起着至关重要的作用。对于具有腐蚀性的地下水而言，采取有效措施处理锚筋伸入底板处，避免锚筋因被腐蚀而丧失抗浮作用。同时，抗浮锚杆在制作、搬运和安装过程中也应保证杆体钢筋不被受到损坏。对此，目前还没有比较具体及完善的措施可依。

7.2　抗浮锚杆的力学行为分析

在工程技术领域内，对于许多力学问题和场问题，人们可以得到它们应遵循的基本方程（常微分方程或偏微分方程）和相应的定解条件，但能用解析方法求出精确解的只有少数性质比较简单且几何性状相当规则的问题。对于方程的某些性质为非线性或求解区域的几何性状比较复杂的，只能通过数值方法来求解。随着计算机的飞速发展和广泛应用，数值分析方法已经成为求解工程问题的主要工具。数值解法中最常用的是有限元法，其特点如下：①可以用于求解非线性问题；②可以分析非均质材料、各向异性材料；③也可以处理复杂边界条件等难题。所以，从结构分析发展到非结构分析，从静力计算到动力计算，从弹性问题到弹塑性力学问题，几乎在所有的连续介质和场问题中都得到了应用。

在岩土工程中，可以利用有限元法求解各种具有复杂的土质条件、加荷历史和边界条件等问题。因此，有限元法已成为分析岩土工程问题的灵活、实用和有效的手段。例如，1966 年，Cloush 和 Woodward 首先将有限元引入土力学，随后将有限元应用于桩体、锚杆等问题的分析，用它来揭示桩及锚杆的受力特性，并与实测结果相验证，用于指导桩及锚杆的设计与施工。

7.2.1　计算模型

1. 单元模型的确定

1966 年，Cloush 和 Woodward 就将有限元引入土力学，并将有限元应用于桩体、锚杆等问题的分析。工程界对采用何种锚杆单元模拟工程锚杆进行了一系列的研究探讨，从而使模拟锚杆单元由拉压杆单元发展为三维空间锚杆单元，现就几种锚杆单元的特点进行简要的叙述。

（1）拉压杆单元

应用在桁架结果力学中的拉压杆单元是两端点为铰接点的杆单元，只承受轴向拉压作用，而采用锚杆进行锚固或加固处理的工程中，也经常可将锚杆简化为仅受轴线方向的拉压轴力作用的简单杆单元，这在锚固工程的有限元分析中是一种实用的模拟方法,拉压杆单元形式如图 7.1 所示。

图 7.1 拉压杆单元

采用拉压杆单元模拟工程中锚杆的受力进行研究分析是基于考虑锚杆只承受轴向拉压作用,所以平面拉压杆单元只适用于不受横向剪力或横向剪力作用不很明显的锚固工程中;而对于锚杆不仅要承受轴向拉压力,还需受较大横向剪力作用的工程则不能适用。

(2)梁单元模型

采用上述拉压杆单元不能模拟分析承受较大横向剪力的锚锚杆锚固工程,所以工程上也可采用考虑横向结点力及剪切变形的梁单元来模拟锚杆的横向抗剪作用。梁单元形式如图 7.2 所示,其单元局部坐标系与拉压杆单元相同,而每个结点由 6 个自由度,单元劲度矩阵为 12 阶方阵。

图 7.2 梁单元

从图 7.2 中梁单元结点位移和结点力模型可以看出,梁单元在拉压杆单元的基础上更进一步,增加了横向抗剪作用和横向剪切变形 θ,但对于灌浆的力学行为却也不能进行模拟分析。

(3)空间三维锚杆单元模型

工程界常用锚杆一般由钢筋杆体(即锚芯)、水泥砂浆注浆体所组成,所以为了分析研究锚芯与灌浆体之间的剪切作用,采用空间三维锚杆单元计算分析模型,如图 7.3 所示。图 7.3 中,四节点三维锚杆单元锚杆在空间的形式可看成轴对称结构,锚芯处于轴心位置,周围为灌浆体,灌浆体与岩体相连。其中节点 1、2 为灌浆体外半径上的两角点,节点 3、4 为锚芯两端点。在生成有限元网格时,节点 1、2 与代表岩体的实体单元相连。由于锚杆的直径相对于所分析问题的尺寸小得多,可认为节点 3、4 的坐标与节点 1、2 的坐标相同,以减少数据输入的工作量,但在形成单元刚度矩阵时仍可用锚杆的实际尺寸。

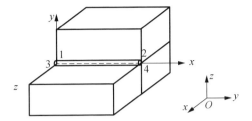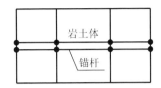

图 7.3　三维锚杆单元

图 7.3 所示的空间三维锚杆单元虽然能够模拟锚芯与灌浆体之间的剪切作用，但对于较复杂的锚固工程而言，采用该模型所需输入的数据很多，工作量很大，而且计算时间也会相应延长。

2.　土体本构模型的确定

对于土体本构模型，由于土体的变形特性很复杂，表现为很明显的非线性、非弹性特性，并存在应力应变关系曲线硬化与软化及土体变形各向异性等特点，但在进行分析时，一般选用理想弹塑性模型，即认为土体受力后其本构关系先表现为线弹性，当达到一定大小的应力状态后，土体产生屈服，应变增加而应力状态保持不变。理想的弹塑性本构关系如图 7.4 所示。在对上述理想弹塑性本构关系的土体进行分析计算时，土体屈服准则可选用米泽斯屈服准则、Mohr-Coulomb 强度准则和 Drucker-Prager 准则等。图 7.5 为几种准则在主应力空间的屈服破坏准则曲面图。

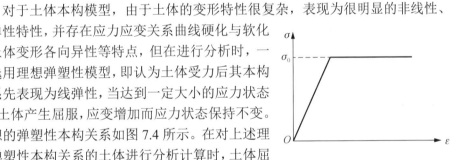

图 7.4　理想弹塑性本构模型

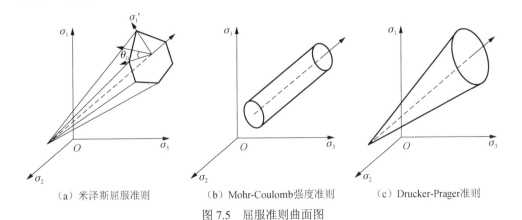

（a）米泽斯屈服准则　　　　　（b）Mohr-Coulomb强度准则　　　　（c）Drucker-Prager准则

图 7.5　屈服准则曲面图

由于 Drucker-Prager 准则中所选用土体的参数较少，并且比较容易获取，所以在对岩土类材料的理想弹塑性模型进行分析时，一般采用该准则相对来说比较多。Drucker-Prager 准则的屈服面为圆锥面，其数学表达式为

$$f = \alpha I_1 + \sqrt{J_2} - k = 0$$

式中，I_1——应力张量的第一不变量；

　　　J_2——应力偏量的第二不变量；

　　　α、k——常数，在平面应变条件下有

$$\begin{cases} \alpha = \dfrac{\sin\varphi}{\sqrt{3(3+\sin^2\varphi)}} \\[4mm] k = \dfrac{\sqrt{3}c\cos\varphi}{\sqrt{3+\sin^2\varphi}} \end{cases}$$

通过对上述抗浮锚杆、土体两者的多种单元的比选，本着以较简单的数值计算单元模型更贴切地模拟抗浮锚杆在地下水作用下的受力机理，同时考虑现场试验抗浮锚杆的受力情况，本章将选用拉杆单元模拟抗浮锚杆杆体，其介质的本构模型采用弹塑性模型；而土体采用八节点任意四边形单元来模拟，其本构关系采用弹塑性本构关系，并采用 Drucker-Prager 准则。

7.2.2　有限元分析

为了从有限元理论分析对抗浮锚杆的原位试验结果进行进一步的佐证，本次有限元分析所选用的抗浮锚杆杆体和周边土体特性参数均与现场试验相同，并将性质相差不是很悬殊的相邻土层归并为单一土层。参考有关锚杆（桩）对土体的影响范围的研究资料，本次抗浮锚杆与土层之间相互作用的影响范围取为 15m×10m，土层计算参数如图 7.6 所示。

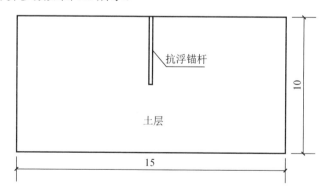

图 7.6　抗浮力锚杆计算参数图（单位：m）

其中，土层计算参数如下：土层为粉质黏土层，E_1=12.0MPa，μ_1=0.30，γ_1=19.8kN/m³，c_1=24.0kPa，φ_1=180。另外，由钢筋和水泥注浆体组合而成的抗浮锚杆杆体，考虑到钢筋与水泥注浆体之间的黏结能力较强，大大超出杆体与土体之间的摩擦力，又由现场试验的破坏现象也可看出，破坏面首先出现在杆体与土体之间的交接面，所以在进行有限元分析时，将钢筋和水泥注浆体组成的杆体理想化为整体而受力，直径为 180mm，长度为 5m，其复合材料特性参数 E_0=2.2×104MPa，μ_0=0.20，γ_0=27.0kN/m³，c_0=3.0MPa，φ_0=500。

1. 网格划分

考虑到计算模型并不很复杂，所以计算模型取为所有影响范围，即宽度为 30m，深度为 15m，网格划分图如图 7.7 所示。

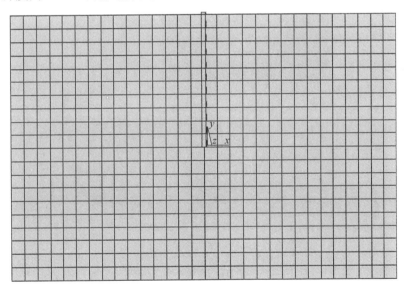

图 7.7　抗浮力锚杆模型图

2. 外荷载作用下的抗浮锚杆及其周边土体的位移变形

为了能够对现场试验结果加以印证，在施加外力作用时采用与试验荷载相同的荷载，即在抗浮锚杆杆端依次施加 42.5kN、134.8kN、223.3kN、315.7kN 和 361.8kN 等的荷载作用，直到在外荷载作用下抗浮锚杆与土体之间的相互作用达到极限值而出现不收敛的情况。通过不断施加外荷载进行试算，当外荷载为 415kN 时，出现不收敛情况，所以抗浮锚杆与土体之间的相互作用的极限值为 410kN。考虑到本次有限元分析过程中，将土体、钢筋与水泥注浆体进行了简化，并理想化为各向同性的理想弹塑性材料，所以抗浮锚杆的极限抗拔力与实际极限抗拔承载力有所不同。

图 7.8 和图 7.9 分别为土体变形图和荷载-位移曲线。从图 7.8 和图 7.9 中可以看出：抗浮锚杆杆端受到外荷载作用后，抗浮锚杆杆体产生竖向位移，并在杆体与周边土体之间的侧摩阻力作用下，带动周边土体随着杆体一起产生竖向位移，从而在杆体周边产生裂缝和凸突现象；杆体位移在外荷载较小的情况下，主要发生弹性位移，但随着荷载的增加，杆体位移出现塑性位移，并逐渐增大直至破坏。

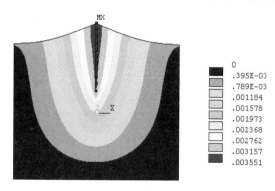

图 7.8　土体变形图

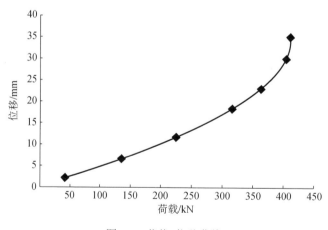

图 7.9　荷载-位移曲线

3. 抗浮锚杆杆体受力随深度变化曲线

由于抗浮锚杆杆体与土体之间存在相互作用的侧摩阻力，致使杆体与土体一起受力承受抗拔力。本节试验所施加的荷载为 42.5kN、134.8kN、223.3kN、315.7kN 等荷载，现将在荷载 42.5kN 作用下，在不同埋置深度处杆体与土体之间的受力变化曲线如图 7.10 所示。从图 7.10 中可以看出，杆体受力随着深度的增加而不断减小，杆体的受力近似线性减小，埋置深度较深处，如杆体末端 5m 左右处，杆体受力很小。

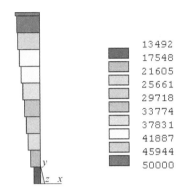

	13492
	17548
	21605
	25661
	29718
	33774
	37831
	41887
	45944
	50000

图 7.10　杆体受力随深度变化曲线图

从上面进行有限元分析计算所得到的结果，如在外荷载作用下，在杆体周边土体出现凸突并伴随有裂缝出现等变形及杆体被徐徐拔出破坏现象；抗浮锚杆杆体受力随着深度逐渐减小，并在一定深度，杆体受力很小且不随外荷载变化而变化等，均与现场原位试验很相似。由此，从有限元理论方面也可更进一步确证：

1）在土层中的抗浮锚杆的破坏类型与抗拔桩的破坏类型相同，因杆体周边土体的抗剪强度丧失而发生破坏。

2）在外荷载较小时，杆体几乎只发生弹性位移，随着荷载的增大，塑性位移也出现并不断增大，当杆体总位移达到 35mm 时，抗浮锚杆达到极限抗拔力。为了保证有一定的安全系数，要严格控制杆体位移，如取极限位移的 0.5～0.6 作为控制位移，与此位移对应的抗拔力即认为是杆体的承载力设计值，如本次单独抗浮锚杆的设计抗拔承载力为上拔位移量 15mm 左右所对应的荷载值，即 300kN 左右。

3）抗浮锚杆杆体底部所受到的荷载很小，而且当杆端外加荷载增大后，抗浮锚杆底部的受力几乎不发生变化，所以抗浮锚杆具有一个的经济合理长度，不能无限制地增加杆体长度，对提高杆体的抗拔力的效果很小。

7.3　地下结构工程抗浮的设计计算

7.3.1　地下室抗浮设计

一般情况下，地下室浮力验算可根据岩土工程勘察报告提供的用于计算地下水浮力的设计水位，按照阿基米德定律计算。

1. 抗浮设计需要的基本参数

1）验算柱网面积 A 为承受地下水浮力作用的竖向受力构件单元的地下室柱网面积。

2）水容重 γ_0 一般取 9.8kN/m³。

3）土容重 γ_1 一般取 20kN/m³。

4）钢筋混凝土容重 γ_2 取 25kN/m³。

5）抹底层容重 γ_3 取 20kN/m³。

6）计算深度 H 为地下水浮力设计水位—地下室底板标高。

7）地下室顶板厚度为 h_1。

8）地下室底板厚度为 h_2。

9）地下室覆土厚度为 h_3。

10）承台面积为 A_1。

11）承台高度为 h_4。

12）桩断面尺寸为 A_2。

13）桩数 n 为竖向受力构件单位承台下桩数。

14）桩长 L 为取平均桩长。

15）地下室柱面为 A_3。

16）地下室柱计算高度为 h_5。

2. 基本计算公式

基本计算公式如下。

1）水浮力为

$$V_0 = 1.2\gamma_0 H_0$$

2）建筑物自重计算

① 桩重力为

$$F_1 = (\gamma_2 - \gamma_0) \times A_2 \times L \times n$$

② 承台重力为

$$F_2 = (\gamma_2 - \gamma_0) \times A_1 \times (h_4 - h_2)$$

③ 地下室重力为

$$F_3 = \gamma_2 \times (h_1 + h_2) + \gamma_2 \times A_3 \times h_5 / A$$

④ 覆土重力为

$$F_4 = (\gamma_1 - \gamma_0) \times h_3$$

考虑覆土部分一般均在露天，当地表水排水不畅时，水会渗入地表内，覆土重力减轻,即使覆土在水位以上,仍按覆土在地下水位以下计算荷载(偏于安全)。

⑤ ±0.00 以上主体垂直荷载 F_5,可由电算结果取得。可根据计算结果选取,取垂直静载参加组合的最小值(不计活荷载、风荷载和地震荷载)。

进行简单核算时可用下式计算:

$$F_5 = \gamma_2 \times h_3 \times N(层数) \times A$$

此时 h_3=25cm,即每层楼自重,折算为厚度为 25cm 的钢筋混凝土板。

3)浮力计算为

$$V = (V_0 - F_3 - F_4) \times A - F_1 - F_2 - F_5$$

当 $V \geqslant 0$ 时,应采取抗浮措施。

3. 浮力计算的几个问题

关于浮力计算的问题有如下几个。

1)当地下室面积与上部主体结构面积相等时,可简单地比较地下室水浮力与建筑总荷载的关系,来判断是否可能发生上浮。当上部主体建筑有裙房时,采用的建筑总荷载只能计算到裙房的楼层。

2)当地下室面积大于上部主体建筑±0.00 层面积,或按裙房楼层比较浮力与建筑总荷载,浮力大于建筑总荷载时,应以竖向受力构件为单元分析浮力的平衡状态,特别是边柱、角柱和上部没有压重的单元。

3)必须进行施工期间的浮力验算。

在一般的施工条件下,降低场地地下水位是为了基坑开挖和地下室施工。当完成地下室施工和回填土施工后,地下室就成为浮在水土中的"船",而这时施工人员刚解除基坑塌方的威胁,但仍然可能面对地下室浮上来的情况,因此,必须进行施工期间的浮力验算。

验算施工期间的浮力时,关键是应将上部建筑荷载调整为施工期间的荷载,也就是在允许停止人工降低地下水位时的建筑物实际荷载,一般应扣除覆土 F_4、F_5 不能采用计算数据,因这时活荷载、填充墙荷载、粉刷荷载和设备荷载均未形成,施工荷载也不宜计入,因施工荷载变化较大,不是稳定荷载。施工期间的浮力为

$$V_{施工} = (V_0 - F_3) \times A - F_1 - F_2 - F_{5施工}$$

7.3.2 地下水浮力设计水位

浮力计算的关键是准确确定 H,也就是正确确定地下水浮力设计水位。

1. 设防水位

当建筑物荷载不是远大于浮力时,特别是相对于裙房部分的重力单元,设计

人员进行浮力验算时要充分考虑水位可能受各种气候条件变化而骤升，造成地下室受力状态的突变。

《岩土工程勘察规范（2009 年版）》（GB 50021—2001）对地下水浮力设计水位的确定为第 7.2.2 条，具体规定为"地下水位的量测应符合下列规定：1 遇地下水时应量测水位；""3.对工程有影响的多层含水层的水位量测，应采取止水措施，将被测含水层与其他含水层隔开"。可见，不论岩土工程勘察报告提供的计算地下水浮力的设计水位是指初见水位还是稳定水位，都是静态水位。实际上，地下水位是动态变化的。首先，地下水是随季节、气候条件变化的，有一年一遇，十年一遇，甚至数十年一遇的最高水位变化；其次，地下水位还受地表排水状态、场地、地形和地貌变化的影响；最后，场地、地下水不是独立的，而是随着区域性水文地质条件，各层地下水的变化和由于地下水渗流特征，造成的压力水头分布形态变化而变化的，当根据勘探报告提供的地下水浮力设计水位计算的浮力平衡点处于临界状态时，应根据场地条件和其他水文地质变化情况适当采取一些抗浮措施。

以一个简单的例子来说明水位变化与地下室浮力变化的关系。

假定一地下车库柱网为 6m×6m，室内外高差为 0.5m，基础埋置深度为-3.5m。另外，h_1=20cm，h_2=30cm，h_4=100cm，A_1=4m^2，A_3=0.2m^2，h_5=3.5m，A_2=0.09m^2，L=10m，n=4，H=1.3m，h_3=50cm，地下水浮力设计水位为-2.2m，H=1.3m，h_3=50cm，则有

$$V_0=1.2\times 9.8\times 1.3=15.288（kN/m^2）$$
$$F_1=(25-9.8)\times 0.09\times 10\times 4=54.72（kN）$$
$$F_2=(25-9.8)\times 4\times (1-0.3)=42.56（kN）$$
$$F_3=25\times(0.3+0.2)+25\times 0.2\times \frac{3.5}{6\times 6}=12.986（kN/m^2）$$
$$F_4=(20-9.8)\times 0.5=5.1（kN/m^2）$$
$$V=(15.288-12.986-5.1)\times 6\times 6-54.72-42.56=-198.008（kN）$$

$V<0$，此时地下室是安全的，但若遇长时间下雨，地表水排水不畅造成局部区域性地下水位上升，地下水位变为-1.0m，此时 H=2.5m。

$$V_0=1.2\times 9.8\times 2.5=29.4（kN/m^2）$$
$$V=(29.4-12.986-5.1)\times 6\times 6-54.72-42.56=310.024（kN）$$

当 $V>0$ 时，表明地下室有上浮趋势，处于不安全状态。对于该浮力单元，承台下的桩由原受压桩变为抗浮桩，每根桩需承受 77.506kN 的拔力，桩的受力状态和受力假设完全相反，当拔力足够大时，桩会被拉断，地下室上浮趋势成为现实，地下室梁柱结构的受力状态也发生完全相反的变化，结构的损坏在所难免。

通过以上例子说明，当浮力与建筑荷载处于临界平衡状态时，应分析地下水

可能存在的变化情况，采取有效抗浮措施。地下室抗浮设计时，应采取场地最高洪水位作为设防水位，而非勘察期间的地下水位。

2. 地下水浮力的折减

采用以上方法确定地下水浮力设计水位，是充分考虑气候和水文地质的不利变化，但对于广场式地下建筑和多层超大地下室的裙楼部分，抗浮设计成为结构设计的主要工作，若还是采用偏于安全的粗糙方法来确定地下水浮力设计水位，需要采取重大抗浮措施；岩石地基中的地下水浮力的确定不能简单按照静水压力公式计算，即地下水水压力在垂直方向上并非随深度增加而线性增加。实测孔隙水压力一般均比传统的计算方法小。

《岩土工程勘察规范（2009 年版）》（GB 50021—2001）第 7.3.2 条第 1 条规定："……；对节理不发育的岩石和黏土且有地方经验或实测数据时，可根据经验确定；有渗流时，地下水的水头和作用宜通过渗流计算进行分析评价"，该条的规范条文说明："……有实测资料表明，由于渗透过程的复杂性，黏土中基础所受到的浮托力往往小于水柱高度。在铁路路基设计规范中，曾规定此条件下，浮力可作一定折减。由于这个问题缺乏必要的理论依据，很难确切定量，故本条规定，只有在具有地方经验和实测数据时，方可进行一定的折减。"

《铁路桥涵设计规范》（TB 10002—2017）第 4.2.4 条规定："位于碎石土、砂土、粉土等透水地基上的墩台，当验算稳定性时，应考虑设计洪水频率水位的水浮力；若透水层为不透水的黏土以及位于岩石（破碎、裂隙严重者除外）上的基础且基础混凝土与岩石接触良好时，可不考虑水浮力。"《地铁设计规范》（GB 50157—2013）的条文说明中指出："在验算结构抗浮稳定性时，对浮力、抗浮力的计算及抗浮安全系数的取值均需慎重。"

从以上规范的规定可知，地下水浮力的作用相当复杂，要降低地下水浮力设计水位，必须具有地方经验和实测数据，也就是要建立区域性、历史性的水文地质资料。

对于地下室或上部荷重较轻的大体积地下室，当抗浮设计成为结构设计的重点时，采用传统的静水水位计算浮力，可能会造成巨大的工程浪费。抗浮设计时，可以引入动水压力概念，深入准确地分析地下水赋存体系，对静水水位进行适当折减。当然采用这种方法必须慎重，既要有经验，还要有数据，同时应更加注意地表水的渗流和施工过程中地下水位的控制。

7.3.3　抗浮锚杆设计

抗浮桩的单桩抗拔力大，布桩间距大，在抵抗地下水浮力时，对地下室地板产生的附加弯矩、应力也较大，因此一般均需加厚地下室地板，从而使工程造价增加。抗浮锚杆单根抗拔力小，布置间距小，在抵抗水浮力时对地下室地板的附加弯矩小，附加应力分布均匀，具有造价低廉、施工方便、受力合理等优点，因此抗浮锚杆近年来得到了广泛应用。

1. 锚杆的抗拔作用力机理

锚杆的抗拔作用力又称锚杆的锚固力，是指锚杆的锚固体与岩土体紧密结合后抵抗外力的能力，或称抗拔力，它除了跟锚固体与孔壁的黏聚力、内摩擦角、挤压力等因素有关外，还与地层岩土的结构、强度、应力状态和含水情况，以及锚固体的强度、外形、补偿能力和耐腐蚀能力有关。

许多资料表明，锚杆孔壁周边的抗剪强度由于地层土质不同，埋置深度不同及灌浆方法不同而有很大的变化和差异。对于锚杆抗拔的作用机理可从其受力状态进行分析，如将锚固段的砂浆视为自由体，其作用力受力机理如下：当锚固段受力时，拉力 T_i 首先通过钢拉杆周边的握裹力 μ 传递到砂浆中，然后再通过锚固段钻孔周边的地层摩阻力 τ 传递到锚固的地层中。因此，钢拉杆如受到拉力作用，除了钢筋本身需要有足够的截面积 A 承受拉力外，锚杆的抗拔作用还必须同时满足以下 3 个条件：

1）锚固段的砂浆对于钢拉杆的握裹力需能承受极限拉力。

2）锚固段地层对于砂浆的摩擦力需能承受极限拉力。

3）锚固土体在最不利的条件下仍能保持整体稳定性。

以上第 1）、2）个条件是影响灌浆锚杆抗拔力的主要因素。

2. 岩土锚杆的类型

岩土锚杆的分类可按以下方法进行分类：

1）按应用对象划分有岩石锚杆、土层锚杆。

2）按是否预先施加应力划分有预应力锚杆、非预应力锚杆。

3）按锚固机理划分有黏结式锚杆、摩擦式锚杆、端头锚固式锚杆和混合式锚杆。

4）按锚固体传力方式划分有压力式锚杆、拉力式锚杆和剪力式锚杆。

5）按施工工艺不同划分有一次普通注浆锚杆、二次高压劈裂注浆锚杆和多次高压劈裂注浆锚杆。

3. 抗浮锚杆设计计算

1）锚杆锚固体与土层的锚固长度为

$$L_a \geq \frac{N_{ak}}{\xi_1 \pi D f_{rb}}$$

式中，L_a——锚杆锚固体长度（m），同时应满足构造要求；

　　　　N_{ak}——锚杆轴向拉力标准值（kN）；

　　　　ξ_1——锚固体与土层黏结工作条件系数，对永久性锚杆取 1.00，对临时性

　　　　　　　锚杆取 1.33；

　　　　f_{rb}——土层与锚固黏结强度特征值（kPa），应通过试验确定，当无试验资

　　　　　　　料时可按《建筑边坡工程技术规范》（GB 50330—2013）中"表 7.2.3-1"

　　　　　　　和 "表 7.2.3-2" 取值；

　　　　D——锚固体直径，m。

　　通过抗浮锚杆的基本试验来取得锚杆的极限承载力后，应考虑到锚侧岩土体摩阻力的离散性比较大，其安全系数可参照《土层锚杆设计与施工规范》（CECS22:1990）选用，且不宜小于 2.0。

　　为使地下室底板的抗浮应力均匀，抗浮锚杆的单桩设计抗拔力设计值不宜过大，宜应控制在 100～300kN。

　　2）锚杆钢筋截面面积为

$$A_s \geqslant \frac{1000 \times N_a}{\xi_2 f_y}$$

式中，A_s——锚杆钢筋截面面积，mm^2；

　　　　N_a——锚杆轴向拉力设计值，kN；

　　　　ξ_2——锚杆钢筋抗拉工作条件系数，永久性锚杆取 0.69，临时性锚杆取 0.92；

　　　　f_y——锚杆钢筋抗拉强度设计值，MPa。

　　永久性抗浮锚杆根据上式计算出锚杆钢筋面积后，还需考虑锚杆钢筋的局部腐蚀问题，适当加大锚杆钢筋截面，保证锚杆钢筋在设计基准周期内的有效受力截面。当考虑锚杆钢筋的局部腐蚀问题时，锚杆钢筋的直径应按下式计算：

$$D \geqslant 2\sqrt{\frac{A_s}{\pi}} + 2P\nu$$

式中，D——锚杆钢筋的直径，mm；

　　　　P——设计基准周期，年；

　　　　ν——锚杆钢筋的年腐蚀速率，mm/年。

　　基于抗腐蚀的原因考虑，建议抗浮锚杆的锚筋尽量选用大直径钢筋而避免使用钢丝束。

　　3）锚杆钢筋与锚固砂浆间的锚固长度的计算。

　　砂浆对于钢筋的握裹力，取决于砂浆与钢筋之间的抗剪强度。如果采用螺纹钢筋，这种握裹力取决于螺纹凹槽内部的砂浆与其周边以外砂浆间的抗剪力，也就是砂浆本身的抗剪强度。钢筋与混凝土之间的黏着力大约为其抗压强度的10%～20%，由其计算出一根钢筋所需的锚固长度 L_a 为

$$L_a \geqslant \frac{N_a}{\xi_3 n \pi D f_b}$$

式中，L_a——锚杆钢筋与砂浆间的锚固长度，m；

N_a——锚杆轴向拉力设计值，kN；

D——锚杆钢筋直径，m；

n——钢筋（钢绞线）根数，根；

ξ_3——钢筋与砂浆黏结强度工作条件系数，对永久性锚杆取 0.60，对临时性锚杆取 0.72；

f_b——钢筋与锚固砂浆的黏结强度设计值（kPa），应由试验确定，当缺乏试验资料式可按《建筑边坡工程技术规范》（GB 50330—2013）中"表 8.2.4"取值。

7.4　大连体育场东外场抗浮工程

7.4.1　工程概况

1. 基本情况

大连市体育场东外场地下三层，地上为运动场，东西长 285m，南北宽 85m，深 14m。考虑到这一地区在历史最高水位时建筑物及地面回填土重不能平衡地下水的浮力的因素，因此需要设抗浮结构。

本工程中的抗浮桩采用小口径抗浮桩即抗浮锚杆，作为永久性抗浮桩。抗浮锚杆杆体采用螺纹钢，不施加预应力，采用一定构造措施之后，将抗浮锚杆顶部预留部分直接浇入混凝土底板。由于该工程施工工期紧，采用非预应力锚杆施工简单、施工周期短。采用非预应力锚杆抗浮需要考虑自身的防腐问题，便用年限按 50 年考虑；另一方面需要考虑抗浮锚杆所用钢筋与混凝土底板止水问题，防止从两者结合点处发生渗漏现象。

2. 工程地质条件

本工程地下室坐落在中风化板岩上，抗浮锚杆锚固在中风化板岩中。中风化板岩（Z2C），灰褐色，局部呈黄褐色，岩芯呈碎片状、饼状，板层理面岩心轴夹角 40°～50°。根据地质勘察报告，本场区内地下水埋置深度为 3.7m 左右，主要的含水层为碎石、强风化板岩及中风化板岩。地下水为孔隙水和基岩裂隙潜水，局部具有微承压性质。地下水受大气降水的补给影响，水位受补给的强度和季节性的影响较明显。

7.4.2　抗浮锚杆抗拔试验

　　根据场区岩土情况，进行了 2 组共 6 根破坏性试验，分布在场区不同位置。锚孔直径 130mm，深 6m。掺入 10%膨胀剂和 2%超早强剂的水泥砂浆注浆。单调加载，每级读数 3 次，读数稳定后方可进行下一级加载。根据现场试验得出的荷载-位移（Q-s）曲线，如图 7.11 所示。每根抗浮锚杆的抗拔力，如表 7.2 所示。

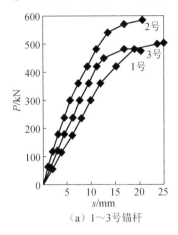
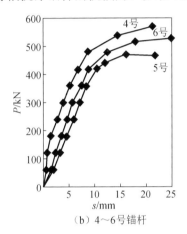

（a）1~3号锚杆　　　　　　　　　　　（b）4~6号锚杆

图 7.11　荷载-位移曲线

表 7.2　抗浮锚杆抗拔试验结果

锚杆编号	实测锚杆长度/m	抗拔力/kN	单位长度抗拔力/（kN/m）	抗剪强度/MPa	单位长度抗拔力均值/（kN/m）	抗剪强度均值/MPa
1	5.0	450	90.0	0.220		
2	5.7	540	94.7	0.231		
3	5.2	480	92.3	0.227	90.65	0.222
4	5.3	480	90.5	0.221		
5	4.8	420	87.5	0.214		
6	5.4	480	88.9	0.218		

7.4.3　抗浮锚杆设计

　　根据地质勘察报告，地下室底板的水头为 10.3m，水的浮力为 103.0kN/m²；地下室自重及地面回填土重为 54.2kN/m²；需由抗浮锚杆承担的荷载为 q_f =103.0－54.2= 48.8（kN/m²）。抗浮锚杆截面积和长度分别由下式确定。

$$K_1 N_t \leqslant A_g f_{yk} \tag{7.2}$$

$$K_2 N_t \leqslant l_a Q_s \tag{7.3}$$

$$N_t = abq_f \tag{7.4}$$

式中，K_1、K_2——抗力系数，$K_1 = 1.5$，$K_2 = 2.2$；

　　　　N_t——抗浮锚杆轴向拉力值，kN；

　　　　a、b——分别为抗浮锚杆在横向和纵向间距，m；

　　　　A_g——抗浮锚杆截面积，mm^2；

　　　　f_{yk}——抗浮锚杆强度标准值，MPa；

　　　　l_a——抗浮锚杆锚固长度，m；

　　　　Q_s——抗浮锚杆单位长度抗拔力，kN/m。

抗浮锚杆拟采用 $2\phi25$ 螺纹钢，$f_{yk} = 335\text{MPa}$，根据抗浮锚杆荷载 $q_f = 48.8\text{kN/m}^2$，锚杆单位长度抗拔力 $Q_s = 90.7\text{kN/m}$，代入式（7.2）和式（7.3）得出：锚杆间距为 2.1m ×2.1m，$l_a = 5.3\text{m}$，考虑到孔口处岩体的扰动等因素，取 $l_a = 6.0\text{m}$。

7.4.4　施工

锚孔采用潜孔钻机钻孔，终孔后用高压空气喷净残渣。锚杆设 4 道定位支架，以使锚杆居中。同时在锚杆距孔口 400mm 处设置两块 100mm×100mm 的止水板。考虑到地下水位高，采取先注浆后插锚杆的施工方法，注浆管插入孔底注浆，将孔中地下水排出，砂浆回缩后不断补浆直至无回缩为止。

在浮力作用下，底板与基础岩层界面处将形成微小的缝隙，此处的锚杆由于长期受地下水的侵蚀而容易产生锈蚀。为防止抗浮锚杆锈蚀，在底板与岩层界面上下各 250mm 范围内涂环氧树脂。

7.5　大连振兴广场抗浮工程

7.5.1　工程概况

1. 基本情况

振兴广场为地下工程，地下二层，地下为商场，地面上为行车道，东西长 162m，南北宽 30m，深 11m。由于这一地区在历史最高水位时建筑物及地面回填土重不能平衡地下水的浮力，因此需要设抗浮结构。

2. 工程地质条件

本场区的地层情况如下：上层地层为第四系，依次为回填土、粉质黏土、碎石层等，各层的厚度分布不均匀。下层为强化板岩和中风化板岩。本工程地下室坐落在强风化板岩上，抗浮锚杆锚固在强风化板岩中。强风化板岩卜灰褐色，局部呈黄褐色，岩芯呈碎片状、饼状。根据地质勘察报告，本场区内地下水埋置深度为 1.2 左右，主要的含水层为碎石、强风化板岩。

7.5.2　抗浮锚杆抗拔试验

根据场区岩土情况，进行了 2 组共 7 根破坏性试验，分布在场区不同位置。单调加载，每级读数 3 次，读数稳定后方可进行下一级加载。根据现场试验得出的荷载-位移曲线，如图 7.12 所示。每根抗浮锚杆的抗拔力，如表 7.3 所示。

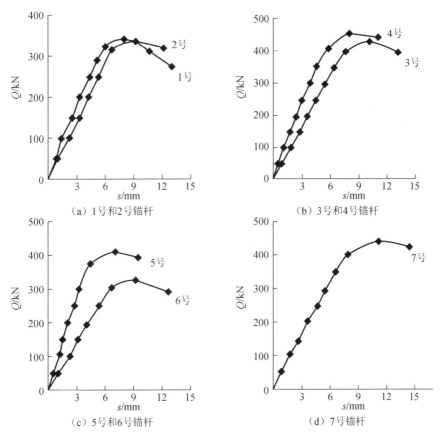

图 7.12　荷载-位移曲线

表 7.3　抗浮锚杆抗拔试验结果

锚杆编号	孔深/m	抗拔力/kN	单位长度抗拔力/（kN/m）	岩体抗剪强度/MPa	单位长度抗拔力均值/（kN/m）
1	5.6	320	64.0	0.157	
2	5.6	315	56.3	0.138	
3	6.5	400	61.5	0.150	
4	6.5	410	63.1	0.154	60.59
5	6.5	375	57.7	0.142	
6	5.0	300	60.0	0.147	
7	6.5	400	61.5	0.150	

7.5.3　抗浮锚杆设计

根据地质勘察报告，地下室底板的水头为 9.8m，水的浮力为 98kN/m²；地下室自重及地面回填土重为 52.5kN/m²；需由抗浮锚杆承担的荷载为 q_f = 98−52.5= 46.25kN/m²。抗浮锚杆截面面积和长度分别由式（7.2）～式（7.4）确定。

抗浮锚杆拟采用 $2\phi25$ 螺纹钢，f_{yk} = 335MPa，根据抗浮锚杆荷载 q_f = 46.25kN/m²，锚杆单位长度抗拔力 Q_s = 60.58kN/m，代入式（7.2）和式（7.3）得出：锚杆间距为 2m ×2m，l_a = 6.1m，考虑到孔口处岩体的扰动等因素，取 l_a = 6.5m。

7.5.4　施工

锚孔采用潜孔钻机钻孔，终孔后用高压空气喷净残渣。锚杆设 4 道定位支架，以使锚杆居中。同时在锚杆距孔口 400mm 处设置两块 100mm×100mm 的止水板。考虑到地下水位高，采取先注浆后插锚杆的施工方法，注浆管插入孔底注浆，将孔中地下水排出，砂浆回缩后不断补浆直至无回缩为止。

在浮力作用下，底板与基础岩层界面处将形成微小的缝隙，此处的锚杆由于长期受地下水的侵蚀而容易产生锈蚀。为防止抗浮锚杆锈蚀，在底板与岩层界面上下各 250mm 范围内涂环氧树脂。

参 考 文 献

[1] 龚晓南, 高有潮. 深基坑工程设计施工手册[M]. 北京: 中国建筑工业出版社, 1998.

[2] 余志成, 施文华. 深基坑支护设计与施工[M]. 北京: 中国建筑工业出版社, 1997.

[3] 侯学渊, 刘国彬, 黄院雄. 城市基坑工程发展的几点看法[J]. 施工技术, 2000, 29(1): 5-7.

[4] 龚晓南. 21 世纪岩土工程发展展望[J]. 岩土工程学报, 2000, 22(2): 238-242.

[5] 黄运飞. 深基坑工程实用技术[M]. 北京: 兵器工业出版社, 1996.

[6] 高大钊. 深基坑工程[M]. 北京: 机械工业出版社, 1999.

[7] 刘建航, 侯学渊. 基坑工程手册[M]. 北京: 中国建筑工业出版社, 1997.

[8] 曾宪明, 林润德. 基坑与边坡事故警示录[M]. 北京: 中国建筑工业出版社, 1999.

[9] 崔江余, 梁仁旺. 建筑基坑工程设计计算与施工[M]. 北京: 中国建材工业出版社, 1999.

[10] 王梦恕. 21 世纪我国隧道及地下空间发展的探讨[J]. 铁道科学与工程学报, 2004, 1(1): 7-9.

[11] 陈仲颐, 叶书麟. 基础工程学[M]. 北京: 中国建筑工业出版社, 1990.

[12] 河上房义. 工程土力学计算题详解: 基础篇[M]. 赵焕斌, 译. 哈尔滨: 黑龙江科学技术出版社, 1987.

[13] 贾金青. 一种基坑侧壁的柔性支护方法: CN02130834.9[P]. 2004-09-22.

[14] 黄强. 深基坑支护工程设计技术[M]. 北京: 中国建筑工业出版社, 1995.

[15] 杨光华. 深基坑开挖中几个问题的实用计算方法[C]//第五届全国地基处理学术讨论会论文集, 1997.

[16] 万志辉, 陆钟伟, 戴斌. 上海曹安商贸城逆作法施工技术[J]. 岩土工程学报, 2006, 28(s): 1776-1780.

[17] 邸国恩, 黄炳德, 王卫东. 敏感环境条件下深基坑工程设计与实践[J]. 岩土工程学报, 2010, 32(s1): 383-387.

[18] LIU G B, NG C W, WANG Z W. Observed performance of a deep multistrutted excavation in shanghai soft clays[J]. Journal of Geotechnical and Geoenvironmental Engineering, 2005, 131(8): 1004-1013.

[19] 王卫东, 徐中华. 深基坑支护结构与主体结构相结合的设计与施工[J]. 岩土工程学报, 2010, 32(s1): 191-199.

[20] 尹骥, 管飞, 李象范. 直径 210 m 超大圆环支撑基坑设计分析[J]. 岩土工程学报, 2006, 28(s): 1596-1599.

[21] 黄炳德, 翁其平, 王卫东. 某大厦深基坑工程的设计与实践岩土工程学报, 2010, 32(s1): 363-369.

[22] 侯学渊, 顾尧章. 高层建筑的岩土工程问题[M]. 杭州: 浙江大学出版社, 1994.

[23] 杨茜, 张明聚, 孙铁成. 软弱土层复合土钉支护试验研究[J]. 岩土力学, 2004, 25(9): 1401-1408.

[24] 檀西乐, 巩玉志, 赵占山, 等. 桩锚支护体系在深基坑工程中的应用[J]. 工业建筑, 2009(s1): 732-734.

[25] 周勇, 朱彦鹏. 黄土地区框架预应力锚杆支护结构设计参数的灵敏度分析[J]. 岩石力学与工程学报, 2006, 25(s1): 3115-3122.

[26] 黄熙龄. 高层建筑地下结构及基坑支护[M]. 北京: 宇航出版社, 1994.

[27] 冶金工业部建筑研究总院. 深基坑开挖与支护[M]. 北京: 冶金工业出版社, 1992.

[28] 中国岩土工程锚固协会. 岩土锚固新技术[M]. 北京: 人民交通出版社, 1998.

[29] 贾金青, 郑卫锋, 陈国周. 预应力锚杆柔性支护技术的数值分析[J]. 岩石力学与工程学报, 2005, 24(21): 3978-3980.

[30] GASSLER G, GUDENHUS G. Soil nailing-some aspects of a new technique[C]//Proceedings of the 10th ICSMFE, 1981, 665-670.

[31] SCHLOSSER F, UNTERREINER P. Soil nailing in france- research and practice[J]. Transportation Research Record, 1992, 1330: 72-79.

[32] ELIAS V, JURAN I. Soil nailing for stabilization of highway slopes and excavations[R]. FHWA/RD-89/198, 1991.

[33] JURAN I, ELIAS V. Ground Anchors and Soil Nails in Retaining Structures[M]// FANG H Y. Foundation Engineering Handbook. New York: Van Nostrand Reinhold Company, 1991: 868-906.

[34] CHRISTOPHER B R, GILL S A, GIROUD J, et al. Reinforced soil structures. volume 1, Design and Construction Guidelines[R]. FHWA/RD-89/043, 1990.

[35] 中华人民共和国住房和城乡建设部. 建筑基坑支护技术规程: JGJ 120—2012[S]. 北京: 中国建筑工业出版社, 2012.

[36] PORTERFIELD J A. Soil nailing field inspectors manual: Soil nail walls[R]. FHWA/SA- 93/068, 1994.

[37] STOCKER M F. Soil nailing[C]//Proceeding of International Conference on Soil Reinforcement, 1979.

[38] STOCKER M F, RIEDINGER G. The bearing behaviour of nailed retaining structures[C]//ASCE Conference Design and Performance of Earth Retaining Structures s, 1990.

[39] INGOLD T S, MYLES B. Ballistic soil nailing[C]//Proceedings of the International Symposium on earth Reinforcement, 1996.

[40] 叶书麟, 韩杰, 叶观宝. 地基处理与托换技术[M]. 2 版. 北京: 中国建筑工业出版社, 1999.

[41] 杨光华. 深基坑支护结构的实用计算方法及其应用[M]. 北京: 地质出版社, 2004.

[42] 曾宪明, 曾荣生. 岩土深基坑喷锚网支护法原理·设计·施工指南[M]. 上海: 同济大学出版社, 1997.

[43] 邸国恩, 王卫东. "中心岛顺作、周边环板逆作"的设计方法在单体 50000m² 深基坑工程中的实践[C]// 全国基坑工程研讨会, 2006 .

[44] 董雪, 李爱民, 柯静懿, 等. 超大超宽深基坑放坡开挖中心岛施工基坑围护结构设计[J]. 岩土工程学报, 2008, 30(s1): 619-624.

[45] 胡励耘, 侯天顺, 黄雄. 水泥土重力式挡墙在基坑支护中的应用[J]. 岩土工程界, 2007, 10(5): 51-52.

[46] 张有桔, 丁文其, 赖允瑾, 等. 复合土钉墙结合逆作法基坑设计施工关键技术[J]. 岩土工程学报, 2010, 32(s1): 420-425.

[47] 宋二祥. 深基坑土钉支护设计计算方法[C]//全国岩土工程青年专家学术会议, 1998.

[48] 董庆武. 喷网锚支护技术的设计原则及应用实例[J]. 建筑技术, 1998, 29(2): 90-91.

[49] 冶金工业部建筑研究总院. 建筑基坑工程技术规范: YB 9258—97[S]. 北京: 冶金工业出版社, 1998.

[50] 杨志明, 姚爱国. 杆系有限元法求解复合土钉支护结构的位移[J]. 煤田地质与勘探, 2002, 30(5): 31-34.

[51] 陈页开, 徐日庆, 杨晓军, 等. 基坑工程柔性挡墙土压力计算方法[J]. 工业建筑, 2001, 31(3): 1-4.

[52] 邱玥, 宋二祥. 深基坑锚杆——土钉复合支护的三维非线性有限元分析[J]. 工程勘察, 2001(6): 1-3.

[53] 贾金青. 一种用于支护基坑侧壁的无根护壁桩及其施工方法: CN1141460C[P]. 2004-03-10.

[54] 费康, 张建伟. ABAQUS 在岩土工程中的应用[M]. 北京: 中国水利水电出版社, 2013.

[55] 商卫东, 聂庆科, 白冰, 等. 深基坑开挖过程及空间效应影响的数值模拟[J]. 探矿工程(岩土钻掘工程), 2009, 36(1): 34-37.

[56] 贺桂成, 刘永, 邵小平. 深基坑围护开挖空间性状水平位移数值模拟研究[J]. 西部探矿工程, 2007, 19(2): 179-181.

[57] 宋二祥, 娄鹏, 陆新征, 等. 某特深基坑支护的非线性三维有限元分析[J]. 岩土力学, 2004, 25(4): 538-543.

[58] 熊春宝, 雷礼钢, 葛有志. 土的不同本构关系对三维有限元分析的影响[J]. 天津理工大学学报, 2006, 22(1): 81-84.

[59] 庄茁. 基于 ABAQUS 的有限元分析和应用[M]. 北京: 清华大学出版社, 2009 .

[60] 张劲, 王庆扬, 胡守营, 等. ABAQUS 混凝土损伤塑性模型参数验证[J]. 建筑结构, 2008(8): 127-130.

[61] 梁兴文, 钱磊, 谭丽娜. 基于 ABAQUS 的混凝土损伤塑性本构关系研究[C]//第八届全国地震工程学术会议论文集(Ⅱ), 2010.

[62] 周小军. ABAQUS 中弥散裂缝模型与损伤塑性模型的比较[J]. 福建建筑, 2010(5): 49-50.

[63] 中华人民共和国住房和城乡建设部. 混凝土结构设计规范(2015 年版): GB 50010—2010[S]. 北京: 中国建筑工业出版社, 2010.

[64] 中华人民共和国住房和城乡建设部. 建筑边坡工程技术规范: GB 50330—2013[S]. 北京: 中国建筑工业出版社, 2013.

[65] 美国联邦公路总局. 土钉墙设计施工与监测手册[M]. 余诗刚, 译. 北京: 中国科学技术出版社, 2000.

[66] 陈肇元, 崔京浩. 土钉支护在基坑工程中的应用[M]. 北京: 中国建筑工业出版社, 2000.

[67] 宋二祥, 宋广. 超前微桩复合土钉支护稳定及变形简化计算方法[J]. 工程力学, 2014, 31(3): 52-62.

[68] 贾金青, 曾宪明, 程良奎, 等. 一种基坑土钉支护结构: 2015101270500[P]. 2015-3-23.

[69] 张尚根. 复合土钉墙支护 FLAC~(3D)数值模拟与实测结果对比[J]. 岩土力学, 2008, 29(s1): 129-134.

[70] 杨育文. 土钉墙计算方法的适用性[J]. 岩土力学, 2009, 30(11): 3357-3364.

[71] STOCKER M F, KORCBER G W, GASSLER G, et al. Soil nailing[C]//International Conference on Soil Reinforcement, 1979.

[72] BRIDLE R J. Soil nailing-analysis and design[J]. Ground Engineering, 1989, 22(6): 52-56.

[73] 王步云, 高顺峰. 土钉技术在边坡稳定中的应用[J]. 煤矿设计, 1990(10): 35-40.

[74] 宋二祥, 陈肇元. 土钉支护及其有限元分析[J]. 工程勘察, 1996(2): 1-5.

[75] 张玉成, 杨光华, 吴舒界, 等. 土钉支护结构变形与稳定性关系探讨[J]. 岩土力学, 2014(1): 238-247.

[76] KIM J S, KIM J Y, LEE S R. Analysis of soil nailed earth slope by discrete element method[J]. Computers and Geotechnics, 1997, 20(1): 1-14.

[77] 陈祖煜, 汪小刚, 杨健, 等. 岩质边坡稳定分析原理·方法·程序[M]. 北京: 中国水利水电出版社, 2005.

[78] 孙东亚, 陈祖煜, 杜伯辉. 边坡稳定评价方法 RMR-SMR 体系及其修正[J]. 岩石力学与工程学报, 1997, 16(4): 297-304.

[79] LAMBE T W, WHITMAN R V. Soil mechanics[M]. New York: John Wiley & Sons, 1969.

[80] 张向东. 土力学[M]. 2 版. 北京: 人民交通出版社, 2011.

[81] BISHOP A W. The use of the slip circle in the stability analysis of slopes[J]. Geotechnique, 1955, 5(1): 7-17.

[82] 钱家欢, 殷宗泽. 土工原理与计算[M]. 北京: 中国水利水电出版社, 1979.

[83] MORGENSTERN N R, PRICE V E. The analysis of the stability of general slip surfaces[J]. Geotechnique, 1965, 15(1): 79-93.

[84] SPENCER E. A method of analysis of embankments assuming parallel inter-slice forces[J]. Geotechnique, 1967, 17(1): 11-26

[85] 陈祖煜. 土坡稳定分析通用条分法及其改进[J]. 岩土工程学报, 1983, 5(4): 11-27.

[86] JANBU N. Slope stability computation[M]//HIRSCHFELD R C, POULOS S J. Embankment-dam engineering. New York: John Wiley & Sons, 1973: 47-86.

[87] FREDLUND D G, KRAHN J. Comparison of slope stability methods of analysis[J]. Canadian Geotechnical, 1977, 14(3): 429-439.

[88] SARMA S K. Stability analysis of embankments and slopes[J]. Geotechnique, 1979, 23(3): 423-433.

[89] DUNCAN J M, CHANG C Y. Nonlinear analysis of stress and strain in soils[J]. Journal of the Soil Mechanics and Foundations Division, 1970, 94(SM5): 1629-1633.

[90] 陈祖煜, 弥宏亮, 汪小刚. 边坡稳定三维分析的极限平衡方法[J]. 岩土工程学报, 2001, 23(5): 525-529.

[91] 郑颖人, 杨明成. 边坡稳定安全系数求解格式的分类统一[J]. 岩石力学与工程学报, 2004, 23(16): 2836-2841.

[92] 时卫民, 郑颖人. 库水位下降情况下滑坡的稳定性分析[J]. 水利学报, 2004(3): 76-80.

[93] 陈胜宏, 万娜. 边坡稳定分析的三维剩余推力法[J]. 武汉大学学报(工学版), 2005, 38(3): 69-73.

[94] 潘家铮. 建筑物的抗滑稳定和滑坡分析[M].北京: 中国水利出版社, 1980.

[95] 陈祖煜. 土质边坡稳定分析: 原理、方法、程序[M]. 北京: 中国水利水电出版社, 2003.

[96] 张旭辉, 龚晓南, 徐日庆. 边坡稳定影响因素敏感性的正交法计算分析[J]. 中国公路学报, 2003, 16(1): 36-39.

[97] DRUCKER D C. Soil mechanics and work-hardening theories of plasticity[J]. Transactions ASCE, 1957, 122: 338-346.

[98] CHEN R H, CHAMEAU J L. Three dimensional limit equilibrium analysis of slopes[J]. Geotechnique, 1983, 33(1): 31-40.

[99] 孙君实. 条分法的提法及数值计算的最优化方法[J]. 水力发电学报, 1983(1): 54-66.

[100] SLOAN S W, KLEEMAN P W. Upper bound limit analysis using discontinuous velocity fields[J]. Computer Methods in Applied Mechanics & Engineering, 1995, 127(1): 293-314.

[101] 王均星, 王汉辉, 吴雅峰. 土坡稳定的有限元塑性极限分析上限法研究[J]. 岩石力学与工程学报, 2004, 23(11): 1867-1867.

[102] 王敬林, 陈瑜瑶. 基于广义塑性理论上界法的有限元法及其应用[J]. 岩石力学与工程学报, 2002, 21(5): 732-735.

[103] DONALD I, CHEN Z Y. Slope stability analysis by the upper bound plasticity method[J].　Canadian Geotechnical

Journal, 1997, 34(6): 853-862.

[104] 陈祖煜. 土力学经典问题的极限分析上、下限解[J]. 岩土工程学报, 2002, 24(1): 1-11.

[105] DUNCAN J M. State of the art: Limit equilibrium and finite-element analysis of slopes[J]. Journal of Geotechnical Engineering, 1996, 123(9): 577-596.

[106] NAYLOR D J. Finite element and slope stability[M]//NEYMAN A, SORIN S. NATO Advanced Study Institutes Series Series C: Mathematical and Physical Sciences . Dordrecht: Reidel Publishing Company, 1982: 229-244.

[107] FREDLUND D G, SCOULAR R E G. Using limit equilibrium concepts in finite element slope stability analysis[C]. Proceedings of the International Symposium on Slope Stability Engineering, Rotterdam, Balkema, 1999.

[108] KIM J Y, LEE S R. An improved search strategy for the critical slip surface using finite element stress fields[J]. Computers and Geotechnics, 1997, 22(4): 295-313.

[109] 殷宗泽, 吕擎峰. 圆弧滑动有限元土坡稳定分析[J]. 岩土力学, 2005, 26(10): 1525-1529.

[110] GIAM S K, DONALD I B. Determination of critical slip surfaces for slopes via stress strain calculations[J]. Optical & Quantum Electronics, 1988, 47(5): 1-9.

[111] KIM Y T, LEE S R. An equivalent model and back-analysis technique for modelling in situ, consolidation behavior of drainage-installed soft deposits[J]. Computers and Geotechnics, 1997, 20(2): 125-142.

[112] YAMAGAMI T, UETA Y. Noncircular slip surface analysis of the stability of slopes: An application of dynamic programming to the Janbu method[J]. Journal of the Japan landslide society, 1986, 22(4): 8-16.

[113] ZOU J Z, WILLIAMS D J, XIONG W L. Search for critical slip surfaces based on finite element method[J]. Revue canadienne de géotechnique, 1995, 32(2): 233-246.

[114] PHAM H T V, FREDLUND D G. The application of dynamic programming to slope stability analysis[J]. Canadian Geotechnical Journal, 2003, 40(4): 830-847.

[115] 史恒通. 复杂土坡稳定性的非线性有限元分析[D]. 天津: 天津大学, 1998.

[116] 邵龙潭, 唐洪祥, 韩国城. 有限元边坡稳定分析方法及其应用[J]. 计算力学学报, 2001, 18(1): 81-87.

[117] 邵龙潭, 刘士乙, 李红军. 基于有限元滑面应力法的重力式挡土墙结构抗滑稳定分析[J]. 水利学报, 2011, 42(5): 602-608.

[118] 王成华, 张薇. 人工神经网络在桩基工程中的应用综述[J]. 岩土力学, 2002, 23(2): 173-178.

[119] 王成华, 夏绪勇, 李广信. 基于应力场的土坡临界滑动面的蚂蚁算法搜索技术[J]. 岩石力学与工程学报, 2003, 22(5): 813-819.

[120] ZIENKIEWICZ O C, HUMPHESON C, LEWIS R W. Associated and non-associated visco- plasticity and plasticity in soil mechanics[J]. Geotechnique, 1975, 25(4): 671-689.

[121] UGAI K. A method of calculation of total safety factor of slope by elasto-p lastic FEM[J]. Soils and Foundations, 1989, 29(2): 190-195.

[122] MATSUI T, SAN K. Finite element slope stability analysis by shear strength reduction technique[J]. Soil and Foundation, 2008, 32(1): 59-70.

[123] UGAI K, LESHCHINSKY D. Three-dimensional limit equilibrium and finite element analyses: A comparison of results[J]. Journal of the Japanese Geotechnical Society, 1995, 35(4): 1-7.

[124] 宋二祥. 土工结构安全系数的有限元计算[J]. 岩土工程学报, 1997, 19(2): 4-10.

[125] GRIFFITHS D V, LANE P A. Slope stability analysis by finite elements[J]. Geotechnique, 1999, 49(7): 653-654.

[126] DAWSON E M, ROTH W H, DRESCHER A. Slope stability analysis by strength reduction[J]. Géotechnique, 1999, 49(6): 835-840.

[127] MANZARI M T, NOUR M A. Significance of soil dilatancy in slope stability analysis[J]. Journal of Geotechnical & Geoenvironmental Engineering, 2000, 126(1): 75-80.

[128] 连镇营, 韩国城, 孔宪京. 强度折减有限元法研究开挖边坡的稳定性[J]. 岩土工程学报, 2001, 23(4): 407-411.

[129] 连镇营, 韩国城, 吕凯歌. 土钉支护弹塑性数值分析及稳定性探讨[J]. 岩土力学, 2002, 23(1): 85-89.

[130] 栾茂田, 武亚军. 土与结构间接触面的非线性弹性-理想塑性模型及其应用[J]. 岩土力学, 2004, 25(4): 507-513.

[131] 迟世春, 关立军. 基于强度折减的拉格朗日差分方法分析土坡稳定性[J]. 岩土工程学报, 2004, 26(1): 42-46.

[132] 迟世春, 关立军. 应用强度折减有限元法分析土坡稳定的适应性[J]. 哈尔滨工业大学学报, 2005, 37(9): 1298-1302.

[133] 孙伟, 龚晓南. 土坡稳定分析强度折减有限元法[J]. 科技通报, 2003, 19(4): 319-322.

[134] 郑颖人, 赵尚毅, 宋雅坤. 有限元强度折减法研究进展[J]. 后勤工程学院学报, 2005, 21(3): 1-6.

[135] 郑颖人, 叶海林, 黄润秋, 等. 边坡地震稳定性分析探讨[J]. 地震工程与工程振动, 2010, 30(2): 173-180.

[136] 郑颖人, 邱陈瑜, 张红, 等. 关于土体隧洞围岩稳定性分析方法的探索[J]. 岩石力学与工程学报, 2008, 27(10): 1968-1980.

[137] 张培文, 陈祖煜. 弹性模量和泊松比对边坡稳定安全系数的影响[J]. 岩土力学, 2006, 27(2): 299-303.

[138] 郑宏, 李春光, 李焯芬, 等. 求解安全系数的有限元法[J]. 岩土工程学报, 2002, 24(5): 626-628.

[139] 黄中木. 高边坡锚杆加固机理研究[D]. 重庆: 重庆交通学院, 重庆交通大学, 2000.

[140] 张季如. 边坡开挖的有限元模拟和稳定性评价[J]. 岩石力学与工程学报, 2002, 21(6): 843-847.

[141] 周翠英, 刘祚秋, 董立国, 等. 边坡变形破坏过程的大变形有限元分析[J]. 岩土力学, 2003, 24(4): 644-647.

[142] 赵尚毅, 时卫民, 郑颖人. 边坡稳定性分析的有限元法[J]. 地下空间与工程学报, 2001, 21(s1): 450-454.

[143] 邓建辉, 李焯芬, 葛修润. BP 网络和遗传算法在岩石边坡位移反分析中的应用[J]. 岩石力学与工程学报, 2001, 20(1): 1-5.

[144] 陈育民, 徐鼎平. FLAC/FLAC3D 基础与工程实例[M]. 北京: 中国水利水电出版社, 2008.

[145] 刘波, 韩彦辉. FLAC 原理、实例与应用指南[M]. 北京: 人民交通出版社, 2005.

[146] 祝学玉, 1993. 边坡可靠分析[M]. 北京: 冶金工业出版社.

[147] 贡金鑫, 魏巍巍. 工程结构可靠性设计原理[M]. 北京: 机械工业出版社, 2007.

[148] 许英, 姜华峰, 马国山. 基于响应面法的边坡稳定可靠性分析[J]. 水运工程, 2009(11): 55-58.

[149] 聂士诚. 土质边坡稳定的可靠度分析及其土性参数的敏感性研究[D]. 长沙: 中南大学, 2002.

[150] 李典庆, 周创兵, 陈益峰, 等. 边坡可靠分析的随机响应面法及程序实现[J]. 岩石力学与工程学报, 2010, 29(8): 1513-1523.

[151] 陈耀光, 马骥, 张东刚, 等. 地基承载力土性参数的概率统计分析[J]. 建筑科学, 2000, 16(2): 12-15.

[152] 范昭平, 吴勇信. 考虑土性参数概率分布对边坡可靠度的影响[J]. 公路, 2010(1): 14-17.

[153] 张四平, 侯庆. 压力分散型锚杆剪应力分布与现场试验研究[J]. 土木建筑与环境工程, 2004, 26(2): 41-47.

[154] 李忠, 朱彦鹏. 框架预应力锚杆边坡支护结构稳定性计算方法及其应用[J]. 岩石力学与工程学报, 2005, 24(21): 3922-3926.